U0206765

BLUE BOOK

智库成果出版与传播平台

科普蓝皮书
BLUE BOOK OF SCIENCE POPULARIZATION

国家科普能力发展报告（2022）

REPORT ON DEVELOPMENT OF THE NATIONAL SCIENCE
POPULARIZATION CAPACITY IN CHINA (2022)

主　编／王　挺
常务副主编／郑　念
副主编／王丽慧　齐培潇

社会科学文献出版社
SOCIAL SCIENCES ACADEMIC PRESS（CHINA）

图书在版编目（CIP）数据

国家科普能力发展报告.2022／王挺主编.--北京：
社会科学文献出版社，2022.8
（科普蓝皮书）
ISBN 978-7-5228-0113-1

Ⅰ.①国… Ⅱ.①王… Ⅲ.①科普工作-研究报告-
中国-2022 Ⅳ.①N4

中国版本图书馆 CIP 数据核字（2022）第 076564 号

科普蓝皮书
国家科普能力发展报告（2022）

主　　编／王　挺
常务副主编／郑　念
副 主 编／王丽慧　齐培潇

出 版 人／王利民
责任编辑／薛铭洁
责任印制／王京美

出　　　版／社会科学文献出版社·皮书出版分社（010）59367127
　　　　　　地址：北京市北三环中路甲 29 号院华龙大厦　邮编：100029
　　　　　　网址：www.ssap.com.cn
发　　　行／社会科学文献出版社（010）59367028
印　　　装／天津千鹤文化传播有限公司

规　　　格／开　本：787mm×1092mm　1/16
　　　　　　印　张：21.75　字　数：324 千字
版　　　次／2022 年 8 月第 1 版　2022 年 8 月第 1 次印刷
书　　　号／ISBN 978-7-5228-0113-1
定　　　价／158.00 元

读者服务电话：4008918866

科普蓝皮书编委会

主要编撰者简介

王　挺　现任中国科普研究所所长、研究员，中国科普作家协会党委书记、常务副理事长。先后在科研院所、科协组织、驻外使馆和地方政府工作，长期从事国际科技合作、科技管理、科学普及、科学文化建设等工作，主要开展科技战略与政策、科技人才、科技外交、科学传播、科学教育等研究。曾负责中国科协重大科技活动传播工作，策划推动"最美科技工作者"评选和重大题材宣传作品多部，参与组织中国科学家精神总结凝炼。组织开展科普科幻理论与实践研究，参与科普法、全民科学素质行动规划纲要等科普领域法律、规划和重要文件的研究起草修订，推动科普智库建设，担任《科普研究》主编，组织出版"科普蓝皮书"等多部科普理论专著。

序

  "十三五"时期是我国全面建成小康社会的决胜阶段。面对错综复杂的国际形势、艰巨繁重的国内改革发展稳定任务，特别是新冠肺炎疫情的严重冲击，以习近平同志为核心的党中央不忘初心、牢记使命，团结带领全党全国各族人民砥砺前行、开拓创新，奋发有为推进党和国家各项事业。我国经济实力、科技实力、综合国力跃上新的大台阶，科技创新实力实现突破，社会治理体系与能力逐步完善，文化事业和文化产业繁荣发展，生态环境更加优美，社会文明程度明显提升，人民生活水平显著提高。"十三五"时期，我国在改革发展中的伟大实践和经济社会进步的辉煌成就，生动演绎了以人为本的初心和高质量发展的智慧。

  五年来，在习近平总书记"要把科学普及放在与科技创新同等重要的位置"指示精神的指导下，科学普及作为创新发展的一翼，实现全方位的转型、突破和升级，取得了历史性成就。我国公民具备科学素质的比例从2015 年的 6.20%上升至 2020 年的 10.56%，为实现高水平科技自立自强进一步夯实了高素质人才基础。科普能力建设迈上新台阶，科普供给侧改革深化创新，科普产品研发与创新不断加强，科普内容和渠道丰富拓展，科普公共服务能力显著提升。科普人员队伍规模不断扩大，人才培育培养机制逐步优化；科普经费投入逐年增长，投入结构持续优化；科普基础设施不断完善，现代科技馆体系初步建立，展教内容资源不断创新，探索数字化发展模式；科学教育环境持续改善，科学教育纳入基础教育各阶段，科技竞赛、夏令营等青少年科普活动蓬勃开展；科普作品供给和传播更加充分，科普信息化为科普作品带来了前所未有的传播影响力；科普活动向专业化和精细化发展，全面惠及各类人群。科普工作为创新发展营造了良好社会氛围，为确保如期打赢脱贫攻坚战、确保如期全面建成小康社会作出了积极贡献。

立足新发展阶段，贯彻新发展理念，构建新发展格局，推动高质量发展，是当前和今后一个时期全党全国必须抓紧抓好的工作。面对新形势、新任务，以高质量科普服务高质量发展，既是时代的需要，也是"十四五"时期科普事业创新升级的内在要求。为了服务全民科学素质提升和科普事业高质量发展，中国科普研究所连续开展国家科普能力研究，已经连续出版5部系列蓝皮书，积累了我国科普理论研究的丰硕成果。本年度的《国家科普能力发展报告》回顾梳理了"十三五"时期我国科普能力发展情况，详细分析了科普能力各要素的发展趋势，总结了科普能力建设的有效模式和短板局限，并面向新时代新形势，对"十四五"时期科普事业发展提出参考建议。

今年是《中华人民共和国科学技术普及法》（以下简称《科普法》）颁布实施20周年，全国人大常委会启动了《科普法》执法检查，将《科普法》修改列入2022年立法工作计划，这将有力强化未来科普事业发展的法治保障。站在新的起点上，科普能力研究也要进一步聚焦实践、发现问题、总结规律，以理论研究为科普实践提供支撑，实现科普全面服务建设世界科技强国、实现高水平科技自立自强的目标，助推科普事业迈上高质量发展的新台阶。

中国科普研究所所长/研究员　王　挺

2022年8月28日

摘　要

"十三五"时期是全面建成小康社会的关键决胜时期，在这一重要阶段内，全面深化改革取得重大突破，国家治理体系和治理能力现代化加速推进，经济社会发展各领域均获得跨越式发展，科学普及也在时代潮流中不断创新升级，在内涵、理念、方式、机制等多方面焕发新机，国家科普能力建设水平跃上新台阶，科普供给侧改革积累了宝贵的有效经验，公民科学素质建设取得卓著成效，为更好满足人民群众对美好生活的需要、建设创新型国家、提升社会文明程度奠定科学素质基础。

《国家科普能力发展报告（2022）》（以下简称《报告》）回顾了"十三五"时期国家科普能力建设的总体成效，分析了科普能力发展的最新趋势，并基于对"十三五"时期国家科普能力的指数研究数据，考察了科普能力各指标发展的情况，根据科普能力整体和各指标发展概况，以及新时期科普创新变革的新要求，提出了相关建议。分别就"十三五"以来我国科普场馆建设情况、科普活动开展情况、科普人才培训实践、发达地区对口支援科普能力建设、新时期科普能力评估指标体系、典型国家科普能力建设经验以及新时期科普基础设施评估指标体系等重点问题进行深入剖析。《报告》包括1篇总报告、3篇分报告、3篇专题报告和2篇理论报告。

2022年我国仍面临百年变局与世界疫情叠加的发展挑战，进入"十四五"第二年，要持续深入贯彻新发展理念，坚定落实《全民科学素质行动规划纲要（2021—2035年）》指导思想，推动科普能力建设向社会化、智慧化、国际化、标准化迈进，让科普真正惠及广大群众，

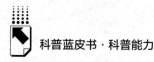

促进人的全面发展，提升社会文明程度，打下建设世界科技强国的坚实基础。

关键词： 科普能力　高质量发展　科普场馆　科普人才

目 录 ↖

Ⅰ 总报告

Ⅱ 分报告

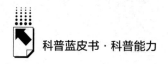
Ⅲ 专题报告

Ⅳ 理论报告

皮书数据库阅读**使用指南**

总 报 告

General Report

B.1

回望来路 开启科普能力建设新篇章

王挺 郑念 尚甲 齐培潇 王丽慧*

摘 要： "十三五"时期，是我国社会治理体系与治理能力现代化加速
推进、经济社会发展取得新突破的关键时期，也是国家科普能
力建设水平迈上新台阶的重要关口。本报告详细回顾了"十三
五"期间国家科普能力整体及各关键指标的发展趋势，据此考
察"十三五"期间国家科普能力建设的重大成效，总结经验，
发现短板和局限。立足新发展阶段，对标高质量发展要求，贯
彻落实党中央最新指示和《全民科学素质行动规划纲要
（2021—2035 年）》精神，提出"十四五"时期科普能力创新
发展的相关建议：一是深入贯彻落实《全民科学素质行动规划

---

* 王挺，中国科普研究所所长，研究员，主要研究方向为科技战略与政策、国际科技合作、科
学传播等；郑念，中国科普研究所副所长，研究员，主要研究方向为科技教育、科普评估理
论等；尚甲，中国科普研究所助理研究员，主要研究方向为科普政策、科学传播等；齐培
潇，中国科普研究所副研究员，主要研究方向为科普能力评估、科学文化等；王丽慧，中国
科普研究所科普政策研究室副主任，副研究员，主要研究方向为科普理论、科学文化等。总
报告执笔：尚甲、齐培潇。

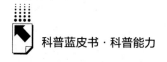
纲要（2021—2035年）》的指导思想和原则；二是突出发挥高质量科普能力建设在高质量发展全局中的作用；三是重点推动科普能力建设信息化升级行动；四是全面推进科普能力建设标准化工程。

关键词： 科普能力　高质量发展　信息化　标准化

一　"十三五"时期国家科普能力发展情况概述

《关于加强国家科普能力建设的若干意见》指出，国家科普能力表现为一个国家向公众提供科普产品和服务的综合实力，主要包括科普创作、科技传播渠道、科学教育体系、科普工作社会组织网络、科普人才队伍以及政府科普工作宏观管理等方面的综合实力。中国科普研究所"国家科普能力发展研究课题组"根据政策文件、工作实际和数据可得性等因素，将国家科普能力划分为科普经费、科普人员、科普基础设施、科学教育环境、科普作品传播和科普活动六大维度，结合统计数据和科普实践，对国家科普能力指数进行跟踪监测和持续研究。

（一）总体情况

"十三五"时期是全面建成小康社会决胜阶段，在这一重要阶段内，全面深化改革取得重大突破，国家治理体系和治理能力现代化加速推进，经济、社会、科技、文化等各领域均获得跨越式发展，科学普及不断创新升级，在内涵、理念、方式、效果等多方面焕发新机，国家科普能力建设水平跃上新台阶，科普供给侧改革积累了宝贵的有效经验，带动公民科学素质工作取得显著成效，为更好满足人民群众对美好生活的需要、建设创新型国家、提升社会文明程度奠定科学素质基础。"十三五"时期我国科普能力建设在如下方面取得了进展。

一是科普资源建设能力不断增强，各类资源供给基本充足，资源配置日趋合理。科普经费投入力度持续提升，年度科普经费筹集总额、政府拨款专项科普经费和社会经费筹集额增长，人均科普专项经费相应提升。科普基础设施建设日益完善，现代科技馆体系初步建立，科普基础设施体系不断扩展，覆盖范围扩大，其他类型文化场馆科普功能逐步激发，科普基地创建日益专业和优质化，科技馆数字化加速升级。科普人才队伍发展壮大，高层次科普人才培养和选拔得到加强，兼职科普人员科普志愿者数量不断增加，科技工作者参与科普积极性提升，科普人员结构持续改善。

二是科普支撑保障能力逐步提升，科普工作的组织管理机制不断完善，科普社会动员力、组织力不断提升。科普组织管理体系与国家治理结构相适配，推动形成建立"省、市、县和社区"四级联动基层科普组织体系，行动效率和科普实效获得提升。科普推进与国家重大战略和关键举措相融合，推进科技志愿服务与新时代文明实践中心和党群服务中心建设联动，与文明城市创建、乡村振兴共进。全民科普素质建设联合协作机制进一步完善，成员单位积极合作，共同促进公众科学素质的提高。内蒙古、辽宁、云南等14个省区市及新疆生产建设兵团明确将全民科学素质工作纳入党委或政府考核标准，甘肃12个市州与区县建立纲要实施工作目标责任考核机制。科普政策体系不断完善，中央、地方及各部委出台科普相关政策，保障各领域科普工作稳步发展，西藏、湖南、山西、陕西对科普条例进行了修改，为科普工作高质量发展创设良好政策环境。

三是科普供给能力明显进步，各类科普产品和服务极大丰富，科普产业初具规模，科普业态日新月异，科学传播平台和技术不断创新。安徽举办中国（芜湖）科普产品博览交易会，上海举办国际科普产品博览会，在科普产业要素聚集、科技创新成果展示、科普公众参与等方面发挥了重要作用，大大推动了科普产业发展壮大。科普展教、科普旅游、科普信息传播、科普出版、科普影视及科普周边制造等产业形态已较为普遍，满足公众科普需求的程度大大提升。宁夏、浙江、湖南等地大力推进科普+旅游产业发展，以科普为其独特的产业和历史文化资源增色；《流浪地球》掀起中国科幻电影热潮，国内科幻影视迎来发展红利，并带动相关产业协同发展；"丁香医生""果壳网""无穷小亮的科普日常"等知名科普媒体品牌形成较大社会影响力，助推全民科普学习教育热潮；科普信息化发展成效显著，"科普中国"品牌资源累计量、浏览量和传播量巨大，逐步形成知名科学传播品牌。

（二）科普能力各要素发展情况①

1. 科普人员

科普人员主要包括科普专职人员、科普兼职人员和科普志愿者。其中科普专职人员从 2015 年的 22.20 万人增长至 2020 年的 24.86 万人，科普兼职人员从 183.2 万人下降至 156.43 万人，科普志愿者从 275.60 万人增长至 393.97 万人，科普专职人员和科普志愿者呈现稳步甚至快速增长趋势，科普兼职人员出现下滑。

"十三五"期间针对科普人员发展的措施主要集中在扩大规模、拓宽范围和提升专业度、强化科普技能两方面。在扩大规模、拓宽范围方面，第一，推动高校等机构设立科普专业，开办各类科普主题培训班，开展专业性科普人才培养，提升科普在职业就业体系中的存在感和接受度，吸引更多高素质人才投身科普事业；第二，逐步探索将科普工作成效纳入部分行业人员的常态工作事项和职业职称的晋升考核体系中，设立科普专业职称，科普与行业人员的工作绩效和职业发展直接挂钩，大大提升对相关人员投身科普的激励和动员效果；第三，充分发挥社会各界的科普效能，鼓励以灵活形式组建科普宣讲等团队，动员知名学者、退休专家、高技术工匠、基层能人等群体参与组织开展科普活动，壮大科普人才队伍；第四，广泛宣传志愿精神，推动科技志愿服务专业化，大力建设科技志愿服务队伍。在提升专业度、强化科普技能方面，首先，开展高层次科普人才培育试点工作，开展系统化、

---

① 除特别说明外，本文涉及数据均根据历年《中国科普统计》计算得出。

精细化的科普教育；其次，试行出台相关政策，推行科普人员从业标准等规范化制度，推动科普人才培育在师资、课程、基地建设等方面迈向标准化，提升科普人员培养质量。

2. 科普经费

科普经费主要由政府拨款和社会筹集经费组成，"十三五"期间，年度科普经费筹集总额由 141.20 亿元增长至 171.72 亿元，政府拨款科普经费由 106.60 亿元增长至 138.39 亿元，社会筹集经费由 34.60 亿元减少至 33.33 亿元。整体来看，科普经费总额增长主要由政府拨款增长带动，政府拨款所占比重进一步上升，但社会渠道筹集的科普经费无论绝对值还是所占比重均有所下降，科普经费筹集的社会渠道仍属短板。

科普经费一直属于科普能力指标中较为薄弱的环节，科普经费总额虽然呈现增长趋势，但扣除货币贬值等因素后，科普经费总额也显得增长幅度相对不足，科普经费占 GDP 比重呈下降趋势，2015 年仅为 0.21‰，2020 年进一步下降至 0.17‰，这凸显出科普经费的增长并未跟上经济发展的节奏。此外，另一个非常突出的问题是在科普经费的社会筹集环节持续走弱，与政府拨款相比，社会筹集科普经费总额十分不足，捐赠、自筹和其他收入等渠道贡献力量均有限，这表明我国尚未形成良性的、可持续的科普资金渠道体系，与真正"政府引导、社会参与"的格局还存在较大差距，应注重通过设立科普基金会、壮大科普产业等方式，引导社会资金流入科普领域。

3. 科普基础设施

科普基础设施是国家科普能力中不可或缺的重要支撑部分，是科普活动的主要场所、科普资源的重要载体。"十三五"期间，我国科普基础设施发展势头积极。科技馆自 2015 年的 444 个增长至 573 个，科学技术类博物馆自 814 个增长至 952 个，各类基层科普场馆和设施数量均稳步增长。

"十三五"期间，我国科普基础设施格局逐步完善，各类场馆数量持续增长，服务能力稳步提升。着力构建现代科技馆体系，以专业科普场馆为引领，加强对科技馆、科技类博物馆和青少年科技馆建设的专项经费支持、政策鼓励和标准规范；以广大社区（农村）科普场地和设施为支撑，提升社区科普服务能力，充分开发社区文化室、宣传栏的科普宣传教育功能，在新时代文明实践中心和党群服务中心场地开辟科普板块；以流动科技馆、数字科技馆为补充延伸，在广大农村尤其是偏远地区，大力推动流动科技馆、科普大篷车、科普 E 站等移动型科普基础设施的普及配置，加强对农村中学科技馆的建设支持，着力解决科普基础设施发展区域和城乡发展不平衡的突出问题；推进科普基础设施建设社会化协同，联合文化旅游部、应急管理部、生态环保部等部门出台政策，共同行动，激发各类文化场馆的科普效能，实现公共文化基础设施联动。

4. 科学教育环境

科学教育环境指标由青少年科学活动相关要素和广播、电视以及互联网普及情况构成。"十三五"期间，科学教育环境指标中增长最突出的为参加科技夏（冬）令营人次，增长了 1 倍之多，2020 年广播和电视节目综合人口覆盖率也均达到 99.38% 和 99.59%，互联网普及率达到 94.9%。

青少年是科学素质工作的重点人群，也是创新发展重要的后备力量，青少年科学教育活动在科普工作格局中一直备受重视，其中"青少年科学调查体验活动""全国青少年科技创新大赛""中国青少年机器人竞赛"等科技科普类教育活动创设较早，形成了影响力广泛的标志性品牌，每年均吸引数以百万甚至千万计的青少年参与。除重点青少年科学教育活动外，"十三五"期间还重视推动科学教育在各教育阶段的常态化开展和标准化升级，推动出台义务教育科学课程标准，强调确保足够科学教育学时，完善科学课内容板块，注重科学意识、科学思维、科学方法等底层理念的养成，重视理论与实践结合，大力开展实践课程，并要求做好科学教师、课程经费和实验室等相关配套支撑，为科学教育更高质量发展保驾护航，推动青少年的科学兴趣、创新意识、学习实践能力明显提高。

5. 科普作品传播

科普作品传播主要指科普作品以各种媒介形式在各类媒介平台发行、传播的数量和规模。"十三五"期间，主要指标如科普期刊总册数、科普期刊种类、科普音像制品出版种数、光盘发行量、录音录像带发行总量、科技类报纸发行量、电视台科普节目播出时间、电台科普节目播出时间、科普网站数量均呈现明显的下滑趋势。

指标下滑并不代表科普作品传播量和传播效果打折扣，这主要与"十三五"期间媒介形式与受众习惯的演变相关，5年间传统媒体如电视、广播、报纸杂志、书籍甚至门户网站的影响力进一步式微，光盘、录音录像带更是接近于销声匿迹，这些形式媒介中的科普作品传播规模相应缩减。当今时代手机成为最主流的信息接收工具，微博、微信公众号、信息聚合应用以及近两年兴起的短视频平台等互联网渠道构成了信息传播主阵地，科普作品适应互联网新媒体的平台特性和传播规律，更多以图文、影视作品、短视频等形式呈现。中国科协大力推进科普信息化打造"科普中国"知名品牌，联合卫生健康委、应急管理部、市场监管总局打造"科学辟谣平台"，推动科普智慧化传播，优秀的民间科普自媒体频繁涌现。科普作品传播开启"数字化、智能化、智慧化"的革新进程。

6. 科普活动

科普活动中的重要指标包括科普讲座、科普展览、科研机构开放情况、实用技术培训和重大科普活动等。"十三五"期间，参加科普讲座人次从15043万人次增长至162322万人次，增长近10倍，参加科普展览人次从24936万人次增长至32042万人次，向社会开放科研机构由7241家增长至8328家，参观人次由831万人次增长至1155万人次，参加实用技术培训人次由9000万人次下降至4893.34万人次，重大科普活动次数由36428次下降至13039次。

"十三五"期间科普活动的发展在继续保持原有优势和重点的基础上，也呈现新的特征。一是始终重视青少年科普活动，通过各类培训、竞赛激发青少年的科学兴趣，涵养青少年的科学精神，"青少年科学调查体验活动"

"全国青少年科技创新大赛""中国青少年机器人竞赛"等知名品牌活动影响力巨大,每年吸引众多青少年参与,活动期间每每引发科技热潮;二是更加注重科普活动中的社会协同,动员各类社会力量助力提升科普活动质量,面向社会开放的科研机构数量大幅增长,在科普基地的评选中,在中国科协、科技部等部门推动下,如中国气象局、科技部联合印发的《国家气象科普基地管理办法》等政策中都将每年的开放天数纳入评选标准;三是科普活动面向的重点人群进一步拓展,重视加强产业工人、农民工、职业农民等群体的科学素质建设,由人社部等6部门发起的"专业技术人才知识更新工程"着眼于高层次、急需紧缺和骨干专业技术人才的继续教育,全国总工会深入开展农民工"求学圆梦行动",旨在帮助农民工提升综合素质和专业技能,农业部主导的"新型职业农民培训工程"主要面向贫困人口,围绕主导产业和特色产业,助力贫困人口提升劳动技能,通过双手勤劳致富。

二 "十三五"时期国家科普能力指数的发展变化

(一)研究方法及内容

2017年,中国科普研究所开启国家科普能力研究。依据相关政策、已有文献、科普工作实际及数据的可得性等因素,确立了国家科普能力评估指标体系,并通过专家征询,综合采用德尔菲法、层次分析法、模糊分析法等研究方法确定了各指标权重,形成了国家科普能力发展指数计算公式。主要基于《中国科普统计》数据,计算得出各分指标和科普能力总体指数数据,本部分根据"十三五"期间全部相关数据,反映5年来国家科普能力及各指标对应的科普工作发展情况。

(二)"十三五"期间总指数的变化情况及与"十二五"的总体对比

回顾"十三五"期间国家科普能力的全国指数数据,图1显示,5年来

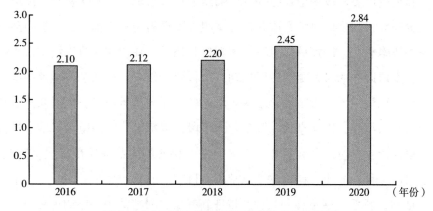

图1　"十三五"期间国家科普能力指数情况

国家科普能力整体呈现逐年上升趋势，表明我国国家科普能力建设水平不断提升。"十三五"期间，媒介技术和媒介形态飞速发展更迭，以互联网为代表的新媒体逐渐成为最主流的信息传播渠道，也为科普提供了不同于传统媒体时代的生产平台、技术工具、内容形态，信息化的生产和传播丰富了科普产品和服务内容，优化了科学教育环境，更迅捷、泛在、精准的科学普及也更能满足受众的需求与习惯，从而获得更好的科普效果，形成良性循环，反推科普各环节不断优化。在新发展理念引领下，科普也从事业为主，开启逐步探索市场机制的进程，"十三五"期间科普产业迅猛发展，形成了以科普旅游、科普展教、科普培训、科普影视、科普出版、科普网络与信息及科普制造业为主的科普产业格局，市场化主体的积极参与，带动了相关人才向科普领域聚集，资金投入和基础设施建设得到加强，也有助于形成可持续发展的科普增长模式，对打造社会化协同的科普格局具有关键意义。在《全民科学素质行动计划纲要实施方案（2016—2020年）》《中国科协科普发展规划（2016—2020年）》等重要政策文件的规划指导下，科普更加注重精细化、高质量发展，从宏观的纲领规划到微观的通知办法，各级各类科普政策为科普能力提升指明重点方向、提出措施建议、夯实资源保障，逐步迈向系统化和科学化的政策体系，是"十三五"期间科普能力建设关键后盾。

新冠肺炎疫情突发以来全社会爆发出强烈的科普需求，一些伪科学、反科学乱象也提醒我国公民科学素质和社会文明程度仍需进一步提升，更加凸显出科普的战略意义，以疫情应急科普为契机和抓手，在中国科协等组织带头引领下，疫情以来的科普更加广泛地动员了科研工作者，密切了科学家与群众的联系，积极引导广大市场化主体，增进各主体高质量协作，以群众需求和社会需要为纲领，以信息化、智慧化为手段，以精准优质规范为标准，提供了大量现代化科普产品和服务，大大促进了科普能力的高质量发展。因此，在新媒体、科普产业、科普政策以及应急科普等时代因素的驱动下，"十三五"期间，科普发展呈现一系列新特征新气象，科普能力一路向上攀升。

整体来看，"十三五"期间国家科普能力总指数为 2.34，相比"十二五"期间的 2.02 增长了 15.84%。

除此之外，如表 1 所示，从 2017 年开始，科普能力指数绝对值增长率也逐年上升，科普能力指数增速不断加快，5 年平均增速也达到 6.74%，这表明在水平基数不断提升的同时，仍能保持较快增速，甚至连年提速增长，呈现高质量发展特征。

表 1　"十三五"期间国家科普能力指数增速

单位：%

项目	2016 年	2017 年	2018 年	2019 年	2020 年
增速	2.44	0.95	3.77	11.36	15.92

（三）国家科普能力各指数发展情况

整体来看，在国家科普能力的 6 个一级指标中，除科普作品传播出现了负增长，科普人员微弱增长外，其他 4 个指标在"十三五"期间的整体指数同比"十二五"均取得两位数级别的增速，其中科普活动和科学教育环境指数增速已接近乃至超过 30%（见表 2）。这表明绝大部分科普能力指标在"十三五"期间获得了较可观的增长，我国科普能力建设水平获得长足提升。

表2　"十三五"与"十二五"期间国家科普能力各指标指数及增速情况

指标名称	"十三五"时期(2016~2020年)	"十二五"时期(2011~2015年)	增速(%)
科普人员	2.073	2.067	0.29
科普经费	2.377	2.150	10.59
科普基础设施	2.685	2.240	19.85
科学教育环境	3.422	2.577	32.77
科普作品传播	1.334	1.425	-6.42
科普活动	2.161	1.666	29.70

1. 科普人员

科普人员指数在6个一级指标中增长速度较慢，不仅"十三五"整体相较"十二五"增速仅有0.29%，"十三五"期间，2016年同比2015年出现负增长，2017~2018年连续两年增长迟缓，未见明显变化，但自2019年以来增速明显提升，连续两年增长幅度超过10%（见图2）。

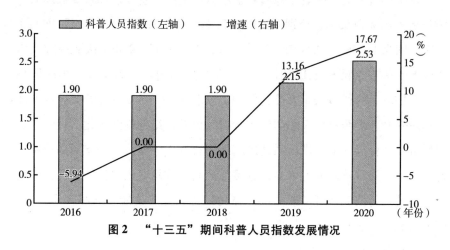

图2　"十三五"期间科普人员指数发展情况

具体考察二级指标来看，2020年科普创作人员为18514人，同比增速达6.50%，"十三五"期间年均增长率为6.96%，表明"十三五"期间科普创作人员规模保持了持续的稳定增长；每万人拥有科普专职和科普兼职人员分别为1.76人、11.07人，同比略微下滑，"十三五"期间年均增长率为2.17%和-1.52%；每万人注册科普志愿者人数为27.90人，同比增速高达

38.65%，"十三五"年均增速13.62%。可以看出在数量指标方面，大部分科普人员数量指标在"十三五"期间实现了正增长，这反映出我国在科普人才培育和吸引方面的工作成效，尤其是2019年以来，北京、天津等地发布了科普专业职称评价办法，有助于进一步打通科普人员职业上升渠道，从事科普不再"无名无分"，能够获得人社部门权威认定的专业资格，大大激励了更多专业人才投身科普，而逐渐标准化的评审过程，也让科普人才的培育和成长过程更加专业和规范，有利于科普人才队伍质量的提升。此外，2018年底以来新时代文明实践中心在全国逐步广泛建设，大大推动了基层志愿服务的发展，中国科协、中央文明办组织实施科技志愿服务"智惠行动"，鼓励支持全国学会和各级科协建立科技志愿服务队伍，动员组织专家、基层科技工作者和基层技术能人等群体投身科技志愿服务，直接促进了科技志愿服务队伍的壮大，推动科技志愿者成为科普人员队伍的重要力量。

在质量指标上，中级职称或大学本科以上的科普专职和科普兼职人员比例分别为62%和55%，分别同比增长3.04%和1.69%，"十三五"期间年均增速分别为1.14%和0.94%。整体来看，"十三五"期间中级职称或大学本科以上的科普专职人员比例比"十二五"期间增长了5.41%，中级职称或大学本科以上的科普兼职人员比例同比增长了10.93%，高层次科普人才占比不断攀升，表明科普人才队伍质量持续提升，结构逐渐优化。近年来，中国科协、教育部等部门推出系列措施加强科普人才建设，如支持高校增设科普专业，加强科普研究生培养，直接加大高层次科普人才供给，并探索将科普工作纳入科技工作者考评体系，强化科普人才的技能培训和知识更新等，都大大提升了科普人才队伍质量。

2. 科普经费

虽然整体来看，"十三五"期间科普经费指数同比"十二五"增速超过了10%，但"十三五"期间科普经费指数并未呈现明显增长态势，除2019年外，其余年份同比正增速仅略高于2%，在2018年和2020年还出现了负增长，2020年下滑尤其剧烈（见图3）。

具体来看，科普经费规模方面，2020年度科普经费筹集额为1717228.01

图3　"十三五"期间科普经费指数发展情况

万元，同比下降7.44%，"十三五"期间年均增长率为3.10%，表明"十三五"期间科普经费总额整体呈增长趋势，"十三五"整体环比"十二五"也增长了27.44%，表明"十三五"整体科普经费总额相较"十二五"发生了实质性提升，科普经费总额绝对规模明显扩大；2020年人均科普专项经费为4.17元，同比下滑11.47%，"十三五"期间年均下滑1.80%，"十三五"整体比"十二五"增长18.29%；人均科普经费筹集额为12.16元，同比下滑8.23%，"十三五"期间年均增长2.56%，"十三五"期间整体比"十二五"增长了24.28%。这显示，虽然科普经费筹集总额整体增长，但人均科普专项经费却在下滑，且人均科普专项经费在"十三五"期间的平均增速和"十三五"整体环比增速均小于人均科普经费筹集额，表明人均科普专项经费增长乏力，而此指标作为科普经费能力的突出代表，其增长乏力不利于科普能力的平衡和充分发展。

相对指标方面，2020年科普经费筹集总额占GDP比例为0.17‰，同比下滑9.73%，"十三五"期间年均下滑4.62%，"十三五"整体比"十二五"大幅下降了45.13%；政府拨款科普经费占财政支出比例为0.56‰，同比下滑8.91%，"十三五"期间年均下滑2.22%，"十三五"整体比"十二五"下降了11.37%。这表明科普经费在GDP总额和政府财政中占比仍十分微弱，且还在不断下降，科学普及作为创新发展"两翼"之一，能够通过弘扬科学精神、普及科学知识涵养创新文化，培育创新后备力量，提升社会文明程度，但与科技创新相比，其所获财政支持的力度亟须提升。社会筹集占科普经费总额比例为19.40%，同比下滑4.77%，"十三五"期间年均下滑5.01%，科学普及正致力于打造社会化协同的大格局，但目前社会筹集科普经费仅不足20%，且处于下滑趋势，表明科普社会化水平仍有较大提升空间。随着新发展理念的深入贯彻，新时期科普追求动力、效率和质量变革，一些地区和部门正探索由政府力量牵头成立科普集团、科普基金等市场化机构，吸引并规范社会资本涌入科普资金池，市场主体深度参与，经费短缺导致的科普发展瓶颈有望逐渐缓解。

3. 科普基础设施

科普基础设施在"十三五"时期同比"十二五"期间也呈现上升趋势，科普基础设施指数在六大指标横向比较中发展水平较高，指数基数较高，2016~2019年仍保持了连续增长，但在2020年指数出现较大幅度回落（见图4）。

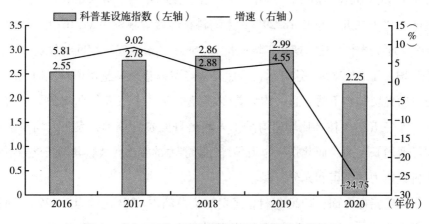

图4　"十三五"期间科普基础设施指数发展情况

具体来看，2020年科技馆和科学技术类博物馆展厅面积之和5.50万平方米，同比增长2.28%，"十三五"期间年均增速为5.73%，"十三五"整体比"十二五"大幅增长了 43.91%。这表明作为科普基础设施"主力军"的科技馆和科学技术类博物馆建设势头良好，"十三五"期间各级科技馆和科学技术类博物馆建设获财政大力支持，不少县级科技馆开工甚至投入使用，中央财政投入 30.5 亿元支持全国 270 家科技馆免费开放，促进了科普基础设施覆盖范围拓展和服务能力提升。相应地，2020 年每百万人拥有科技馆和科学技术类博物馆数量为 1.08 座，同比增长 2.37%，"十三五"期间年均增长 1.76%，"十三五"整体比"十二五"增长了 31.23%，科技馆和科学技术类博物馆数量增速超过人口增速，更大规模、更广覆盖的科普基础设施大大增强了群众获取科普服务的便捷性。

科技馆和科学技术类博物馆参观人数之和以及单位展厅面积年接待观众人次在 2020 年出现较大幅度下滑，降幅均超过 50%，主要原因是 2020 年新冠肺炎疫情来袭，受疫情影响众多场馆取消了部分线下参观体验活动，同时也以此为契机，借助虚拟现实、人工智能等新兴技术大力推进科技馆数字化，线上课堂、云参观云互动渐渐成为被群众习惯并喜爱的科普服务方式，未来信息化、智能化和智慧化依旧是科普基础设施升级的主流趋势。但这两个指标"十三五"整体比"十二五"仍然分别增长了 43.87% 和 0.27%，表明"十三五"期间到访科技馆的群众规模有所扩大。

另外，2020 年青少年科技馆数量为 567 个，同比下降 4.01%，科普宣传用车 1147 辆，同比微增 1.02%，科普画廊数为 136355 个，同比下降 5.85%，这 3 个指标在"十三五"期间以及"十三五"整体相比"十二五"整体也均为负增长，尤其是科普宣传用车和科普画廊数，"十三五"年均下滑速度超过 10%，"十三五"环比下滑将近 30%。这在一定程度上体现了科普基础设施现代化转型发展的趋势。随着更高级别科技馆覆盖范围拓展和服务能力提升，以及科技馆信息化发展日渐深入，增强了对基层尤其是偏远地区的辐射能力，对科普宣传车和科普画廊的需求逐渐减少。

4. 科学教育环境

整体来看，科学教育环境指数在"十三五"期间同比"十二五"取得最大增速，达到32.77%，且在"十三五"期间也保持了较快速度的连续增长（见图5），平均增速达到14.3%，在六大指标中表现尤为突出。

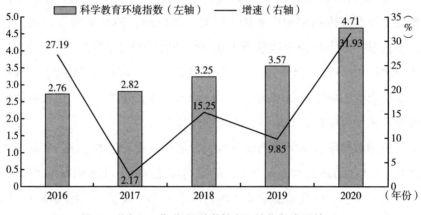

图5 "十三五"期间科学教育环境指数发展情况

具体来看，2020年参加科技竞赛人次数达到1.84亿人次，虽同比下降了19.83%，但"十三五"期间年均增速高达13.1%，"十三五"整体比"十二五"大幅增长了36.36%；参加科技夏（冬）令营人次数达到4210.62万人次，同比大增1662.52%，这可能与疫情期间线上活动规模扩大从而吸引较多青少年参与有关，"十三五"期间年均增速也达到92.97%，"十三五"整体比"十二五"也增长了1.91倍。总体来看，科技类教育活动的社会影响在"十三五"期间获得了长足提升，参与人次规模逐年扩大，相比"十二五"时期更是显著增长，这表明科学教育环境持续优化，为越来越多的人尤其是青少年提供接触科学、深入了解科学的机会。近年来，教育部不断加强对科学教育的重视，推进各类科学活动进入常态化课程标准范围，重视科技辅导员、科学教师的培养，并加强对科学竞赛等活动的管理。科技竞赛一方面激励了学校、老师和学生开展和参加科学教育活动的积极性，另一方面为校园科学教育提供了专业性的范本和指导。

此外，在互联网深入影响日常生活的当下，互联网普及率也成为在"十三五"期间增长迅速的指标之一，2020年互联网普及率达到70.4%，同比增长9.15%，"十三五"期间年均增长7.25%，互联网使用门槛降低、普及率提升是科学教育环境不断优化的重要基础。在互联网时代，基于各类新兴技术的互联网平台和终端正在重塑科学教育形态，如利用虚拟现实技术可为学生创设身临其境的科技体验和自我创造环境，基于人工智能和大数据可更加精准且深入地挖掘学生需求和兴趣，更合理地配置教育资源，而远程通信、高清录制和成像技术则为偏远地区享受优质科学教育资源提供了可能，互联网正在成为日益关键的科学教育环境要素。

5.科普作品传播

科普作品传播指数是六大指标中绝对值相对最低的，也是"十三五"时期同比"十二五"下滑最剧烈的，下滑幅度达到6.39%。且在"十三五"期间，2016~2018年和2020年共计有4年同比出现下滑（见图6）。

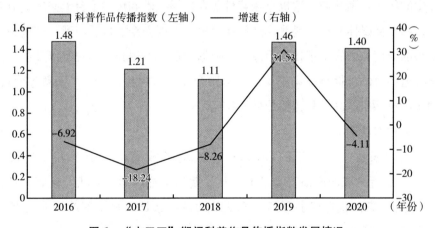

图6　"十三五"期间科普作品传播指数发展情况

具体来看，在科普作品传播9个二级指标中，有7个出现同比下滑，同时这7个指标在整个"十三五"期间也呈现整体下滑。同比降幅最大的是科普音像制品光盘发行总量和科普图书总册数，降幅分别达到41.23%和27.16%，"十三五"期间年均降幅最大的是科普音像制品录音、录像带发行总量和科普音像制品光盘发行总量，降幅分别达到 14.60% 和 14.51%，"十三五"整体比"十二五"降幅更是达到 65.48% 和 78.19%。

此外，科普图书、科普报纸等科普传播媒介的发行量也出现明显下滑，科普图书出版规模"十三五"期间年均下滑 7.55%，"十三五"整体比"十二五"下滑 39.41%，科普报纸发行规模"十三五"期间年均下滑 12.39%，"十三五"整体比"十二五"下滑幅度达到 35.18%。同时电视和电台播放科普节目时长"十三五"整体比"十二五"也分别下滑了 38.39% 和 37.93%。这与当下传媒环境的变迁息息相关，传统的光盘、录音带几乎已经退出历史舞台，报纸、期刊和图书等纸质媒体发行量普遍大跌，即便是电视、广播类型的声画类媒体也在很大程度上被电脑、手机等替代，互联网新媒体已成为绝对主流的媒介形式，各类受众群体均已习惯通过微信、微博、信息聚合平台、短视频平台等渠道接收信息，传统媒体也纷纷启动新媒体融合转型，新媒体跨越时空、精准便捷的优势使得各类传统媒体在科普作品传播中的作用日渐式微。这也意味着科普在传播技术和传播平台上必须适应潮流，移动新媒体时代，科普作品传播要善于把握受众的接受习惯，合理利用新兴的通信和内容呈现技术手段，并依据微信、短视频、客户端以及各类传统渠道各自的传播特征和规律，灵活融合文字、图片、声音、视频等元素，创作出更多质量高、易传播的科普作品。

6. 科普活动

整体来看，"十三五"时期科普活动指数同比"十二五"增长了 29.71%，近三成的增幅表明"十三五"期间科普活动发展状况良好，且在"十三五"期间也保持了 2017~2020 年的持续增长，尤其 2020 年同比增长 95.41%，科普活动指数迎来集中爆发式增长（见图 7）。

具体来看，2020 年参加科普讲座人次数增长最快，对指标增长贡献最大，为 16.23 亿人次，同比增长了 3.8 倍之多，"十三五"期间年均增速为 82.65%，"十三五"整体比"十二五"大幅增长 1.92 倍，参观科普展览人次数为 3.20 亿人次，同比虽然下滑了 11.15%，但"十三五"期间年均增速也达到 10.79%，整体比"十二五"增长了 19.87%，参观开放科研

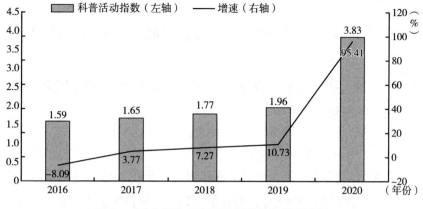

图 7　"十三五"期间科普活动指数发展情况

机构（含大学）人次数为 1155.52 万人次，同比增长 21.89%，"十三五"期间年均增速 7.56%，整体比"十二五"增长了 24.80%，这均对科普活动指数的持续增长起到关键的推动作用。科普活动是科普服务的载体，是群众直接参与科普最广泛、最直接的形式。近年来，科协、科技部多部门出台相关政策，鼓励并引导各类科研机构向社会开放，举办科普活动，越来越多的相关机构开放大门，利用丰富的科学家、科技教师资源，专业且前沿的科技设施与设备，组织各类科普活动，典型代表如中科院，依托其遍布全国的天文台、观测站、植物园、标本馆及各类重大科研设施，形成了一套高度组织化的科普活动工作机制，中科院"公众科学日"已成为全国知名的科普活动品牌，成为中科院与社会交流，群众探索科学、了解科技进展的重要平台，为更多科研机构和大学向社会开放并举办科普活动提供了优秀的效仿典范。各类重大科普活动影响力越来越广泛，中国科协和教育部共同推出的全国青少年高校科学营，每年资助全国各地青少年走进高校和创新企业，通过各类讲座和体验活动，让青少年领略科技魅力，领悟科学家精神，2020 年的活动在全国开设分营 68 个，以"云上科学营"形式建立虚拟大学城，探索线上线下融合发展。中国科协还推出了"英才计划"，推动高校优质科技资源开发，探索高校与中学联合加强科技后备人才培养。

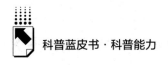

三 "十四五"时期科普能力创新发展相关建议

（一）深入贯彻落实《全民科学素质行动规划纲要（2021—2035年）》的指导思想和原则

《全民科学素质行动规划纲要（2021—2035 年）》（以下简称《新纲要》）是新发展阶段科普和科学素质建设的总纲领，作为科普发展的重要基础和科普供给侧的关键支撑，科普能力建设仍是科普工作的重中之重，要深入理解《新纲要》的指导思想和施行原则，细致解析其重点举措和落实办法，将相关要求贯彻至科普能力提升的各条战线和各个环节中。

全面贯彻落实习近平总书记关于科普和科学素质建设的重要论述，尤其要把科学普及与科技创新放在同等重要的位置，提升科学普及的战略地位。科普经费筹集总额占 GDP 和政府拨款科普经费占财政支出总额比例连年走低，很大程度上表明科学普及工作在国家实际战略规划和经济社会发展大局中仍未获得应有的重视，与科技创新相比，所获财政支持和资源保障均较为薄弱。财政支持和其他各类资源汲取能力的保障是一项战略得以贯彻的基础，需进一步加强对科普的财政支持力度，尤其保障中西部地区、偏远地区的科普经费，避免让公民科学素质提升长期囿于物质条件匮乏。此外要进一步推进科普工作中的各政府部门的府际协同，强化全民科学素质纲要实施工作办公室的引领作用，增强各政府部门参与科普的主动性和投入度，逐步改变科协作为科普工作主要力量却缺乏协调统筹能力的矛盾状况。

致力于推进全民科学素质高质量发展，要深入理解高质量发展的要求和内涵。高质量发展具有创新性，新时期科普在内涵、理念、手段和机制等多方面全面创新，科普能力建设也要始终坚持以人民为中心的发展思想，在科普创作与生产中强化弘扬科学精神，大力推进科普基础设施信息化数字化，并更加注重效率和效果，要以群众需求、社会需要为出发点和落脚点，不断优化科普能力提升机制。高质量发展具有全面性，科普能力目前包含六大方面，基本涵盖了科普工作的重要领域，但仍可能有顾及不周或在新形势下需要与时俱进的地方，科普能力的理论和实践研究要根据形势不断丰富拓展，更多关注市场化、社会化等科普能力建设新趋势。高质量发展具有普惠性，科普能力建设要更加关注基层群众需求是否得到满足，确保顶层设计和各类举措项目切实作用于民，加强科普能力水平有待提升地区的支持力度，以普惠的科普能力建设推进科普发展的充分性、均衡性和协调性。

重点支持深化科普供给侧改革。科普能力是全社会生产科普产品和提供科普服务的能力，科普能力建设的创新和升级是科普供给侧改革的基础。要在科普经费筹措、科普基础设施体系完善、科普创作生产等环节创新组织动员机制，探索形成政府引导下的全社会协同格局，激发各类主体活力、创造力。要进一步完善科普政策体系，推进《科普法》适时修订，形成以《科普法》和《新纲要》为核心的现代科普政策体系，为科普能力提升创设良好环境。对标《新纲要》在科普内容、形式、手段等供给侧改革的要求，科普能力建设需在基础设施数字化升级、科普人才专业化培养、科学教育常态化普及、科普活动精细化开展等方面持续发力。

（二）突出发挥高质量科普能力建设在高质量发展全局中的作用

科普能力高质量建设要更加注重创新性、全面性、普惠性等高标准新要求，而高质量发展的要求不仅体现在科普能力自身发展上，更凸显于以科普能力建设推动经济社会高质量发展的格局中。

习近平总书记明确提出："高质量发展不能只是一句口号，更不是局限于经济领域。"[①] 经济、政治、社会、文化、生态各领域都要体现高质量发展的要求，高质量发展是与新发展理念、"五位一体"总体布局有机相融的。在经济领域，高质量发展核心内涵包括转变经济发展方式，调整经济和产业结构，增强发展效益，实现经济发展的效率、质量变革和动力变革。而

---

① 《第一观察丨高质量发展"高"在哪？习近平总书记这样解析》，www.xinhuanet.com/2021-03/08/c_1127181742.htm，最后检索时间：2022年6月7日。

能够推动上述变革的第一动力就是科技创新，第一资源就是人才，科学与教育扮演关键角色，科学普及正是科学与教育的基础工程之一。通过科普，激发青少年的科学兴趣、创新意识，提升青少年的思维和实践能力，培养青少年好奇心和乐于钻研、勇于质疑的品质，激励更多青少年热爱科学、投身科学，组建高素质的科技人才后备大军，并在全社会普遍形成崇尚科学、尊重创新的氛围，这将是以科技创新推动高质量发展重要的社会基础。

在政治和社会治理领域，高质量发展与社会治理体系和能力现代化紧密相关，致力于形成全社会共商共建共享的社会治理格局，其中动员与培养有意愿、有能力参与的公民群体至关重要，而科学普及的意义正在于普及科学知识、弘扬科学精神、培养科学思维、传播科学方法，并提升公民运用它们分析判断事物和解决实际问题的能力，这正是社会治理体系与能力现代化对公民提出的期望。

在文化领域，党的十九届五中全会在"十四五"规划建议中提出，"十四五"时期经济社会发展目标包括社会文明程度得到新提高，人民思想道德素质、科学文化素质和身心健康素质明显提高，公共文化服务体系和文化产业体系更加健全，人民精神文化生活日益丰富。其中人民科学文化素质和身心健康素质都与科普息息相关，科普本质上作为一种公共服务和一种成长中的产业形态，也正在成为公共文化服务体系和文化产业中越来越重要的组成部分。在未来，一个普及了科技文化的社会必将是现代化的文明社会。

在生态领域，人与自然和谐相处的目标不能仅靠国家呼吁和企业执行，更需要全社会的广泛参与，近年来很多环境议题引起社会热议，如雾霾、垃圾分类、碳达峰碳中和等，群众往往对相关的国家政策存在误解，对相关的日常行为规范也缺乏准确掌握，科普能力的提升、公民科学素质的提升可以很好服务于此种社会需求。

高质量发展的最终目的在于实现人民的高品质生活，实现人的自我完善和发展。大力发展社会主义生产力，健全基本公共服务体系，完善共建共治共享的社会治理制度，在各个领域的种种努力，也都是为了增强人民群众的获得感、幸福感和安全感，为了人民能够过上高品质的美好生活，促进人的全面发展和社会全面进步。而这与科学普及的根本追求是完全契合的，科学普及也通过提升人的综合素质，增强人民追求美好和自我发展的能力，保障人的全面发展的权利。

因此，科普能力建设应不仅着眼于机械的资源投入和产品供给，更应着眼于高质量发展全局，明确并提升科普在新发展格局中的重要地位，以更充分、更合理的资源配置，更丰富、更有效的服务产出，推动科普在经济社会发展各领域发光发热，为高质量发展保驾护航。

（三）重点推动科普能力建设信息化升级行动

当今时代，以信息技术为核心的新一轮科技革命正在孕育兴起，互联网日益成为创新驱动发展的先导力量，深刻改变着人们的生产生活，有力推动着社会发展。信息化是"十四五"规划和 2035 年远景目标纲要中强调的重要发展目标，是未来产业升级、经济进步、社会发展必须适应的潮流，也是中国科协近年来重点推进的重要改革措施之一，科普能力建设要进一步增强信息化水平。

要强化科普能力提升顶层设计和组织实施中的信息化水平。科普能力指标中，经费投入、基础设施体系完善以及人才培养等方面比较依赖强有力的统筹中心、合理的机制设计以及流畅的落地执行，这些方面实际上还远未完善，成为制约科普能力提升的重要因素。如各部门间壁垒分明，数据信息共享严重不足，交流沟通存在隔阂，可能会严重影响科普能力建设的协同水平，无法在科普人才培养、基础设施建设等方面达成有效合作；各系统内部信息化水平不足导致的沟通受阻、效率低下也制约着实际工作效果。因此，科普能力建设要进一步做好信息化武装，以信息化思维做好机制安排和流程设计，推动工作手段信息化、组织体系网络化，消除信息壁垒，强化互通互信，加快建设科普能力相关的数字化资源管理系统，提升资源统筹配置效率和效益。

要强化科普生产中对新技术、新平台的应用，推动科普产品与服务信息化升级和数字化转型。近年来，互联网技术、通信技术、人工智能、虚拟现实等新兴技术加速更迭，目前已广泛应用于工业生产、消费者服务等产业链全链条，科普能力建设在产品和服务供给中必须顺应并利用信息化趋势，提高科普生产效率，优化科普传播效果，不断创新科普产品服务形态，满足日益多样化、精细化的受众科普需求。如利用5G、虚拟现实等技术打造线上科学课堂、远程云课堂，开发全新科学教育课程，加大对中小学校园数字终端设备的投入，实现优质科学教育资源更广范围的共享，全面优化科学教育环境；推动科普传播的融媒体转型，利用科普中国的数字资源和品牌优势，依据数字时代受众的喜好和信息接收习惯，基于微信、短视频等数字化平台的技术特征和传播规律，打造一系列知名科普传播媒体品牌，并鼓励引导科普自媒体发展繁荣；大力发展新兴科普产业，推动科普展教、科普旅游、科普体验等产业对新技术的应用，打造全新的科普服务体验，大力支持科普网络游戏、科普动漫、科幻影视等现代文化服务业，借信息化浪潮将优质科普资源转化为受市场喜爱的典型科普IP，助力增强文化自信。

（四）全面推进科普能力建设标准化发展

科普标准化工作是关系我国科普工作可持续发展的基础性工程，做好标准化工作，能够推动科普能力建设迈向更精细、更专业、更现代化的发展道路。中国科协正大力推进科普标准化工作，助力构建高质量科普服务体系。

推进科普服务资源标准制定，在实践中加强对科普服务资源规范化、专业化的要求，为标准制定奠定基础。对提供科普服务、从事科普经营、开展科普活动的机构开展资质认定，规定其应具备的从业人员数量、专业能力等方面要求，对于企业认定其经营范围内包含与提供科普服务相关的业务或具备提供科普服务相关的条件。对提供科普服务、参与科普活动的人员，加强对其系统化管理水平，如按照科普专职、科普兼职、科普志愿者及科普管理人员、科普服务人员等不同标准分类管理，完善注册制度，逐步对科普从业人员开展职业职称认定、定期培训等，提升科普人才培育专业化水平，保障科普人才职业权益。对科普产品和科普内容，在新媒体时代，科普产品和内容虽然极大丰富，但也因监管缺失、监管难度大以及从业者水平不一、伦理和法律意识不足等问题，科普产品的内容质量参差不齐，存在大量垃圾信息，因此在科普创作和科普作品传播环节也急需强化行业标准。在科普创作生产中要加强对选题的监督和指导，保证选题的科普价值和社会意义，确保选题在价值观上的正确导向。传播过程中要特别加强知识产权保护相关规范，尤其要针对新媒体科普产品特征出台相应的保护办法和惩戒政策，也要尽早形成科普内容在真实性、专业质量等方面的行业标准。

推进科普服务提供标准制定，提升各类科普服务的管理水平和实践质量，提升科普受众的体验和满意度。在科普能力建设中尤其要加强对科普设施服务标准、科普活动服务标准的探索。科普场馆建设和改造要在面积、人员、功能等方面予以门槛限制，保障科普场馆具备科普活动开展能力，并特别重视科普场馆数字化方面的条件，加强数字化管理运营，既要提升科普场馆管理的信息化程度，更要重点开发面向受众的数字化系统，完善如线上预约、线上展览、云课堂云体验等功能。要逐步完善各类科普活动的标准建设，为保证科普活动质量，增强科普活动效果，要在内容上加强与受众需求的匹配度，在人员上要强化对教学教师、科技辅导员、科普专家、基层能人、志愿者等人员的筛选与培养，在设备上要尽量保证合理配置、物尽其用，科普活动流程逐步迈向程式化，并且需强化与受众的沟通交流，了解受众的需求、真实体验和相关反馈建议。

分 报 告
Factor Reports

B.2
"十三五"时期我国科普场馆发展报告

孙 欣　刘 娅　姜冰艳　徐宏帅*

摘　要： 本报告以 2016~2020 年全国科普统计调查数据为支撑，针对科技馆、科学技术类博物馆和青少年科技馆站三类分析对象，从资源建设、业务开展和运行成效三个方面对"十三五"时期我国科普场馆的发展状况进行了分析。研究显示，"十三五"时期我国科普场馆建设稳步推进，数量规模、展陈面积、经费投入等多项工作稳定向好。但同时也存在区域发展不均衡、经费筹集渠道单一、人才队伍建设亟待加强、青少年科技馆站发展疲软等问题。对此，提出了统筹协调科普场馆平衡发展、探索多元化科普投入机制、加强科普场馆人才队伍建设、创新科普场馆业务发展、加强运行监测和评估的对策建议。

* 孙欣，中国科学技术信息研究所研究实习员，主要研究方向为科技政策与管理；刘娅，中国科学技术信息研究所研究员，主要研究方向为科技政策与管理；姜冰艳，中国科学技术信息研究所硕士研究生；徐宏帅，中国科学技术信息研究所硕士研究生。

关键词： 科技馆　科学技术类博物馆　青少年科技馆站　科普场馆

　　面对新一轮科技革命和产业变革的深入发展，创新发展成为我国进一步提升综合竞争力的关键。① 科技创新与科学普及作为实现创新发展的两翼，是我国综合竞争力提升的先决条件之一。

　　《中华人民共和国科学技术进步法（2021 年修订）》② 中指出国家要发展科学技术普及事业，普及科学技术知识，加强科学技术普及基础设施和能力建设，提高公民特别是青少年的科学文化素质。《全民科学素质行动规划纲要（2021—2035 年）》③ 将科普基础设施工程列为重点工程之一，主要规划包括创新现代科技馆体系，推动科技馆与博物馆、文化馆等融合共享，构建服务科学文化素质提升的现代科技馆体系，加强实体科技馆建设，开展科普展教品创新研发，打造科学家精神教育基地、前沿科技体验基地、公共安全健康教育基地和科学教育资源汇集平台，提升科技馆服务功能等。科普场馆作为科普基础设施建设的重要组成部分，是面向公众进行科普宣传和教育的重要场所，是公民科学素质建设的重要阵地④。因此，厘清"十三五"时期我国科普场馆的发展状况，对"十四五"期间我国科普基础设施建设和科普事业发展有着重要的现实意义。

　　我国承担科学普及工作的场馆主要包括科技馆、科学技术类博物馆、青少年科技馆站三类。本文以国家科学技术部发布的《中国科普统计》数据

---

① 李倩：《科普服务能力提高区域创新能力了吗？——基于省级面板数据的实证研究》，《科普研究》2018 年第 4 期，第 35~41 页。

② 全国人民代表大会常务委员会：《中华人民共和国科学技术进步法（2021 年修订）》（中华人民共和国主席令第一〇三号），http：//www. most. gov. cn/xxgk/xinxifenlei/fdzdgknr/fgzc/flfg/202201/t20220118_ 179043. html，最后检索时间：2022 年 4 月 19 日。

③ 《国务院关于印发全民科学素质行动规划纲要（2021—2035 年）的通知》（国发〔2021〕9 号），http：//www. gov. cn/zhengce/content/2021-06/25/content_ 5620813. htm，最后检索时间：2022 年 3 月 2 日。

④ 王靖武、冯玉雪：《科普场馆相关文献综述与展望》，《科技与创新》2021 年第 15 期，第 120~121 页。

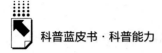
（不包括港、澳、台地区）为基础，从资源建设、业务开展和运行成效三个方面，对 2016~2020 年建筑面积在 500 平方米及以上的三类科普场馆的发展状况分别进行分析。

一 "十三五"时期我国科技馆的发展

根据国家《科学技术馆建设标准》（2007 年版）的规定，科技馆是政府和社会开展科学技术普及工作和活动的公益性基础设施，应满足科普教育、观众服务、支撑保障等功能需要，其核心功能为实施观众可参与的互动性科普展览和教育活动。国家科学技术部发布的《中国科普统计》中，纳入统计范围的科技馆是以科技馆、科学中心、科学宫等命名的，以展示教育为主，传播和普及科学知识与科学精神的场馆。科技馆是为公众提供科普服务、提升公民科学素养的重要阵地。

（一）资源建设

充足的"人财物"是科技馆高质量科普服务和可持续发展的基础保障。以下从场馆建设、人力资源和经费筹集三方面对科技馆的资源建设情况进行分析。

1. 场馆建设

（1）数量规模

2016~2020 年，我国科技馆数量逐年增长，总体上东部地区占比最高，中部地区和西部地区占比相当。2020 年我国共有科技馆 573 个，比 2016 年增加 100 个，年均增长率为 4.91%。全国规模同比增速处于波动状态，2018 年超过 6%，2019 年放缓低于 3%，2020 年上升到 7.50%，达到历史新高。其中，东部地区作为经济和科技实力更为发达的地区，在科技馆数量建设方面处于领先地位，2018 年之前数量超过全国总数的一半。但随后占比连续 3 年下降，2019 年跌破 50%，2020 年为 45.90%；西部地区不断加强科技馆建设力度，占比逐年稳定增长，2019 年已领先中部地区，2020 年达到 28.27%；中部地区占比则在 23%~25%（见图 1）。

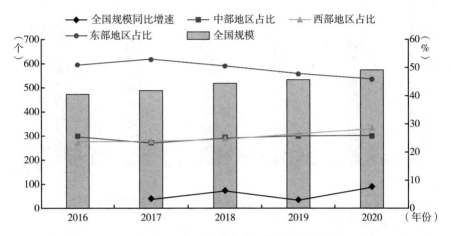

图 1　2016~2020 年科技馆数量规模及地区占比情况

《科学技术馆建设标准》将科技馆建设规模按建筑面积划分为 4 类：建筑面积 30000 平方米以上的为特大型馆，15000 平方米以上至 30000 平方米的为大型馆，8000 平方米以上至 15000 平方米的为中型馆，8000 平方米及以下的为小型馆。

从科技馆建筑规模来看，科技馆建设数量基本与建筑面积大小成反比，首先表现为以小型科技馆为主、其次是中型和大型科技馆、特大型科技馆数量最少的分布特征。其中，小型科技馆占全国科技馆总数的比例超过 70%，但 2016~2020 年占比逐渐下降；特大型科技馆数量最少，占比在 4%~5%，且逐年小幅增长，2020 年有 32 个，相比 2016 年增加 52.38%；大型科技馆增幅最大，2020 年有 53 个，相比 2016 年增加 76.67%，并于 2017 年开始数量多于中型科技馆；中型科技馆占比在 7%~9%，2020 年有 50 个，相比 2016 年增加 51.52%（见图 2）。

从每百万人口拥有科技馆数量来看，全国逐年增加。三个区域中东部地区最多，其次是西部地区，中部地区则相对最低。2016 年我国每百万人口拥有科技馆数量 0.34 个，2020 年突破 0.40 个，达到每百万人口拥有 0.41

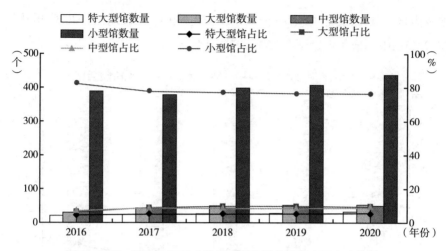

图2 2016～2020年不同建筑规模科技馆数量及全国占比情况

个。其中，东部地区各年度均超过全国平均水平，2016年为0.41个，2018年达到峰值0.44个；中部地区则相对落后，2016年仅为0.28个，2018年突破0.30个，2020年上升至0.35个；西部地区增长最快，从2016年的0.30个，到2020年超过全国平均水平，达到0.42个（见图3）。

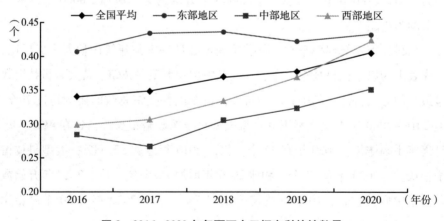

图3 2016～2020年每百万人口拥有科技馆数量

（2）展陈面积

2016～2020年我国科技馆展厅面积呈逐年递增的态势，其中东部地区更具规模优势，西部地区和中部地区则表现出强劲的发展动力。2016 年全国科技馆展厅总面积为 157.22 万平方米，2020 年达到 232.05 万平方米，增幅为 47.6%。其中，东部地区占比各年均超过 50%，但随着中部地区和西部地区展厅面积的不断扩大，这一指标逐渐缩小。2016 年东部地区展厅面积为 92.94 万平方米，2020 年增加到 117.25 万平方米，增幅为 26.16%，但占比从 59.12% 降至 50.53%；中部地区展厅面积从 2016 年的 28.05 万平方米增加到 2020 年的 53.97 万平方米，增幅达到 92.41%，占比也从 17.84% 增加到 23.26%；西部地区展厅面积从 2016 年的 36.22 万平方米增加到 2020 年的 60.82 万平方米，增幅为 67.92%。西部地区在规模优势上优于中部地区，2017 年后占比在 26% 左右波动，与中部地区占比差距逐渐缩小（见图 4）。

图 4　2016~2020 年科技馆展厅面积

从科技馆单馆展厅面积来看，2016~2020 年全国表现为逐年递增的态势，总体上东部地区>西部地区>中部地区，但各年呈现较大的波动。2020 年全国科技馆单馆展厅面积为 4049.67 平方米，相比 2016 年增加了 21.84%，增速逐渐趋于平稳。其中，东部地区在 2017 年被西部地区赶超，其余各年均居于首位，2020 年达到 4458.22 平方米；西部地区在 2017 年达到顶峰后呈现下降态势，2020 年为 3754.56 平方米；中部地区最少，2016 年仅为 2337.43 平方米，但 2017 年跃升至 3000 平方米以上，

2020 年达到 3646.72 平方米，增幅超过 50%，与西部地区差距逐渐缩小
（见图 5）。

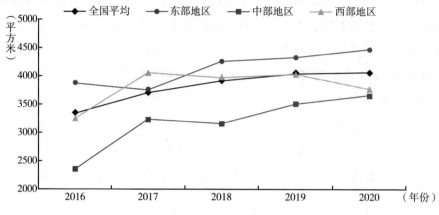

图 5　2016~2020 年科技馆单馆展厅面积

从每万人口拥有科技馆展厅面积来看，2016~2020 年全国和东中西部地
区均稳定上升，其中东部地区各年均以高于全国平均水平的表现引领西部和
中部地区，西部地区的表现领先中部地区，但西部地区和中部地区各年的表
现均低于全国平均水平。2020 年全国平均水平为 16.46 平方米，相比 2016
年增加了 45.49%。其中，东部地区从 2016 年的 15.72 平方米增长到 2020
年的 19.32 平方米，增幅为 22.90%；西部地区从 2016 年的 9.65 平方米增
长到 2020 年的 15.88 平方米，增幅达 64.6%，与全国平均水平的差距逐渐
缩小；中部地区 2016 年仅为 6.62 平方米，但到 2020 年增加到 12.85 平方
米，增幅达到 94.11%（见图 6）。

2. 人力资源

科技馆人力资源是提供场馆服务、开展科普工作的重要资源保障，包括
科普专职人员和科普兼职人员。2016~2020 年全国和东中西部地区每百万人
口拥有科技馆人力资源数量呈现相同的波动趋势，均先下降后上升又下降，
总体呈现下降的态势。2016 年全国每百万人口拥有科技馆人力资源 68.16
人，之后出现波动，2020 年仅为 41.78 人，减少了 38.7%。其中，东部地

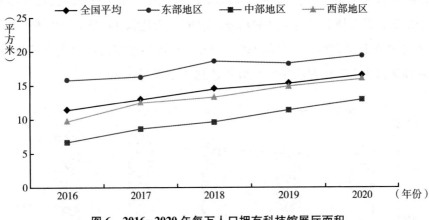

图 6　2016~2020 年每万人口拥有科技馆展厅面积

区 2019 年达到最高（93.57 人），但 2020 年下降到 55.82 人，下降了 40.34%；中部地区 2016 年为 58.52 人，高于同时期的西部地区，但在 2017 年大幅降为 25.65 人，之后成为三个地区中的最低，到 2020 年仅为 24.67 人，"十三五"时期共下降 57.83%；西部地区 2016 年为 47.41 人，2020 年 为 38.31 人，降幅为 19.19%，在三个地区中降幅最小（见图 7）。

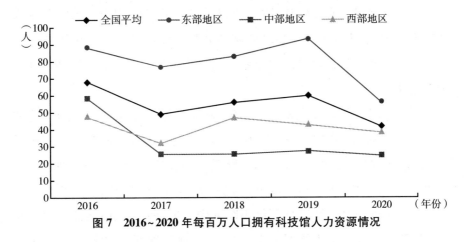

图 7　2016~2020 年每百万人口拥有科技馆人力资源情况

从科普专职人员来看，2016~2020 年全国数量总体呈上升态势。2016 年共有 1.13 万人，2017 年下降后回升，2019 年达到峰值 1.33 万人，2020

年略有下降为 1.29 万人。其中，东部地区占比在 44%～51%，远超西部和中部地区，但总体表现出下降的趋势，2020 年占比为 44.85%；西部和中部地区占比分别在 25%～30% 和 22%～25%，总体均表现出占比上升的趋势，西部地区占比上升相对明显，2020 年达到 30%（见图 8）。

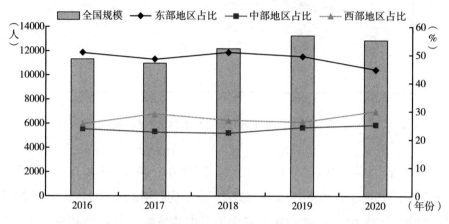

图 8 2016～2020 年科技馆科普专职人员总数及地区占比情况

从科技馆科普专职人员构成来看，2016～2020 年我国科技馆科普专职人员中中级职称及以上或本科及以上学历人员占比在 60% 以上，2016 年最高为 65.69%，之后不断下降，2019 年降到最低，2020 年回升至 64.33%。科普创作人员占比较低，但呈现逐年向好的趋势，2016 年仅为 8.75%，2020年增长为 12.39%（见图 9）。

从科技馆科普兼职人员来看，2016～2020 年全国人员数量呈波动下降的趋势，其中东部地区占比在一半以上。2016 年全国数量为 8.34 万人，经过历年波动后到 2020 年仅为 4.6 万人，降低了 44.84%。其中，东部地区占比在 55%～70%，2017 年达到峰值 70.14%，2020 年为 61.03%；中部地区占比 2016 年为 26.49%，2017 年开始不断下降，在三个区域中最低，2019 年降至 11.85%，2020 年小幅回升至 15.48%；西部地区占比在 17%～23%，2020 年达到峰值 23.49%（见图 10）。

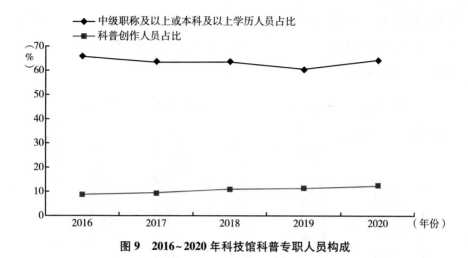

图9 2016~2020年科技馆科普专职人员构成

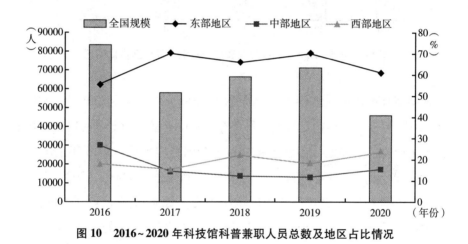

图10 2016~2020年科技馆科普兼职人员总数及地区占比情况

3. 经费筹集

科普经费是支撑科技馆开展高质量科普服务、保持可持续发展的重要保障。2016~2020年我国科技馆科普经费筹集额总体上呈增长的态势，其中东部地区占比最高，中部地区占比大幅增加。2016年全国经费筹集额为32.13亿元，之后连续3年增加，2019年达到峰值46.15亿元，2020年略降至41.46亿元。东部地区是全国科技馆科普经费筹集的主要来源地，2016年占比达到75.14%，但随后不断下降，2020年降为52.05%，减少超过20个百分点；中部地区占比 2016 年为 9.61%，2019 年大幅增加，达到峰值 33.03%，2020 年略降至 32.6%；西部地区占比在 15%~21%，2017 年达到峰值 21.25%，2020 年为 15.35%（见图 11）。

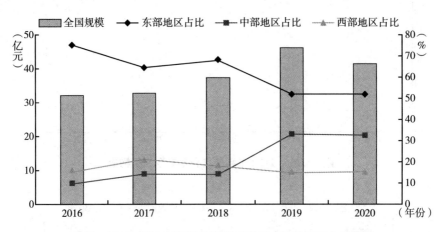

图 11　2016~2020 年科技馆科普经费筹集额及地区占比情况

人均拥有科技馆科普经费是衡量科普经费公众普惠强度的重要指标。2016~2020 年全国人均拥有科技馆科普经费总体上呈波动上升的趋势，其中东部地区最高，中部地区不断赶超并超过全国平均水平。2016 年全国平均水平为 2.31 元，之后不断提高，2019 年达到峰值 3.28 元，2020 年降至 2.94 元。东部地区的表现在三个区域中领先，各年均高于全国平均水平，但在波动中呈下降态势，2020 年为 3.56 元，相比 2016 年的 4.08 元下降了 12.75%；中部地区 2016 年仅为 0.73 元，为三个区域中最低，但 2019 年跃升至 3.61 元，超过全国平均水平，增幅超过 300%；西部地区则在 1.3~1.8 元（见图 12）。

科技馆科普经费主要来源包括政府拨款、自筹资金、捐赠和其他收入四类，其中政府拨款和自筹资金是两类最主要的经费筹集渠道，"十三五"时期占比超过 90%。2016 年政府拨款占比为 83.2%，之后这一比例逐年提高，到 2020 年达到 91.07%；2016 年自筹资金占比为 11.22%，2018 年开始逐年下降，2020 年仅为 3.22%；其他收入占比在 3%~5%，2020 年为 5.65%，

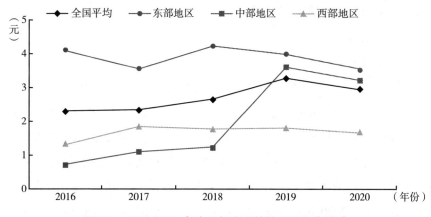

图12　2016~2020年人均拥有科技馆科普经费情况

超过自筹资金占比；捐赠占比最少，2016年为1.65%，2017年上升至3.46%，之后降至低于0.1%（见图13）。

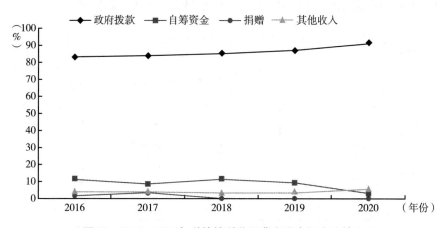

图13　2016~2020年科技馆科普经费主要来源占比情况

（二）业务开展

科技馆作为提供公众科普服务的重要平台，提供包括科普讲座、展览、竞赛、社会开放、对外交流等业务活动，以传播和普及科学知识和弘扬科学精神。本部分从业务开展情况对"十三五"时期科技馆的发展进行分析，

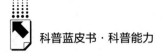

包括科普活动和经费使用两个方面。

1. 科普活动

（1）免费开放情况

《关于科技馆免费开放的通知》（科协发普字〔2015〕20号）从国家层面规范科技馆免费开放的相关实施范围、步骤、内容和要求等，对于向公众提供均等科普公共服务、提高全民科学素质具有重大意义。2016～2020年全国科技馆免费开放天数呈波动上升的趋势，其中东部地区占比最高，中西部地区占比相当。2016年全国科技馆免费开放共计9.43万天，2019年达到峰值11.80万天，2020年略降至10.46万天，主要原因是东部地区科技馆免费开放天数的下降。东部地区各年占比最高，但呈下降趋势，2018年及之前年份占比均超过50%，之后不断下滑，2020年降至46.23%；西部地区占比逐年稳定增长，从2016年的21.25%增长到2020年的28.63%，并于2019年超越中部地区；中部地区占比则在23%～26%（见图14）。

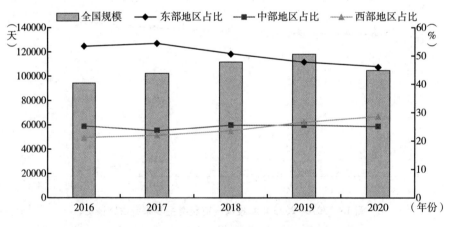

图14　2016～2020年科技馆免费开放天数及地区占比情况

（2）科普（技）讲座

从科技馆举办科普（技）讲座情况来看，2016～2020年全国举办次数总体呈下降趋势，其中东部地区是举办科普讲座的主要力量。2016年全国科技馆举办科普（技）讲座共计1.68万场，为"十三五"时期最活跃的年

份,之后数量不断下降,2019年小幅回升,2020年又降至1.01万场,降幅
为39.88%。三个区域中,东部地区最为活跃,除2017年和2018年外,其
余年份占比均超过50%;中部地区占比于2018年达到峰值28.04%,并超越
西部地区,之后小幅下降;西部地区占比在2017年后开始不断小幅下降,
2020年为21.6%,相比"十三五"初期略有降低(见图15)。

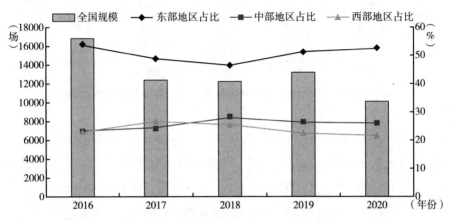

图15 2016~2020年科技馆举办科普(技)讲座及地区占比情况

(3)科普(技)展览

从科技馆举办科普(技)展览情况来看,2016~2020年全国举办次数
呈先上升后下降的波动趋势,其中东部地区占比最高。2016年全国共举办
展览4142次,2018年达到峰值5752次,2020年下降至4859次,相比"十
三五"初期增加了17.31%。三个区域中,东部地区是举办科普(技)展览
的最主要力量,占比在46%~64%,最高在2017年达到63.54%;中部地区
占比在2016年、2020年超过28%,其余年份在20%左右波动;西部地区占
比在17%~25%(见图16)。

(4)科普(技)竞赛

从科技馆举办科普(技)竞赛情况来看,2016~2020年全国举办次数
呈波动下降趋势,东中西三个区域占比在2019年波动较大。2019年由于西
部地区举办次数大幅增加,全国举办次数达到峰值1449次,但2020年骤降

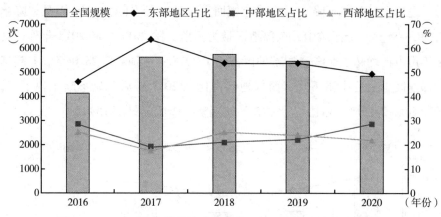

图16 2016～2020年科技馆举办科普（技）展览及地区占比情况

至631次，相比2016年下降了53.02%。与科普（技）讲座和科普（技）展览举办的表现一致，东部地区是三个区域中开展科普（技）竞赛的主要力量，除2019年占比被西部地区超越，其余年份占比均在50%以上；西部地区2019年举办次数激增，占比大幅增至48.79%，其余年份在17%～24%；中部地区除2019年外，占比在18%～24%（见图17）。

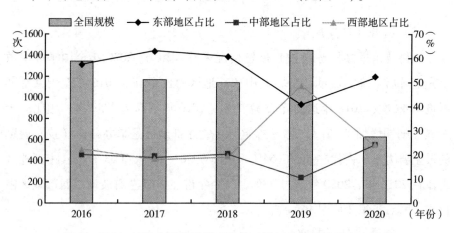

图17 2016～2020年科技馆举办科普（技）竞赛及地区占比情况

2. 经费使用

科普经费使用额是反映科技馆当年实际科普建设力度的重要指标。2016～

2020 年全国科技馆科普经费使用额呈波动上升的趋势，其中东部地区占比最高，中部地区占比不断提升。2016 年全国支出规模为 31.07 亿元，2019 年达到峰值 44.42 亿元，主要原因是中部地区当年支出的大幅增加，2020 年降至 41.88 亿元，相比 2016 年增加了 34.79%。三个区域中，东部地区占比各年均在 50% 以上，但呈波动下降趋势，2016 年高达 73.22%，2020 年降至 55.16%；中部地区"十三五"初期占比最低，但 2019 年在使用额大幅增加的背景下占比激增至 34.34%，超越西部地区；西部地区占比在 14%~24%（见图 18）。

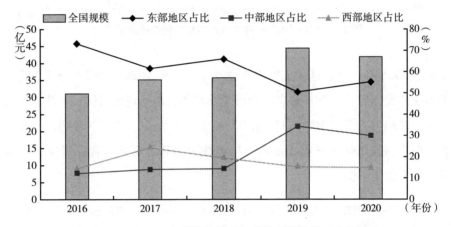

图 18　2016~2020 年科技馆科普经费使用额及地区占比情况

从科技馆人均科普经费使用额来看，"十三五"时期全国表现呈波动上升趋势，其中东部地区最高，中部地区大幅增加。2019 年全国平均水平达到峰值 3.15 元，2020 年小幅下降至 2.97 元，但相比 2016 年增长 32.85%。东部地区各年均高于全国平均水平，在 3.6~3.9 元；中部地区"十三五"初期相对最低，2019 年人均水平大幅增加至 3.61 元，超过全国平均水平；西部地区各年均低于全国平均水平，2017 年达到峰值 2.26 元，之后逐年下降，2020 年为 1.63 元（见图 19）。

我国科技馆科普经费使用额构成包括科普活动支出、场馆基建支出和行政及其他支出三部分。"十三五"初期科普活动支出是科技馆经费使用的最主要渠道，"十三五"后期三类支出逐渐趋于平衡。2016 年科普活动支出占

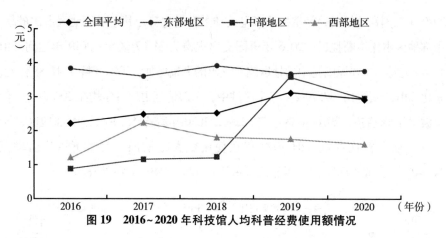

图19　2016~2020年科技馆人均科普经费使用额情况

比高达59.58%，之后这一比例逐年波动下降，到2020年为29.35%，略低于另外两类支出。场馆基建支出和行政及其他支出呈现此消彼长的波动上升态势，2020年分别占比36.83%和33.82%（见图20）。可以看到，"十三五"时期科技馆的工作重心逐渐向场馆建设转移，三类科普经费支出在波动中逐渐趋于平衡。

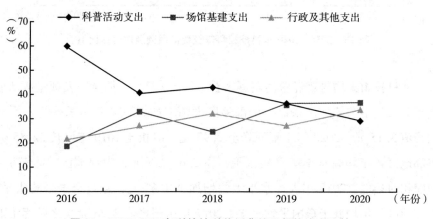

图20　2016~2020年科技馆科普经费使用额构成占比情况

（三）运行成效

科技馆通过以参与、体验、互动为主的展览、活动等形式为公众提供科普服务，其运行成效在一定程度上可通过公众的参与人次进行反映。科技馆及其举办的各项活动参加人次越高，表明其科学知识等的传播受众越多，发挥的科普价值越大，运行成效越显著。本部分从一般性展陈、科普（技）讲座、科普（技）展览、科普（技）竞赛的参加人次对其运行成效进行分析。

1. 一般性展陈

从科技馆年度参观人次来看，2016~2019年全国总参观人次逐年稳定上升，但2020年受新冠肺炎疫情影响出现断崖式下滑，其中东部地区占比最高，中西部地区占比不断上升。全国科技馆年度总参观量从2016年的5646.41万人次增长到2019年的8456.52万人次，公众参与热情不断提升，但2020年降至3934.45万人次。东部地区占比在2019年之前均在50%以上，但随后不断下降，2020年降为48.78%；中部地区占比相对最低，2016年仅为13.7%，2017~2020年在21%~23%；西部地区占比2017~2020年在22%~27%，相比"十三五"初期有一定提升（见图21）。

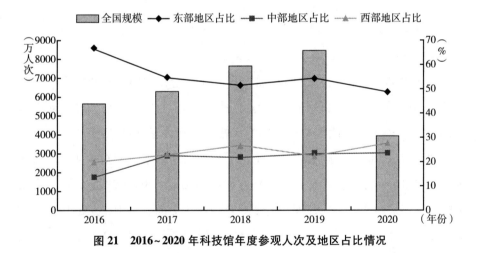

图21 2016~2020年科技馆年度参观人次及地区占比情况

从科技馆单馆参观人次来看，表现与年度总参观人次趋势一致，2016~2019年全国单馆参观人次不断攀升，但2020年受新冠肺炎疫情影响，全国及三个区域均出现大幅下降。2016年全国为11.94万人次，2019年增长到

15.87万人次，2020年骤降至6.87万人次。其中，东部地区呈降升降的波动趋势，2019年达到最高18.04万人次；西部地区2018年达到峰值16.09万人次，超过东部地区和全国平均水平，之后不断下降；中部地区总体上处于劣势，各年度在6万~14万人次（见图22）。

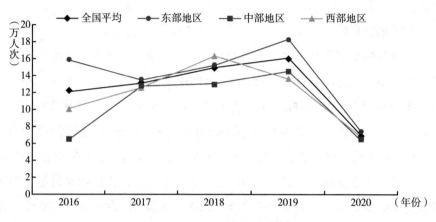

图22 2016~2020年科技馆单馆参观人次情况

2. 专题活动

（1）科普（技）讲座

从科技馆科普（技）讲座参加人次情况来看，2016~2020年全国总体表现为先下降后上升的态势，东中西三个区域占比波动较大。2017年全国总参加人次由于东部地区参加人次的大幅下滑而降至260.35万人次，2016年、2018年、2019年在740万~800万人次，2020年激增至4941.29万人次，是2016年的6倍多，主要在于受2020年新冠肺炎疫情影响，部分科普（技）讲座采用线上形式开展，更多观众参与了活动。其中，东部地区开展的科普（技）讲座总体上公众参与热情更高，2016年占比82.42%，尽管之后年份有所下降，但2020年再次回到顶峰，占比高达94.06%；2016~2019年西部地区占比不断攀升，2019年达到61.53%，超越东部地区，但2020年低至3.91%；中部地区占比总体上最低，2017年达到23.52%后不断下降，2020年仅占2.03%（见图23）。

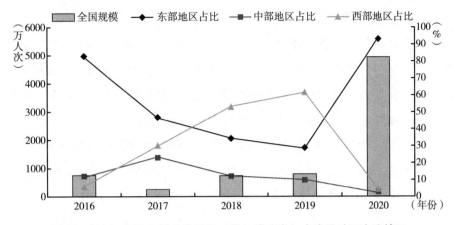

图 23 2016~2020 年科技馆科普（技）讲座参加人次及地区占比情况

从科技馆单馆科普（技）讲座参加人次情况来看，2016~2020 年全国表现为先下降后上升，同科普（技）讲座总参加人次变化趋势一致。2017 年全国参加人次为 5335 人次，2016 年、2018 年、2019 年在 1.4 万~1.6 万人次，2020 年激增至 8.62 万人次。其中，东部地区变化趋势同全国平均相同，2020年激增至 17.67 万人次，是 2016 年的近 7 倍，领先中西部地区；西部地区2019 年达到峰值 3.49 万人次，2020 年下降至 1.19 万人次，但相比 2016 年增长了近 2 倍；中部地区相对最低，各年度在 5000~7000 人次（见图 24）。

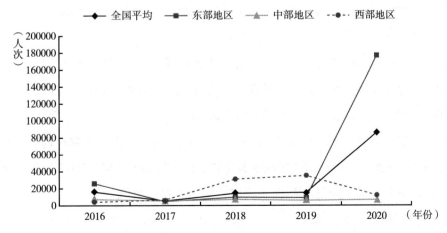

图 24 2016~2020 年科技馆单馆科普（技）讲座参加人次情况

（2）科普（技）展览

从科技馆科普（技）展览参加人次情况来看，2016～2020年全国呈现稳步上升态势，其中东部地区占比最高并逐年上升，中西部地区占比逐年下降。全国参加人次从2016年的1520.59万人次增长到2020年的14177.44万人次，增幅达832.36%。其中，东部地区表现最活跃，占比从2016年的44.8%上升到2020年的95.31%。与此同时，中西部地区占比均不断下降并趋于接近。西部地区占比从32.53%下降到2.66%，中部地区占比从22.67%下降到2.03%（见图25）。

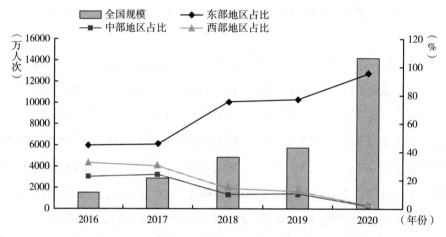

图25　2016～2020年科技馆科普（技）展览参加人次及地区占比情况

从科技馆单馆科普（技）展览参加人次来看，2016～2020年全国和东部地区表现为逐年递增，但中西部地区呈波动下降的态势。全国参与情况为从2016年的3.21万人次增长到2020年的24.74万人次，增幅达670.72%。东部地区从2016年的2.83万人次增长到2020年的51.38万人次，远超全国平均和中西部地区水平；中部和西部地区表现和变化趋势相近，均在2017年达到峰值，2020年分别下降至1.95万人次和2.33万人次（见图26）。

（3）科普（技）竞赛

从科技馆科普（技）竞赛参加人次情况来看，2016～2020年全国总体

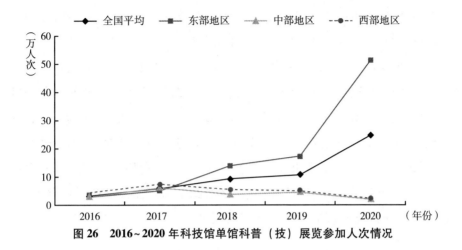

图 26 2016~2020 年科技馆单馆科普（技）展览参加人次情况

呈波动上升的趋势，东中西三个区域占比波动较大。2016 年全国共计 233.27 万人次参加，2019 年达到峰值 478.14 万人次，2020 年略降至 452.43 万人次，但相比"十三五"初期增加了近 1 倍。其中，东部地区占比在 2016 年高达 55.77%，之后不断降低，2019 年降至 23.45%，2020 年反弹回 44.81%；中部地区占比 2019 年达到峰值 54.16%，其余年份在 27%~36%；西部地区占比总体上最低，仅在 2018 年达到峰值 37.1%，其余年份在 13%~22%（见图 27）。

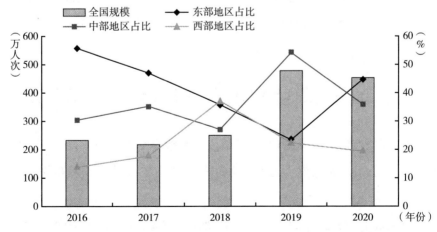

图 27 2016~2020 年科技馆科普（技）竞赛参加人次及地区占比情况

从科技馆单馆科普（技）竞赛参加人次情况来看，2016～2020年全国大致呈现波动上升的态势，中部地区在东中西三个区域中具有相对优势。全国参加人次2019年达到峰值8971人次，2020年略降至7896人次，相比2016年的4932人次增加了60.1%。其中，中部地区除2018年被西部地区超越外，其余年份均位居三个区域首位，2019年达到峰值1.89万人次，远超全国水平；东部地区在三个区域中处于劣势，2018年降至最低3420人次，2020年再次上升至7708人次，比"十三五"初期增长了42.8%；西部地区呈现先升后降的趋势，2019年达到最高7592人次，2020年降至5393人次，但相比2016年增长87.72%（见图28）。

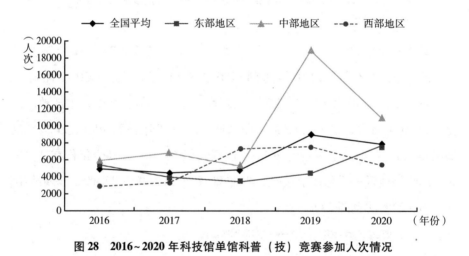

图28　2016～2020年科技馆单馆科普（技）竞赛参加人次情况

二　"十三五"时期我国科学技术类博物馆的发展

国际博物馆协会（ICOM）将科学技术类博物馆定义为以自然界以及人类认识、保护和改造自然为内容的博物馆。[①] 国家科学技术部发布的《中国

[①] 《专业科技博物馆"十三五"规划研究专题报告》，载程东红主编《中国科普场馆年鉴》，中国科学技术出版社，2015，第53~67页。

科普统计》中，纳入统计范围的科学技术类博物馆包括专业科技类博物馆、天文馆、水族馆、标本馆及设有自然科学部的综合博物馆等。近年来，《博物馆事业中长期发展规划纲要（2011—2020年）》、《关于进一步推动非国有博物馆发展的意见》（2017年）、《关于推进博物馆改革发展的指导意见》（2021年）等一系列国家政策的出台，引导包含科学技术类博物馆在内的我国博物馆紧跟时代步伐、加强建设、革新发展观念，不断向更高层次迈进。科学技术类博物馆承担着面向公众普及科学知识与方法、传播科学思想与精神的重要职能。

（一）资源建设

资源建设是科学技术类博物馆实现创新发展的基础条件。以下从场馆建设、人力资源和经费筹集三个维度，对科学技术类博物馆的资源建设情况进行分析。

1.场馆建设

场馆建设数量规模是衡量科学技术类博物馆服务能力的重要标准之一，场馆展陈面积反映了场馆的利用情况。

（1）数量规模

2016～2020年我国科学技术类博物馆数量总体呈现波动上升态势。2016年是"十三五"的开局之年，全国科学技术类博物馆共计920家，2017年增长到951家，2018年、2019年小幅下降后，2020年增至952家，较2016年增加3.48%。从区域分布来看，三个区域中东部地区的数量最多，各年占比均达到全国规模的50%以上，整体存在小幅波动情况。中部地区数量占比最低，2016～2020年在17%左右，但2017年数量有一定减少，此后保持增长态势；西部地区在2016～2020年的数量规模有所增长，2017年占比首次超过30%（见图29）。由此可见，"十三五"期间我国东部地区科学技术类博物馆数量规模较稳定，中部和西部地区不断加强科学技术类博物馆的建设力度。

2016～2020年我国每百万人口拥有科学技术类博物馆数量基本保持稳定

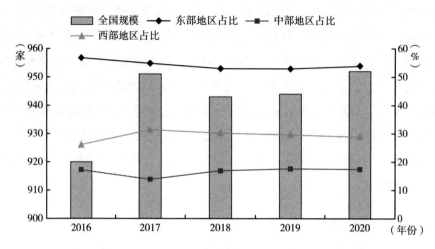

图 29　2016~2020 年科学技术类博物馆数量规模及地区占比情况

状态。2016 年最少，为 0.66 家，2017 年、2020 年达到最多，均为 0.68 家。可见"十三五"时期我国社会公众科学技术类博物馆的资源拥有量总体平稳。但需要注意的是，2018 年美国每百万人口拥有科学技术类博物馆数量为 2.91 家，相较美国我国仍存在很大差距。从区域分布来看，东部地区的表现明显优于全国平均水平，2016 年数量达到 0.88 家，远高于中部、西部地区；中部地区各年度表现明显落后于东部和西部地区，2018 年起呈现差距逐渐缩小的趋势；西部地区 2016 年表现与全国平均水平接近，2017~2020 年有下降趋势但保持在全国平均水平以上（见图 30）。

（2）展陈面积

2016~2020 年我国科学技术类博物馆展厅面积总体呈现增长态势。2016 年共计 282.49 万平方米，2018 年达到最高 323.76 万平方米，2020 年略降至 317.59 万平方米，增长幅度为 12.43%。从区域分布来看，2016~2020 年东部地区展厅面积略有下降，但占比为 55%~64%，在三个区域中最大；中部地区展厅面积小幅提升，但占比在三个区域中最小，为 14%~18%；西部地区展厅面积总体呈上升态势，仅 2019 年小幅下降，且占比略高于中部地区，占全国的 21%~29%（见图 31）。

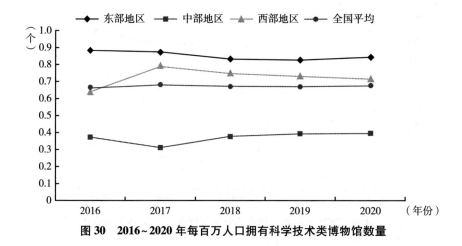

图 30　2016~2020 年每百万人口拥有科学技术类博物馆数量

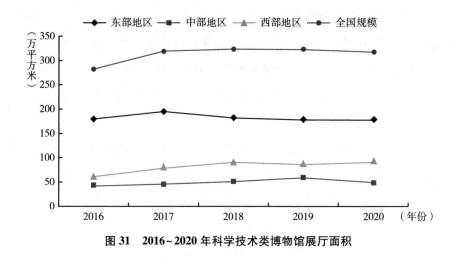

图 31　2016~2020 年科学技术类博物馆展厅面积

　　联合国教科文组织制订的《科学技术类博物馆建设标准》指出，科学技术类博物馆常设展厅面积不少于 3000 平方米可以较好地吸引参观者。按此标准，我国 2016~2020 年展厅面积大于 3000 平方米的科学技术类博物馆在全国总量占比逐年提高，2016 年为 30.65%，2020 年达到 35.5%，提高约 5 个百分点。虽然表现有所提升，但同时也说明"十三五"时期我国科学技术类博物馆中仍有约 60% 以上的场馆展厅面积不大，场馆展品数量的容纳能力以及有效利用度仍然较为有限（见图 32）。

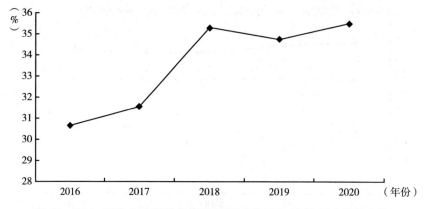

图 32　2016~2020 年科学技术类博物馆展厅面积≥3000 平方米的占比

从科学技术类博物馆的单馆展厅面积来看，2016~2020 年全国变化幅度较小，基本在 3000~3500 平方米。从区域分布来看，东部地区整体表现略高于全国平均水平，面积在 3400~3800 平方米；中部地区 2017 年、2019 年高于全国平均水平，总体表现优于西部地区；西部地区各年度均落后于全国平均水平，但总体呈现增长态势，面积在 2500~3400 平方米（见图 33）。可以看出，"十三五"时期虽然西部地区科学技术类博物馆展厅面积整体略高于中部地区，但单馆展厅面积在三个区域中最小，开设的科学技术类博物馆大多是中小型规模，可用于展示的面积并不大。

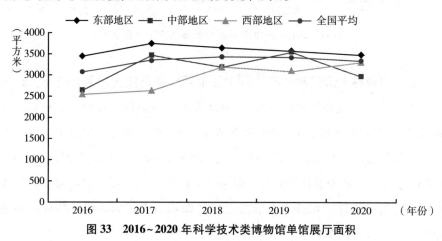

图 33　2016~2020 年科学技术类博物馆单馆展厅面积

2016～2020 年全国每万人口拥有科学技术类博物馆展厅面积水平较稳定。2017 年全国整体水平为 22.85 平方米，相比 2016 年增长 12.45%，2017 年起一直保持 22 平方米以上。从区域分布来看，东部地区各年表现均明显超过全国整体水平及中西部地区，2017 年达到 32.74 平方米，但 2019 年和 2020 年连续两年跌至 30 平方米以下；中部地区各年度表现均远落后于全国整体水平及东西部地区，但整体呈增长趋势；西部地区在"十三五"前期持续增长，后期表现与全国整体水平接近，2016 年为 16.25 平方米，2020 年增长至 23.63 平方米，增幅为 45.42%（见图 34）。可以看出，西部地区近年来重视场馆建设，同时由于人口数量较少，因此人均展厅面积可获性上明显超过中部地区。

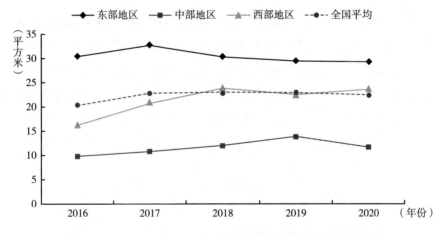

图 34　2016～2020 年每万人口拥有科学技术类博物馆展厅面积

2. 人力资源

科学技术类博物馆的人力资源包括科普专职人员和科普兼职人员。我国每百万人口拥有科学技术类博物馆专兼职科普人员在"十三五"初期有所增长，后期呈下降趋势，但持续保持在 33 人以上。从区域分布来看，东部地区数量上均大于 42 人，在趋势上与全国平均水平表现相似，但明显高于全国平均水平；中部地区各年度表现明显低于全国平均水平，数量最高约为 20 人；西部地区总体增长趋势明显，2019 年人员数量首次超过东部地区（见图 35）。

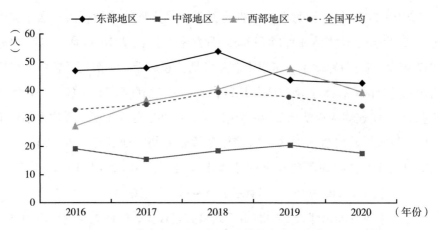

图35　2016～2020年每百万人口拥有科学技术类博物馆人力资源情况

2016～2020年我国科学技术类博物馆科普专职人员数量呈现先上升再下降趋势，2017年人员数最高约为1.15万人，2020年降至0.98万人左右。从区域分布来看，东部地区占比大致在50%～60%，近两年有所下降；中部地区占比介于14%～20%，在三个区域中最低；西部地区占比略高于中部地区，与东部地区存在较大差距，但近几年差距逐渐缩小；中部地区和西部地区占比2016年均在20%左右，此后几年两者逐渐拉开差距（见图36）。

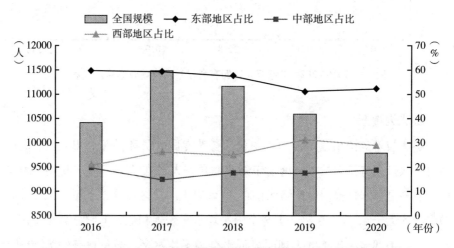

图36　2016～2020年科学技术类博物馆科普专职人员总数及地区占比情况

从 2016~2020 年我国科学技术类博物馆科普专职人员构成可以看出，各年度中级职称及以上或本科及以上学历人员占比逐年持续增长，2020 年达到 70.97%，科普专职人员队伍整体素质较高。科普创作人员占比处于 14%~20%，呈现波动上升趋势（见图 37）。

图 37 2016~2020 年科学技术类博物馆科普专职人员构成

科普兼职人员主要配合科普专职人员进行科普工作，是科普专职人员队伍的重要补充。2016~2020 年我国科学技术类博物馆科普兼职人员总数呈现波动上升趋势，2016 年共计为 3.57 万人，2018 年增长至 4.41 万人，涨幅为 23.53%，2020 年小幅下降至 3.86 万人。从区域分布来看，东部地区占比保持在 50% 左右，近两年有下降趋势；中部地区占比在三个区域中最低，处于 10%~20%；西部地区占比在 20%~35%，整体呈现上升趋势，与东部地区差距在逐渐缩小（见图 38）。

3. 经费筹集

科普经费筹集情况能够反映国家或地区对科普事业的重视程度。2016~2020 年全国科学技术类博物馆的经费筹集额在 15 亿~18 亿元，2018 年降幅较大，2019 年回升到 17.14 亿元，但 2020 年又降到 16.07 亿元。从区域分布来看，各地区经费筹集存在较大差异。东部地区规模最大，达到全国总体的 70% 左右；中部地区在三个区域中规模最小，占全国总体的 5%~20%，

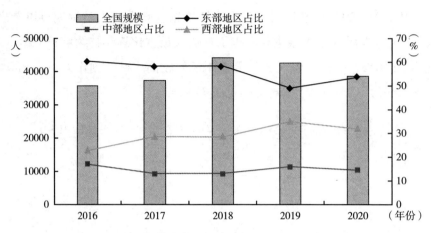

图 38　2016～2020 年科学技术类博物馆科普兼职人员总数及地区占比情况

近两年有赶超西部地区的趋势；西部地区各年占比在 15%～20%，发展较为平稳（见图 39）。

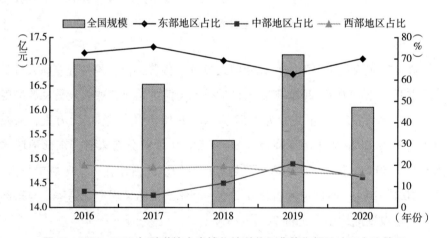

图 39　2016～2020 年科学技术类博物馆科普经费筹集额及地区占比情况

2016～2020 年我国人均拥有科学技术类博物馆科普经费在 1.10～1.23 元，处于相对比较稳定的状态。从区域分布来看，东部地区人均拥有经费在 1.78～2.10 元，各年表现均高于全国平均水平并领先中西部地区；中部地区人均拥有经费最低，前三年均在 0.5 元以下，2019 年首次超过西部地区达到 0.84 元；西部地区人均拥有经费在 0.65~0.91 元，"十三五"期间呈持续下降趋势（见图 40）。

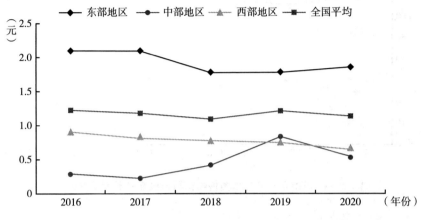

图 40　2016~2020 年人均拥有科学技术类博物馆科普经费情况

科学技术类博物馆的经费来源渠道包括政府拨款、社会捐赠、自筹资金以及其他渠道四类，其中政府拨款和自筹资金是两类最主要渠道，各年占科学技术类博物馆筹集经费总额的比例在 90% 以上。2016~2020 年我国科学技术类博物馆科普经费中政府拨款占比均在 65% 以上，并呈现波动增长态势；自筹资金占比在 20% 以上，2017 年起连续三年下降（见图 41）。可见，政府部门是支撑科学技术类博物馆运行长期且稳定的资金来源，博物馆的自筹及其他渠道获取资金能力需要进一步提升。

（二）业务开展

科学技术类博物馆的业务涉及了场馆建设、藏品展陈、开展讲座、培训、竞赛、发放资料等各类工作。以下从科普活动实施情况及经费使用情况两方面对我国科学技术类博物馆的业务开展情况进行分析。

1. 科普活动

（1）免费开放情况

博物馆免费开放是我国在公共文化领域一项重要的惠民措施。2016~

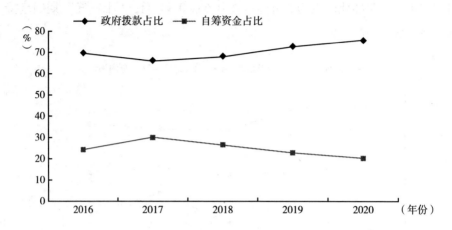

图 41　2016~2020 年科学技术类博物馆科普经费主要来源占比情况

2019 年我国科学技术类博物馆免费开放天数存在波动但整体表现较好，均达到 20 万天以上。2020 年受新冠肺炎疫情影响，免费开放天数大幅下降。从区域分布来看，东部地区各年度占比在 50% 左右；中部地区占比近三年略有提升，但一直未突破 20%；2017 年西部地区占比突破 30% 后，此后几年一直保持在 30% 之上（见图 42）。

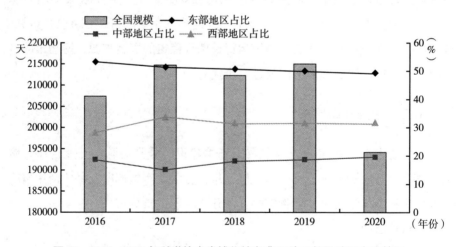

图 42　2016~2020 年科学技术类博物馆免费开放天数及地区占比情况

（2）科普（技）讲座

全国科学技术类博物馆举办科普（技）讲座次数在"十三五"中间三年期间表现较好，2016~2019年整体呈现上升态势，2020年下降较多。2017年全国科学技术类博物馆举办科普（技）讲座达到峰值2.47万次，2020年降至1.37万次，降幅为44.53%。从区域分布来看，东部地区在三个区域中一直领先，除2017年外，各年占比均达到50%以上；中部地区占比在15%~20%，呈现上升趋势；西部地区占比2016年为20.57%，2017年大幅提升至39.35%，此后三年有所下降，在30%左右（见图43）。

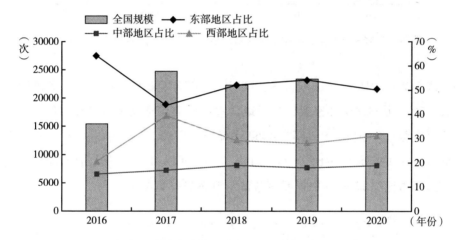

图43　2016~2020年科学技术类博物馆举办科普（技）讲座及地区占比情况

（3）科普（技）展览

2016~2020年我国科学技术类博物馆举办科普（技）展览次数呈上升趋势，2019年达到最高1.03万次，2020年小幅降至8767次。从区域分布来看，东部地区占比明显下降；中部地区各年度占比处于5%~20%，近两年出现下降趋势；西部地区整体表现趋势与东部地区相反，呈明显上升趋势，2019年和2020年占比超过东部地区（见图44）。

（4）科普（技）竞赛

2016~2020年我国科学技术类博物馆举办科普（技）竞赛次数呈明显

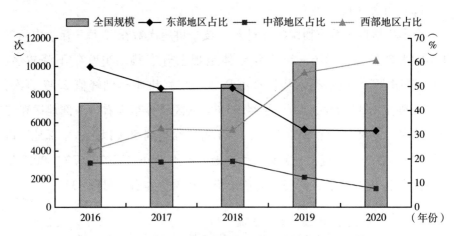

图44　2016～2020年科学技术类博物馆举办科普（技）展览及地区占比情况

下降趋势。2016年全国规模为1928次，2020年降至576次，下降幅度达70.12%。从区域分布来看，东部地区总体趋势与全国规模表现相似，举办竞赛次数逐年下降，5年间从1457次降至269次，全国占比从75.57%降至46.70%；中部地区占比在7%～21%，其中2018年、2019年表现较好；西部地区占比在15%～40%，呈现逐渐上升态势（见图45）。

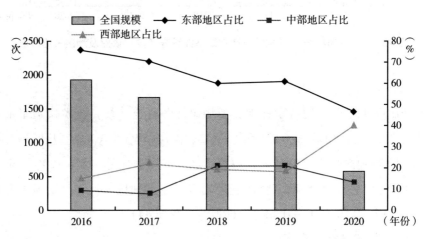

图45　2016～2020年科学技术类博物馆举办科普（技）竞赛及地区占比情况

2. 经费使用

2016~2020 年我国科学技术类博物馆经费使用额存在波动，2018 年最低为 15.08 亿元，2019 年最高达 23.13 亿元，主要是由于平凉市博物院、河南省博物院等场馆建设投入较大。从区域分布来看，东部地区占比最高，除 2019 年外，各年度均达到 60% 以上；中部地区占比在三个区域中一直最低，处于 5%~20%，近三年呈现上升态势；西部地区占比高于中部地区，表现出先上升后下降的态势，除 2019 年达到 40.13%，其余年份均在 20% 左右（见图 46）。

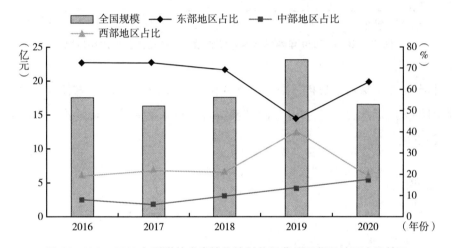

图 46　2016~2020 年科学技术类博物馆科普经费使用额及地区占比情况

2016~2020 年全国科学技术类博物馆人均科普经费使用额在 1.07~1.64 元。从区域分布来看，东部地区在 1.73~2.16 元，且各年表现均高于全国平均水平；中部地区在 0.22~0.75 元，在三个区域中最少，但总体保持增长态势；西部地区 2019 年达到 2.43 元，超过东部地区和全国平均水平，其余年份在 0.8~0.9 元（见图 47）。

我国科学技术类博物馆科普经费使用额主要包括科普活动支出和场馆基建支出。2016~2020 年各年度两类支出均基本占经费使用总额的 70% 左右。其中，科普活动支出占比呈先增长后下降再增长的态势，2017 年和 2018 年均超过 30%。场馆基建支出占比则表现出与科普活动支出相反的趋势，整

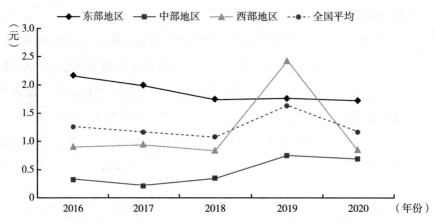

图 47　2016～2020 年科学技术类博物馆人均科普经费使用额情况

体情况是先下降后增长再下降。2018 年降至 36.31%，2019 年增长到 57.5%（见图 48）。可见，"十三五"时期我国科学技术类博物馆对科普业务开展日趋重视。

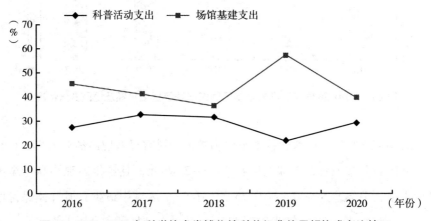

图 48　2016～2020 年科学技术类博物馆科普经费使用额构成占比情况

（三）运行成效

1. 一般性展陈

2016～2019 年全国科学技术类博物馆年度参观人次呈现上升趋势，2019

年达到 1.58 亿人次，但 2020 年大幅降至 0.75 亿人次。从区域分布来看，2016～2018 年东部地区占比均高于 60%，而后连续两年下降，2020 年降至 50% 以下，但各年度均高于中部和西部地区；中部地区占比在三个区域中最低，处于 10%～16%；西部地区占比除 2018 年以外，其余年份均在 25% 以上，2020 年达到 39.18%，与东部地区差距逐渐缩小（见图 49）。

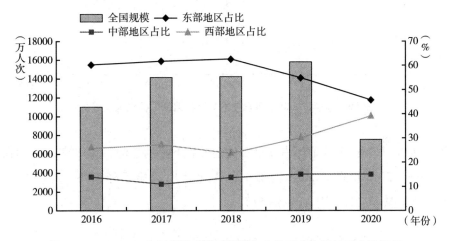

图 49　2016～2020 年科学技术类博物馆年度参观人次及地区占比情况

2016～2019 年全国科学技术类博物馆单馆参观人次保持上升趋势，2019 年达到 16.74 万人次，但 2020 年下滑明显。从区域分布来看，东部、中部及西部地区发展趋势与全国水平基本一致。2019 年之前，东部地区表现略高于全国平均水平，2020 年低于全国平均水平；中部地区表现一直低于全国平均水平；西部地区 2019 年和 2020 年参观人次超过全国平均水平（见图 50）。

2. 专题活动

（1）科普（技）讲座

2016～2020 年全国科学技术类博物馆科普（技）讲座参加人次保持上升趋势，2020 年共有 4965.66 万人次参加，约为 2016 年的 10 倍，变化较大的原因主要是近两年部分场馆利用线上形式开展工作，受众范围明显扩大。从区域分布来看，东部地区占比除 2019 年外，其余年份均高于 50%，2020

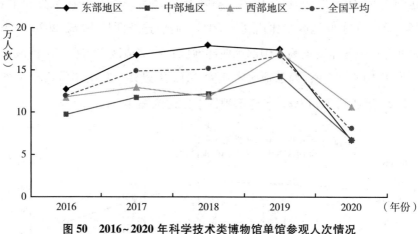

图50　2016~2020年科学技术类博物馆单馆参观人次情况

年达到90.16%；中部地区占比呈现先上升后下降的趋势，2019年占比达到80.99%，2020年降至1%；西部地区占比呈现明显下降趋势，2019年和2020年均降至10%以下（见图51）。

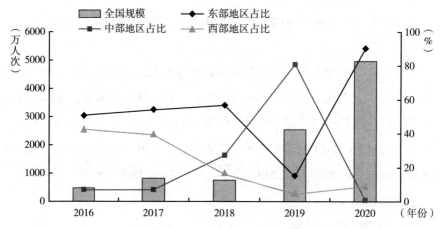

图51　2016~2020年科学技术类博物馆科普（技）讲座参加人次及地区占比

2016~2020年全国科学技术类博物馆单馆科普（技）讲座参加人次逐年增加，保持上升趋势，2016年仅为5174人次，2020年达到5.22万人次。从区域分布来看，2016~2018年三个区域之间差距不大，且与全国平均水平接近，处于 0.5 万～1.3 万人次。2019 年和 2020 年各区域间差距扩大：2019 年中部地区达到 12.41 万人次，明显高于全国平均水平，同时领先东部和西部地区；2020 年东部地区达到 8.74 万人次，表现优于全国平均水平，而中部和西部地区表现均在全国平均水平之下（见图52）。

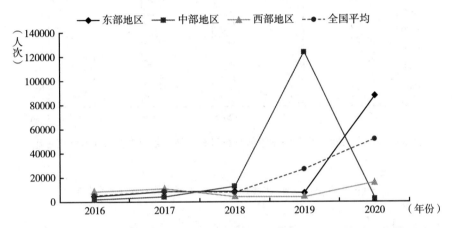

图52　2016～2020 年科学技术类博物馆单馆科普（技）讲座参加人次情况

（2）科普（技）展览

2016～2019 年全国科学技术类博物馆科普（技）展览参加人次呈现波动上升趋势，但 2020 年下降明显。2019 年达到峰值 7839.62 万人次，2020 年又降至 3663.42 万人次。从区域分布来看，东部地区占比各年份均明显高于中部和西部地区，除 2019 年外，其余年份均在 70% 左右；中部地区占比在三个区域中最低，处于 2%～15%，整体上呈现上升态势；西部地区占比各年份均高于中部地区，处于 10%～31%（见图53）。

2016～2020 年全国科学技术类博物馆单馆科普（技）展览参加人次呈现先上升后下降的趋势，2019 年达到峰值 8.30 万人次。从区域分布来看，东部和中部地区表现与全国趋势相似，分别高于和低于全国平均水平，东部地区 2017 年达到最高 10.47 万人次，中部地区 2019 年达到最高 5.86 万人次；西部地区除 2017 年外，其余年份表现与全国平均水平基本一致（见图54）。

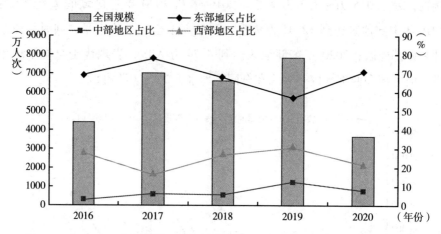

图53 2016~2020年科学技术类博物馆科普（技）展览参加人次及地区占比

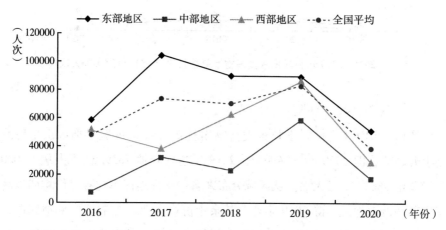

图54 2016~2020年科学技术类博物馆单馆科普（技）展览参加人次情况

（3）科普（技）竞赛

2016~2020年全国科学技术类博物馆科普（技）竞赛参加人次呈现波动下降态势，2018年达到峰值173.43万人次，2020年降至67.89万人次，降幅为60.85%。从区域分布来看，东部地区占比明显高于中部和西部地区，处于59%~85%，总体呈上升趋势；中部地区占比处于3%~35%，波动较大；西部地区占比一直处于较低水平，占全国的5%~25%（见图55）。

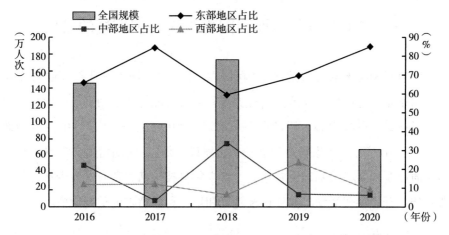

图 55　2016～2020 年科学技术类博物馆科普（技）竞赛参加人次及地区占比

2016～2020 年全国科学技术类博物馆单馆科普（技）竞赛参加人次呈先上升后下降的趋势，2018 年达到最高 1839 人次，2020 年降至 713 人次，降幅为 61.23%。从区域分布来看，东部地区的表现高于全国水平，但发展趋势基本一致；中部地区表现波动较大，除 2016 年、2018 年超过 2000 人次外，其余年份均少于 400 人次；西部地区表现低于全国水平，介于 200～850 人次（见图 56）。

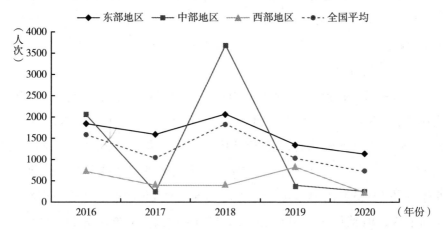

图 56　2016～2020 年科学技术类博物馆单馆科普（技）竞赛参加人次情况

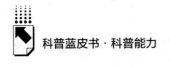

三 "十三五"时期我国青少年科技馆站的发展

国家科学技术部发布的《中国科普统计》中，纳入统计范围的青少年科技馆站是指专门用于开展面向青少年科普宣传教育的活动场所，通常以青少年科技馆、科技中心、活动中心等命名。2017 年，科技部、中央宣传部印发《"十三五"国家科普和创新文化建设规划》，明确指出提高青少年科学素质以及加强科普基础设施建设。青少年科技馆站肩负着对青少年进行科普宣传、开展科普活动、实施科普教育和培养科学精神的重要使命。

（一）资源建设

本文从场馆建设、人力资源和经费筹集多个维度，对青少年科技馆站的资源建设情况进行分析。

1.场馆建设

（1）数量规模

2016~2020 年全国青少年科技馆数量呈下降后缓慢回升态势，2016 年最多达 596 家，2017 年最少为 549 家。从区域分布来看，三个区域的占比均在 30%上下，表现相对平稳。其中，除 2018 年外，其他年份西部地区占比均高于东部地区和中部地区，介于 35%~39%；中部地区仅 2016 年达到全国规模的 30.7%，2017~2020 年在 28%上下（见图 57）。

（2）展陈面积

2016~2020 年全国青少年科技馆站展陈面积整体呈上升态势，2020 年达到峰值 59.06 万平方米，相比 2017 年的 44.69 万平方米，增幅达32.15%。从区域分布来看，仅东部地区整体呈下降趋势，2016 年占比最高达 48.28%，但 2020 年仅占 31.63%；中部地区占比整体呈上升趋势，从2016 年的 19.53%增加到 2020 年的 27.01%；西部地区占比 2017~2018 年有小幅下降，但整体呈上升趋势，从 2016 年的 32.19%增加到 2020 年的41.36%（见图 58）。

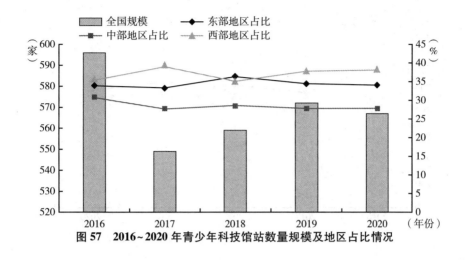

图 57　2016~2020 年青少年科技馆站数量规模及地区占比情况

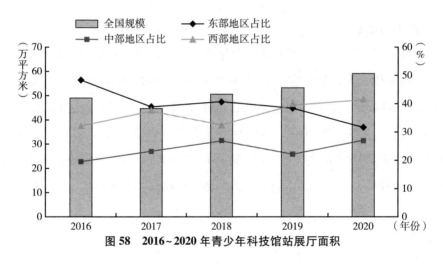

图 58　2016~2020 年青少年科技馆站展厅面积

2016~2020 年全国青少年科技馆站单馆展厅面积持续增加，2020 年达到峰值 1041.61 平方米。从区域分布来看，东部地区 2016 年为历年最大，达到 1171.1 平方米，2017~2020 年变化幅度不大，基本处于 900~1050 平方米；中部地区各年均低于全国平均水平，但总体呈上升趋势，从 2016 年的 522.68 平方米增加到 2020 年的 1009.44 平方米；西部地区与全国平均水平相差不大，总体呈上升趋势，处于 700~1200 平方米（见图 59）。

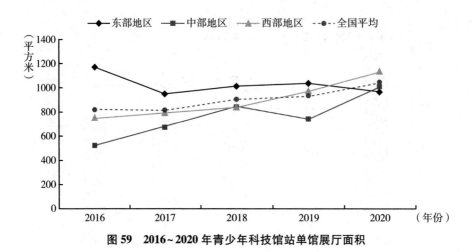

图59 2016~2020年青少年科技馆站单馆展厅面积

2. 人力资源

2016~2020年全国青少年科技馆站科普专职人员总数变化不大，最少为2016年的7166人，最多为2017年的8984人，2018~2020年也均在8000人左右。从区域分布来看，东部地区占比在2016~2018年持续上升，2018年达到最高49.47%，但2018~2020年有所下降，2020年仅为39.92%。中部地区占比从2016年的34.78%下降到2017年的20.67%，下降14.11个百分点，但之后有所回升并趋于稳定。西部地区占比在22%~33%（见图60）。

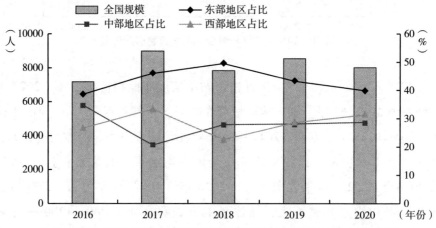

图60 2016~2020年青少年科技馆站科普专职人员总数及地区占比情况

2016~2020 年全国青少年科技馆站科普专职人员构成显示，各年度中级职称及以上或本科及以上学历人员占比比较稳定，最低为 2018 年的 61.17%，最高为 2017 年的 64.08%。科普创作人员占比介于 8.87%~11.20%，整体波动不大，2016~2018 年逐年小幅上升，但 2018 年后逐年小幅下降（见图 61）。

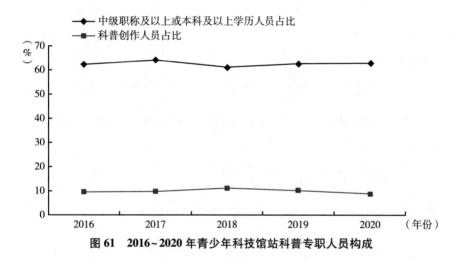

图 61　2016~2020 年青少年科技馆站科普专职人员构成

2016~2020 年全国青少年科技馆站科普兼职人员总数呈逐年下降态势，2016 年为 6.43 万人，2020 年为 4.02 万人，降幅达 37.48%。从区域分布来看，东部地区占比 2017 年达到峰值 46.28%，其余各年在 30%上下；中部地区占比 2017 年下降到 23.41%后逐年增加，2020 年达到 34.37%；西部地区表现与中部地区相似，但变化幅度较小，占比在 35%上下（见图 62）。

3. 经费筹集

从全国青少年科技馆站经费筹集额情况来看，除 2017 年外，其他年份规模均在 5 亿元以下，最低为 2020 年的 4.17 亿元，相比 2016 年下降了 8.55%。三个区域中，东部地区经费筹集规模最大，呈现先下降后增长的趋势，2017 年占比下降到 43.01%，其他年份占比均在 60%以上；中部地区占比相对稳定，在 10%~20%；西部地区占比 2017 年达到最高 46.46%，超过东部地区，其他年份占比在 20%~25%（见图 63）。

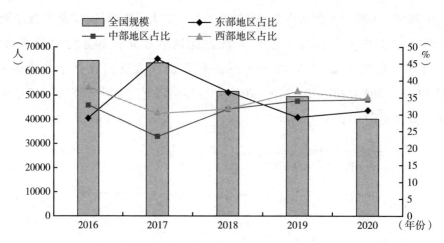

图62 2016～2020年青少年科技馆站科普兼职人员总数及地区占比情况

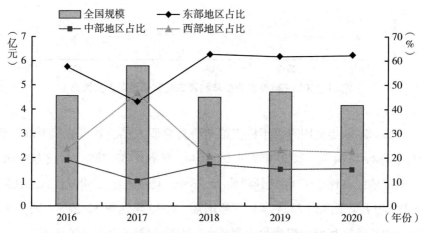

图63 2016～2020年青少年科技馆站科普经费筹集额及地区占比情况

2016～2020年全国青少年科技馆站经费主要来源包括政府拨款、社会捐赠、自筹资金及其他收入四类。其中，政府拨款是最主要的渠道，各年占筹集总额的79%～87%，整体呈上升趋势；自筹资金占比在9%～16%；其他两类来源渠道占比很少，均在5%以下（见图64）。由此可见，"十三五"时期全国青少年科技馆站的经费来源主要依赖于政府拨款，自我造血能力不强。

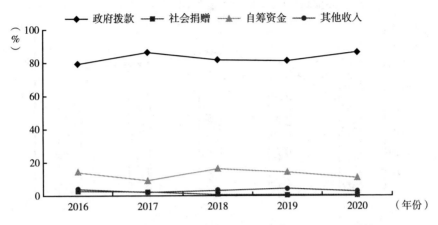

图64 2016～2020年青少年科技馆站科普经费主要来源占比情况

（二）业务开展

青少年科技馆站通过展览、演示、讲座、影视和参与操作等形式，促进青少年对科学、技术与社会相互关系的理解。本文从科普活动实施以及相关经费使用两个方面对业务开展进行分析。

1. 科普活动

（1）免费开放情况

青少年科技馆站免费开放吸引了更多青少年人群去接受和体验更多的科普服务。2016～2020年全国青少年科技馆站免费开放天数整体呈下降趋势，2016年14万天左右，2017～2020年大致维持在9万天左右。其中，东部地区占比2017年增幅较大，之后各年保持在35%以上；中部地区占比2017年下降明显，之后稳定保持在24%左右；西部地区占比整体呈上升趋势，并在2020年达到最高38.03%，略超东部地区（见图65）。

（2）科普（技）讲座

2016～2020年全国青少年科技馆站举办科普（技）讲座次数呈先上升后下降的态势，2017年达到峰值1.77万场，之后逐年下降，2020年为1.11万场。三个区域中，东部地区占比领先其他两个区域，2019年达到最高

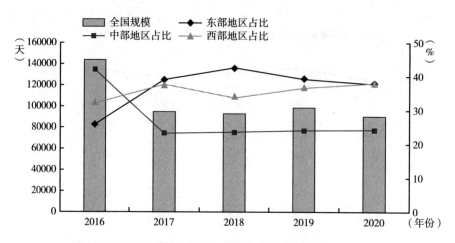

图65 2016~2020年青少年科技馆站免费开放天数及地区占比情况

54.87%，但2020年下降到42.55%；中部地区占比整体呈上升态势但落后于西部地区表现，2020年达到峰值29.54%；西部地区占比整体呈下降趋势，2016年最高为39.90%，超过东部地区（见图66）。

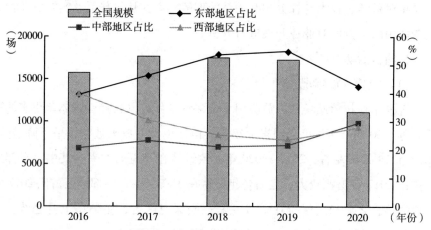

图66 2016~2020年青少年科技馆站举办科普（技）讲座及地区占比情况

（3）科普（技）展览

2016~2020年全国青少年科技馆站举办科普（技）展览次数波动较大，2017年、2019年举办次数均高于5000次，2020年降至3280次。三个区域中，东部地区占比情况与全国规模变化趋势一致，2017 年与 2019 年最高，达到 39% 左右；中部地区占比大致呈现上升趋势，2020 年达到最高42.23%；西部地区占比整体呈下降趋势，2016 年最高为 38.55%，2019 年最低为 20.88%，2020 年略有回升（见图67）。

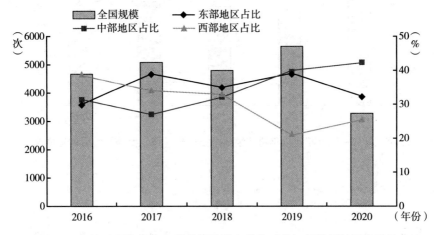

图67 2016～2020 年青少年科技馆站举办科普（技）展览及地区占比情况

（4）科普（技）竞赛

2016～2020 年全国青少年科技馆站举办科普（技）竞赛次数总体呈下降趋势，2016 年最高为 4259 次，2017 年大幅下降后小幅回升，2020 年又降至 1969 次。其中，东部地区占比远高于其他地区，各年均超过 60%，但总体呈下降趋势；中西部地区占比变化趋势一致，整体均呈小幅上升趋势。中部地区介于 8%～18%，西部地区介于 12%～23%（见图68）。

2. 经费使用

2016～2020 年全国青少年科技馆站科普经费支出规模呈上下反复波动态势，2017 年最高为 5.85 亿元，2020 年最低为 4.25 亿元。三个区域中，东部地区占比较高，仅在 2017 年稍落后于西部地区，之后逐年上升，2020 年达到最高 60.47%；中部地区占比总体呈下降趋势，2017 年最低为 10.60%，2018 年小幅上升后又逐年下降；西部地区占比在 2017 年达到 47.01%，超过东部地区，2018 年下降到最低 22.36%，之后小幅提升（见图69）。

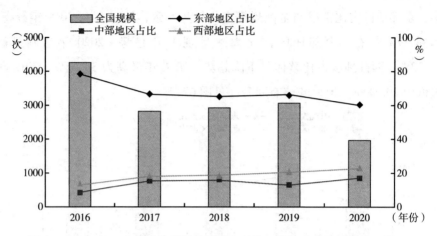

图 68 2016~2020 年青少年科技馆站举办科普（技）竞赛及地区占比情况

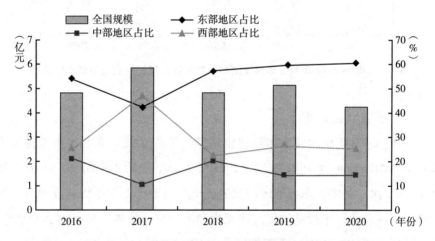

图 69 2016~2020 年青少年科技馆站科普经费使用额及地区占比情况

2016~2020 年青少年科技馆站经费使用额由科普活动经费、场馆基建支出、行政及其他支出三个部分构成。其中，科普活动支出占比整体呈下降趋势，2016 年占比为 44.39%，2020 年占比为 29.35%，降幅达 33.88%；场馆基建支出占比呈波动上升，2018 年最低为 24.73%，2020 年回升至 36.83%；行政及其他支出占比整体呈上升趋势，2020 年达到峰值 33.82%（见图 70）。

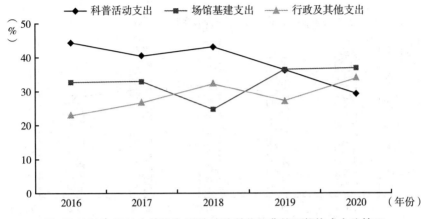

图70 2016～2020年青少年科技馆站科普经费使用额构成占比情况

（三）运行成效

1.一般性展陈

2016～2020年全国青少年科技馆站年度参观人次总体呈先降后升再降态势。2019年达到最高约为1321万人次，2020年参观人次下降为782万人次，降幅达40.80%。三个区域中，东部地区占比一直高于中西部地区，但2017年下降较大，后趋于稳定，2017～2020年占比在40%～50%；中部地区占比在10%～25%，西部地区占比在25%～40%，西部地区始终高于中部地区（见图71）。

从全国青少年科技馆站单馆年度参观人次来看，2016～2019年稳中有升，2019年达到最高2.31万人次，2020年下降至1.38万人次，为近5年最低。三个区域中，东部地区一直高于全国平均水平且领先中西部地区，但整体呈下降趋势，2016年最高为3.52万人次，2020年降至1.68万人次；中部地区呈先升后降的趋势，2018年达到峰值1.85万人次，2020年下降至1.11万人次；西部地区整体水平高于中部地区，但略低于全国平均水平，2019年最高为2.33万人次（见图72）。

2.专题活动

（1）科普（技）讲座

从青少年科技馆站科普（技）讲座参加人次情况来看，2016～2020年

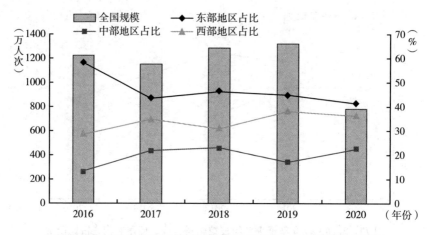

图71 2016~2020年青少年科技馆站年度参观人次及地区占比情况

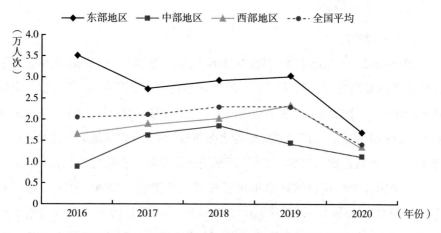

图72 2016~2020年青少年科技馆站单馆参观人次情况

全国整体呈下降趋势，2016年为参加人次最多的一年，数量超过720万人次，2020年降至约372万人次，降幅约为48%。三个区域中，东部地区占比2016年为25.49%，远低于西部地区，之后逐年攀升至首位，2020年达56.14%；中部地区占比整体比较稳定，在15%~30%；西部地区占比整体呈下降趋势，2016年高达59.27%，2020年下降至23.80%（见图73）。

从青少年科技馆站单馆科普（技）讲座参加人次来看，2016~2020年

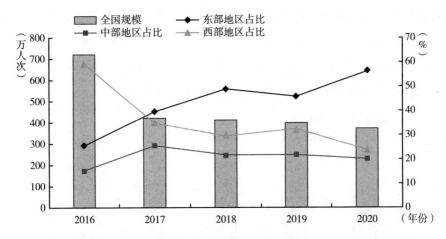

图73　2016～2020年青少年科技馆站科普（技）讲座参加人次及地区占比

全国平均水平呈下降态势，2016年最高为1.21万人次，2020年下降至6573人次，降幅达45.61%。三个区域中，东部地区稳中有升，参加人次为0.9万～1.1万人次；中部地区介于4700～7100人次，总体呈下降趋势；西部地区波动较大，2016年高达2.02万人次，2020年降至4106人次（见图74）。

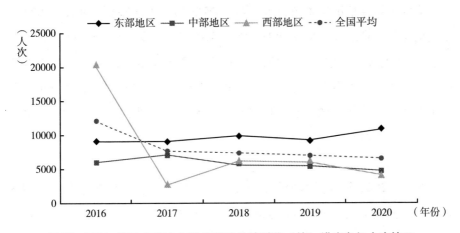

图74　2016～2020年青少年科技馆站单馆科普（技）讲座参加人次情况

（2）科普（技）展览

2016～2020年全国青少年科技馆站科普（技）展览参加人次表现为先

升后降的趋势，2017 年最高达 445.17 万人次，之后逐年下降，2020 年降至最低 316.80 万人次。三个区域中，东部地区占比在 29%～38%；中部地区占比大致呈上升趋势，2020 年增至 47.30%；西部地区占比整体呈下降趋势，2016 年为 38.42%，2020 年降至 23.22%（见图 75）。

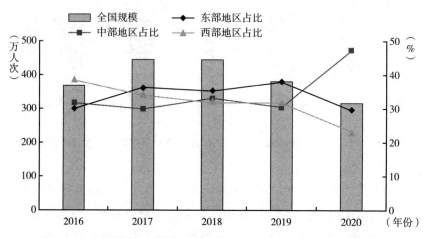

图 75　2016～2020 年青少年科技馆站科普（技）展览参加人次及地区占比

从青少年科技馆站单馆科普（技）展览参观人次来看，2016～2020 年全国呈先升后降趋势，2017 年升至峰值 8109 人次，随后逐年下降，2020 年降至 5587 人次。其中，东部地区与全国发展态势接近，为 4000～9000 人次；中部地区各年均高于全国平均水平，为 6000～10000 人次；西部地区除 2016 年外，其余各年均低于全国平均水平及东中部地区，为 3000～7000 人次，整体呈下降态势（见图 76）。

（3）科普（技）竞赛

2016～2020 年全国青少年科技馆站科普（技）竞赛参加人次呈现先降后升再降的态势，2016 年为最高 483.64 万人次，2020 年降至 317.47 万人次。三个区域中，东部地区占比 5 年来一直领先中西部地区，且较为稳定，处于 65%～75%；中西部地区占比均处于 9%～23%，比较接近。前 4 年西部地区一直领先于中部地区，但 2020 年被中部地区超越（见图 77）。

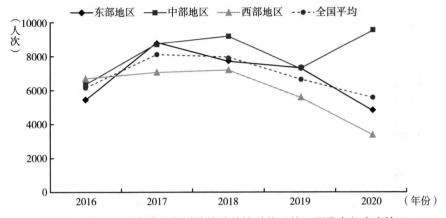

图76 2016~2020年青少年科技馆站单馆科普（技）展览参加人次情况

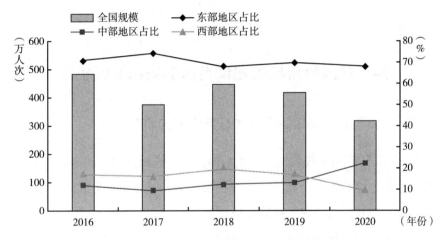

图77 2016~2020年青少年科技馆站科普（技）竞赛参加人次及地区占比

从青少年科技馆站单馆科普（技）竞赛参加人次来看，2016~2020年全国平均呈波动下降态势，2020年降至5599人次，相比2016年8115人次下降了31%。其中，东部地区各年均领先中西部地区，但整体呈下降趋势，2016年最高为1.70万人次，2020年降至1.12万人次；中部地区整体呈上升趋势，2016年为3149人次，2020年升至4518人次，高于西部地区；西部地区与全国平均水平变化趋势一致，2020年为1377人次，比2016年下降64.7%（见图78）。

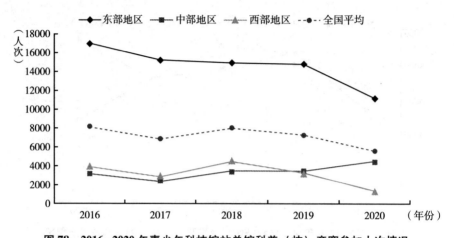

图78 2016~2020年青少年科技馆站单馆科普（技）竞赛参加人次情况

四 我国科普场馆建设当前形势和发展建议

（一）我国科普场馆建设总体形势与面临问题

"十三五"时期是我国全面建成小康社会的决胜阶段，国家发展取得了历史性成就，综合国力、经济实力、科技实力、国际影响力等跃上新台阶，公民科学素质建设也站在了新的历史起点。

科普场馆作为科普基础设施建设的组成部分，是科普事业发展的重要保障。从前述三类科普场馆的分析来看，"十三五"时期我国科普场馆建设稳步推进，在提供科普服务、提升公民科学素质方面发挥着重要阵地作用，产生了广泛的社会影响。资源建设方面，科技馆、科学技术类博物馆的数量规模、展陈面积整体上逐步加大，科普创作人员比例持续增长，财政科普经费投入力度不断加强；业务开展方面，"十三五"前期和中期三类场馆的一般性展陈、讲座、展览等工作开展活跃，总体呈现积极发展势头。但2020年受到新冠肺炎疫情影响，各类活动开展明显萎缩。科普经费在支撑业务发展方面主要用于活动开展和场馆基础设施建设，二者的配置规模逐渐趋于接近；运行成效方面，"十三五"前期和中期三类场馆一般性展陈受众日益增多，讲座、竞赛等专题活动开展也在不断丰富，但2020年受到新冠肺炎疫情影响，展览类、竞赛类活动参与人数下滑明显。与此同时，新冠肺炎疫情的冲击也为科技馆和科学技术类博物馆业务模式创新带来了契机。2020年线上科普传播模式得到社会广泛接受，以疫情防控为主的讲座类专题活动参加人次大幅增加，科普活动普惠效应明显增强；区域发展方面，东部地区作为经济和科技实力更为发达的地区，持续发挥科普"领头羊"优势，西部地区不断加强科普场馆建设，发展势头不容小觑。

但研究同时也显示，"十三五"时期我国科普场馆建设仍然存在一些问题，主要表现在以下几个方面。

1. 以中部地区科普场馆发展缓慢为代表的区域发展不均衡问题仍然突出

"十三五"时期我国不同区域科普场馆建设不断改善，尤其是西部地区在科技馆和科学技术类博物馆建设上大力推进，但东部地区在大部分指标上处于绝对领先地位，并且中部地区尽管在经济发展、社会环境等方面相较西部都具有更好的区位优势，但在科普场馆建设的大部分指标表现上却落后于西部地区。因此，东部、中部、西部三大区域之间科普场馆建设仍然存在较大发展鸿沟，且相形之下中部地区发展缓慢的洼地现象尤其应当引起重视。

2. 科普场馆经费筹集渠道单一，高度依赖财政拨款

总体而言，"十三五"时期我国科技馆、科学技术类博物馆和青少年科技馆站的科普经费筹集渠道狭窄。经费筹集中分别有九成、七成和八成以上经费均来自政府拨款，且这一比例呈增长态势，而社会捐赠、其他收入等形式的经费来源却不断降低。这一方面表明我国科普场馆的自我造血机能尚不健全，无法形成独立的自我发展循环；另一方面，也在一定程度上反映出民间力量对于科普创新所做出的贡献非常有限。

3. 科普场馆人才队伍建设亟待加强

从人才规模来看，相比2016年，2020年全国每百万人口拥有科技馆人力资源减少了38.7%，拥有青少年科技馆站人力资源减少了33.45%。其中，科普兼职人员数减少了44.81%，科学技术类博物馆科普专职人员数减

少了 5.98%，青少年科技馆站科普兼职人员数减少了 37.44%。人力资源作为提供场馆服务、开展科普工作的重要资源保障，其规模数量的下降与科普场馆日益增长的科普需求不相适应。从人才结构来看，科技馆科普专职人员中中级职称及以上或本科及以上学历人员的占比呈下降趋势；三类科普场馆的科普创作人员占比仅在 10%～20%，青少年科技馆站这一比例呈下降趋势。高层次科普人才数量下降，科普创作人员比例不足，会制约我国科普场馆的创作研发能力及其高质量发展。

4. 青少年科技馆站发展疲软急需重视

《中华人民共和国科学技术进步法（2021 年修订）》中指出要提高我国公民特别是青少年的科学文化素质，《全民科学素质行动规划纲要（2021—2035 年）》也提出了提升青少年科学素质的行动要求。"十三五"时期我国青少年科技馆站在资源建设、业务开展和运行成效的诸多指标表现上呈下降趋势，如数量规模、科普创作人员占比、科普兼职人员数量、经费筹集额、免费开放天数、科普竞赛举办次数、科普讲座/展览/竞赛的参加人次等。青少年科技馆站作为对青少年进行科普宣传、开展科普活动、实施科普教育的重要阵地，按照目前各方面的表现，显然无法很好地支撑国家发展目标实现。

（二）未来发展建议

"十四五"时期是我国进入高质量发展、实现第二个百年奋斗目标的新发展阶段，科学技术普及承担着重大历史使命与责任，在《全民科学素质行动规划纲要（2021—2035 年）》关于到 2025 年我国公民具备科学素质比例超过 15%，各地区、各人群科学素质发展不均衡明显改善，科普供给侧改革成效显著的目标下，针对我国科普场馆发展当前的整体形势和面临问题，提出对未来工作推进的如下建议。

1. 统筹协调科普场馆平衡发展

一是统筹协调东、中、西部地区科普场馆的平衡发展。目前三大区域之间科普场馆建设仍然具有较大差异，尤其是中部地区在多个方面发展较为迟缓的现状。因此，国家和地方政府需要在科普经费和科普资源投入上更多向中、西部地区倾斜。其中，中部地区自身尤其需要强化意识并更主动采取措施，向先进地区学习科普活动组织实施与运营管理经验，以更加积极的态度来推进科普场馆建设迈上新台阶。二是在科学技术类博物馆和青少年科技馆站建设中可以借鉴流动科技馆等新型科普场馆建设思路，以经济适用方式扩大这两类场馆设施设备的适用范围和提高使用效率，建立"固定馆舍+流动服务设施+自助服务设施"的多业态科普场馆服务体系。三是加强青少年科技馆站的建设发展。制定相关政策和措施，在经费和人员编制等方面提供必要的条件保障①，加快青少年科技馆站优质科普资源建设力度，充分利用馆校结合等渠道，大力拓展青少年科技馆站在各类科学教育工作中的参与空间。

2. 探索多元化科普投入机制，提高公共投资的引致效应

目前我国科普场馆经费来源渠道狭窄，一旦公共财政供给不足，科普场馆的运行将受到严重影响。进入"十四五"以来，国内外发展环境更趋复杂，经济社会发展各项任务异常艰巨，过"紧日子"将不会是我国政府部门的一个短期应对行为，因此今后公共财政投向将更加审慎。在此背景下，探索多元化的科普投入格局，联合社会力量参与科普场馆的建设，提高公共投资的引致效应必须成为我国科普场馆主动作为并长期坚持的方针。相关政府管理部门也要基于供给推动、需求拉动、环境等创造不同立足点，灵活设计和运用包括资源与平台建设、政府采购、用户补贴、税收支持、金融支持、科普捐赠、科普奖励等在内的新政策工具，来吸引社会力量参与科普工作。

3. 加强科普场馆人才队伍建设

得人之要，必广其途以储之。一是要通过人才长效培育养成机制来支撑科普场馆的可持续发展。要建立一套科学的科普人才培养、引进、培训、交流、考核、晋升体系，使外部优秀专家和项目能够引进来，自身的高水平专

---

① 章鑫：《青少年科普场所现状研究及建议》，《科教导刊·电子版（上旬）》2016年第3期，第174~176页。

家也能够走出去。二是发现、培养、支持和鼓励各类科普创作人员，通过队伍数量扩大、创作环境的改善和人才有序流动，促进科普作品和产品的增量提质。三是科普事业发展下一步秉持的是"大科普"理念，因此科普场馆人才队伍的学科背景不应过度集中于自然科学技术领域，也要广泛覆盖人文社科领域。

4. 创新科普场馆业务发展

2020 年尽管新冠肺炎疫情对三类科普场馆业务开展造成较大制约，但同时也倒逼了场馆线上科普传播在不断寻求新的突破，这为科普场馆业务创新提供了更大想象空间。未来科普场馆的服务需要更多采用线下线上双运营模式，来实现科普服务对物理空间、虚拟空间和社会需求的更全面覆盖。一是通过网络和数字技术等手段构建更智能、泛在、友好的数字科普场馆，同时可借助微信公众号、自媒体平台、短视频平台等形成碎片化、包围式科普信息，提升科普场馆科普服务公众覆盖力度。二是优化科普资源的内容和表现形式，以展教结合、互动学习等方式提升公众参与积极性，并推动基于对话协商型的科学交流活动以及鼓励介入型的公众参与科学研究活动。三是业务开展中加大对"老、少"两个群体的关注，使全社会可以更加从容应对老龄化带来的挑战，并持续不断地获得我国高质量发展所需高素质青年人才的供给。

5. 加强对科普场馆的运行监测和绩效考核

要保证公共财政支出的理性和科学，使好钢用到刀刃上，就必须强化绩效管理。我国需要针对科普场馆逐步构建一套全面的运行监测与评估体系。一是通过全国科普统计调查等年度报告制度，不断完善对三类场馆基本运行情况的跟踪。二是可以考虑以 3~4 年为一个周期，逐步开展场馆工作绩效评估、工作绩效与法定职责匹配性评估、资金使用合规性评估、管理机制与业务开展匹配性评估等多方面专项评估。三是在条件逐步成熟的情况下，可以考虑结合或借鉴国家文物局 2020 年修订的《博物馆定级评估办法》等制度，以 4~5 年为一个周期，分类、分层开展科普场馆的综合绩效评估。

B.3
"十三五"时期我国科普活动
开展情况报告

赵 沛 王丽慧*

摘 要： 本报告基于 2016~2020 年我国科普统计数据，对"十三五"时期我国青少年科普活动，科普讲座、展览和培训，以及高校、科研院所等团体开展科普活动的情况进行分析梳理，从活动规模、特征、地区差异和典型案例等维度进行比较研究。结果显示，"十三五"时期我国科普活动的发展情况总体向好，在活动覆盖面、类型丰富度、信息化技术应用和活动效果等方面有较大提升。但同时，科普活动中仍存在东中西部发展不均衡的问题，且出现了部分类型科普活动举办次数和参与人数下降的新情况。对此，本报告提出应从推动针对性强的科普活动、推动资源共享缩小区域差距、增强大型品牌科普活动影响力等方面加强建设，为"十四五"时期科普活动开展提供可行性建议。

关键词： 科普活动 青少年科学教育 科普讲座 科技培训

引 言

"十三五"开局之年，习近平总书记在"科技三会"上指出，"要把科学普及放在与科技创新同等重要的位置"。科学普及与科技创新成为新时期

---

* 赵沛，中国科普研究所科普政策研究室研究人员（见习期）；王丽慧，中国科普研究所科普政策研究室副主任，副研究员，主要研究方向为科普理论、科学文化等。

科技创新发展驱动的双翼，协同助力国家科技水平进一步提升。

公民科学素质是实施创新驱动发展战略的基础，是国家综合国力的体现。科学普及作为社会教育的主要类型之一，承担着向全社会普及科学技术知识、倡导科学方法、传播科学思想、弘扬科学精神的重要责任，对于提升公民科学素质具有意义。面向公众开展的科学普及活动是科普的基本形式之一，涵盖重大活动、讲座、展览、培训等多种类型。2016 年 3 月，国务院办公厅印发《全民科学素质行动计划纲要实施方案（2016—2020 年）》①（以下简称《方案》），对"十三五"期间我国公民科学素质实现跨越提升做出总体部署。《方案》在重点任务部分提出，要大力发展青少年校内外科技教育活动、广泛开展形式多样的农村科普活动和进城务工人员培训教育、大规模开展职业培训等，对未来 5 年的科普工作做出了详细分工安排。2016 年以来，我国的科普活动得到长足发展，为新时期科技事业发展提供了重要助力。通过分析"十三五"时期我国科普活动的发展情况，可以为"十四五"新阶段科普事业建设提供建设性思路。

科普活动是指弘扬科学精神、普及科学知识、传播科学思想、倡导科学方法的活动。我国组织开展科学普及活动的主体主要包括科技部在内的相关政府部门、各级科协组织、科技（普）相关企事业单位、中小学校、高校科研院所等。本报告以科技部的《中国科普统计》和《中国科学技术协会统计年鉴》等数据为基础，对"十三五"时期青少年科普活动，科普讲座、竞赛，大学、科研机构向社会开放情况，重大科普活动等进行总结，分别从活动规模、活动类型和活动效果等方面，对 2016~2020 年开展的科普活动进行分析。

一 "十三五"时期青少年科普活动的开展情况

习近平总书记在科学家座谈会上的讲话指出："好奇心是人的天性，对

---

① 《全民科学素质行动计划纲要实施方案（2016—2020 年）》（国办发〔2016〕10 号），中华人民共和国中央人民政府网站，http://www.gov.cn/xinwen/2016-03/14/content_5053268.htm，最后检索时间：2020 年 3 月 30 日。

科学兴趣的引导和培养要从娃娃抓起，使他们更多了解科学知识，掌握科学方法，形成一大批具备科学家潜质的青少年群体。"① 青少年科普活动是指以提高青少年综合素质、科学兴趣为主的各类活动，包括青少年参加科技兴趣小组、科技夏（冬）令营等各类活动。一般来说，青少年科普活动主要依托学校、科普场馆、青少年科技馆等各类设施开展。通过对活动开展情况进行比较分析，可以对近5年来我国重点的青少年科普活动的发展概况有较为清晰的认知。

（一）活动规模

1. 青少年科技兴趣小组

青少年科技兴趣小组作为课堂教育的延伸，相较于传统的科学课程，形式内容更为丰富、多样、灵活，对于开发青少年科学兴趣、拓展认知面，进而提高青少年科学素质具有重要作用，是青少年科普活动的主要形式之一。以下通过对青少年科技小组的数量和参与人次进行分析，比较"十三五"时期青少年科技兴趣小组活动的发展情况。

2016~2020年，我国成立青少年科技兴趣小组个数逐年减少，年均减少率约为6.6%左右，东部地区发展情况同全国趋势保持一致，成立数量逐年走低，中西部地区数量短暂提升后同样呈现下降趋势，东中西部地区差异有所减少，东部地区明显优于中西部的情况有所改善，数量排名由高至低仍为东、中、西部。2016年我国成立青少年科技兴趣小组的个数为22.24万个，2020年降至15.80万个，减少了将近1/3。各地区中，东部地区成立小组个数逐年降低，由2016年的104602个减少至2020年的69840个，减少率为33%左右，占全国数量比重约在43%~47%，2020年占比约为44%，变化较小；中部地区数量在2017年达到峰值63573个，后逐年减少，2020年较2016年减少量是三个地区最低，为13584个，减少率为22%左右，占全国数量比重由2016年的27%左右提升至2020年的30%左右；西部地区变化趋

---

① 《习近平：在科学家座谈会上的讲话》，新华社，2020年9月11日。

势与中部地区一致，2017 年达到数量峰值 58478 个，2020 年降至 40953 个，相较于 2016 年减少了 28% 左右，占全国数量比重提升不到 1 个百分点，变化较小（见图 1）。

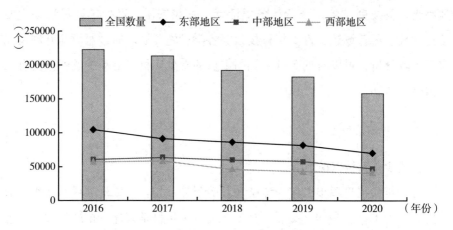

图 1　2016~2020 年青少年科技兴趣小组个数

资料来源：《中国科普统计》。

2016~2020 年，我国青少年参加科技兴趣小组的人次数有所起伏，呈现短暂上升后逐渐降低的趋势，中西部地区发展情况同总体趋势基本保持一致，西部得到明显发展，三大区域之间差异逐年降低。2017 年，参加科技兴趣小组的人次数达到 5 年中峰值 18825157 人次，之后呈现逐年下降趋势，2020 年参加人次数降至 11217184 人次，达到 5 年内最低点。各地区中，东部地区逐年减少，相较于中西部地区的差异有所缩小，由 2016 年接近 41% 的全国占比量逐年降低至 2020 年的 40% 左右，参加人次数峰值为 7015158 人次；中部地区变化同整体趋势一致，在 2017 年达到峰值 5273705 人次，占全国比重由 2016 年的 25% 左右提升至 2020 年的 27% 左右，总体发展平稳；西部地区参加情况得到长足发展，在 2017 年超过中部地区，全国占比由 2016 年的 15% 左右增至 2020 年的 33% 左右，2017 年达到峰值 6672064 人次，参加人次 2018 年由第三位超越东中部地区跃升至第一位，2019 年回落至第二位（见图 2）。

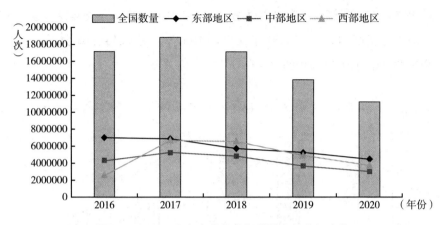

图 2　2016~2020 年青少年参加科技兴趣小组次数

资料来源：《中国科普统计》。

2. 科技夏（冬）令营

"十三五"以来，我国科技夏（冬）令营涵盖的学科领域和覆盖面有了显著提升，依托高校、科技场馆和其他科研机构的夏（冬）令营活动不断被开发，具有研学性质或以 STEAM 教育为特色的夏（冬）令营活动更多地受到青少年青睐，对活动本身内容和形式等方面的研究实践也得到更多关注。以下通过对青少年科技夏（冬）令营的数量和参加人次进行分析，比较"十三五"时期青少年科技夏（冬）令营活动的发展情况。

2016~2020 年，我国科技夏（冬）令营举办次数有所起伏，呈现短暂上升后逐渐降低的趋势，东部地区发展情况同总体趋势基本保持一致，中部地区上升后有所下降，西部地区连年下降后有所提升后又下降，中西部地区间差异减小，但与东部地区之间仍保持较大差距，且 2020 年受疫情影响活动数量有明显减少。2017 年，科技夏（冬）令营举办次数达到 5 年中峰值 15617 次，之后呈现逐年下降趋势，2020 年举办次数降至 7915 次，较 2016 年减少了约 44%。各地区中，东部地区同全国变化趋势保持一致，在 2017 年达到峰值 9331 次，各年占全国数量比重基本保持在 60% 左右，没有太大变化；中部地区数量有明显提升，在 2018 年上升至峰值 2837 次，2020 年减少至 1491 次，较 2016 年减少了 5% 左右，占全国数量比重由 2016 年的 11% 左右提升至 2020

年的 19% 左右；西部地区数量总体有所减少，2016~2018 年逐年减少至 2995
次，2019 年增至 3191 次，2020 年减少至 1806 次，较 2016 年减少了约 54%，
占全国数量比重由 2016 年的 28% 降至 23%（见图 3）。

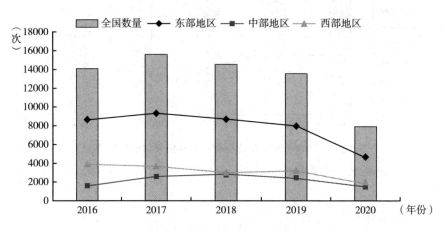

图 3　2016~2020 年科技夏（冬）令营举办次数

资料来源：《中国科普统计》。

2016~2020 年，我国青少年参加科技夏（冬）令营的人次数有大幅跃
升，同比增速达到 1662.52%，复合增长率达到 16.68%，中西部地区发展
平稳，数量没有过多变化，东部地区同总体趋势基本保持一致，三大区域之
间差异没有明显变化。2016~2020 年，青少年参加科技夏（冬）令营人次
数逐年减少后回升至 2388980 人次，2020 年猛增至 42106225 人次，得到迅
猛发展。2016~2020 年各地区中，东部地区同总体变化趋势呈现一致，
2016~2018 年减少 728714 人次，2020 年回升至 34907168 人次，占全国数量
比重由 2016 年的 66% 增加至 2020 年的 83%；2016~2019 年中部地区起伏变
化较小，2020 年较 2016 年增加了 6475793 人次，增幅明显，增长 1606%，
占全国数量比重由 2016 年的 13% 增长至 2020 年的 16%，有所提升；西部地
区同中部地区变化幅度相似但数量有所减少，总体呈现较为平稳的态势，
2020 年较 2016 年减少 313578 人次，减少率为 49%，全国占比由 2016 年的
21% 暴跌至 2020 年的 0.8%（见图 4）。东中部地区呈现出的增长情况与

2020年新冠肺炎疫情期间线上活动数量增多有关，由于具备良好的信息技术发展基础与西部地区形成了鲜明的对比。

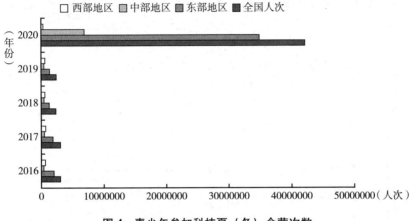

图4 青少年参加科技夏（冬）令营次数

资料来源：《中国科普统计》。

（二）区域差别

长期以来，我国青少年科普活动存在较大的地区差异，从举办区域来看，东中西三个地区表现出发展不均衡的特点，其中东部地区活动规模遥遥领先中西部地区。近年来，我国大力推动中西部地区发展，部分活动指标有所改善，但仍存在一定差距。青少年科普活动的发展情况同教育发展水平表现出一定的一致性，一方面与地区社会经济发展水平呈现正相关，另一方面也与各地区社会结构、社会阶层乃至个人认知和能力等相关联。[①] 消除以提升青少年科学素质为基本目标的科学教育活动表现出的地区差异，是实现教育公平的重要一环。

2016～2020年，各地区成立青少年科技兴趣小组个数占比差异没有得到明显改善。东部地区占比略有下浮，总体而言仍超过全国数量的40%，占

---

① 文军、顾楚丹：《基础教育资源分配的城乡差异及其社会后果——基于中国教育统计数据的分析》，《华东师范大学学报》（教育科学版）2017年第2期，第33～42、117页。

据绝对优势；中部地区优于西部地区，占比逐年提升，接近30%，同西部地区拉开了差距；西部地区在三个地区中发展较为滞后，占比维持在26%左右。总体而言，成立青少年科技兴趣小组个数三个地区仍保持一定的差距（见图5）。

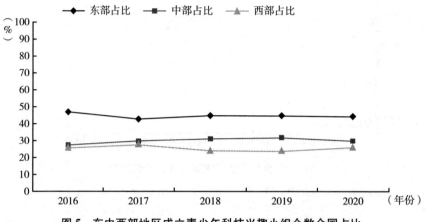

图5 东中西部地区成立青少年科技兴趣小组个数全国占比

资料来源：《中国科普统计》。

2016~2020年，各地区青少年参加科技兴趣小组次数占比差异得到明显改善，尤其表现在东西部地区之间基本实现均衡。东部地区占比略有下浮，降低至全国数量的40%以下，已不再相对中西部占明显优势；中部地区整体较为平稳，占比略有升高，同东西部之间的差距缩小；西部地区发展态势良好，参加次数占比有较大提升，已超过总体数量的1/3。总体而言，东西部地区之间的差异得到明显改善，中部地区落后于全国发展水平（见图6）。

2016~2020年，各地区科技夏（冬）令营举办次数全国占比差异没有得到明显改善，仅中西部地区之间差异有缩小。东部地区举办情况远远优于中西部地区，平均占比超过半数；中部地区占比整体有所提升但未超过20%，相较于西部地区的差异缩小，但与东部地区仍有较大差距；西部地区发展态势较为平稳，无明显提升。总体而言，中西部地区之间的差异得到明显改善，与东部地区之间仍存在较大差距（见图7）。

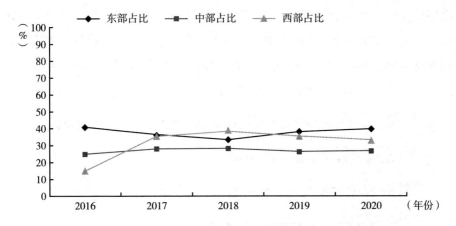

图6 东中西部地区青少年参加科技兴趣小组次数全国占比

资料来源:《中国科普统计》。

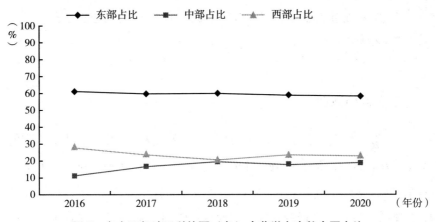

图7 东中西部地区科技夏(冬)令营举办次数全国占比

资料来源:《中国科普统计》。

2016~2020年,前4年各地区青少年参加科技夏(冬)令营次数全国占比差异得到一定改善,中西部地区与东部地区之间差距缩小。东部地区参加情况仍在三个地区中占据绝对优势,超过半数;中西部地区参加情况占比发展态势较为一致,因此两地区间差异无明显变化,西部地区总体优于中部地区,中部地区占比仍未超过20%。总体而言,中西部地区之间的差异无明显改善，与东部地区之间仍存在一定差距（见图8）。2020年，受到新冠疫情影响，各地大力发展线上科普活动、东部地区数字技术发展基础好，相较于中西部地区产生明显优势，西部地区经济基础较为薄弱，与东中部差距明显。

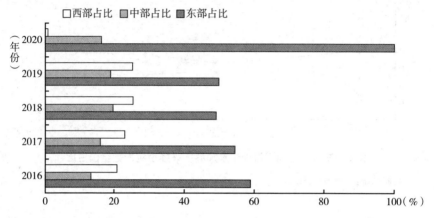

图8　东中西部地区青少年参加科技夏（冬）令营次数全国占比

资料来源：《中国科普统计》。

（三）特色活动

"十三五"时期，各地各部门开展了大量面向青少年的形式内容丰富的科普活动，从科普活动涉及的领域来看，包含环境、动植物、航天、人工智能等各个领域。例如，中国科协举办全国青少年高校科学营、"英才计划"等活动，探索科技后备人才培养的方式和规律；中国工程院组织"青少年走进工程院"活动，激发青少年对科学的兴趣和爱国热情；自然科学基金委通过"科学传播类科技活动项目"，组织国家基础科学研究和教育人才培养基地或国家重点实验室专家，开展面向中、小学生的科学传播和普及活动等。

接下来以2015年起青少年科学调查体验活动[①]为例进行探讨。青少年科学调查体验活动主要围绕"节约能源资源，保护生态环境"的主题开展，以

[①] 青少年科学调查体验活动自2015年起主办单位变更为中国科协、教育部、国家发改委、中央文明办、共青团中央，https：//www.scienceday.org.cn/，最后检索时间：2020年3月30日。

提高未成年人科学素质为主要目标，并被纳入教育部"蒲公英行动计划"。2019 年，生态环境部加入成为活动主办单位之一。青少年科学调查体验活动是一项注重普及性和参与性的青少年科学类综合实践活动。这项活动是通过一项简单的科学调查、科学探究，引导帮助小学高年级及初中阶段学生体验科学研究的方法、鼓励他们关注身边的科学问题。每年全国 31 个省、自治区、直辖市以及新疆生产建设兵团有近 4000 多所中小学约 100 万名学生参与活动。

自 2006 年活动发起以来，至 2017 年，每年都会设置一个进行科学调查的主题，例如 2016 年为"走近创客，体验创新"，2017 年为"我爱绿色生活"，议题的设置同科学热点有所结合。活动主办方通过专题网站为参与学校提供科普活动资源，除活动指南外，主办单位还配发与主题相关的包含实验或制作材料的资源包支持学校开展活动，并组织教师培训和学生夏令营等。学校组织学生开展活动时，以 3~5 人的小组为单位，选择一个活动指南作为参考框架，通过观察记录、设计制作、实验验证等学习科学知识和方法，进行科学实践与调查，并通过活动网站提交调查数据和活动成果。从 2018 年起，活动不再设单独的年度主题，而是在过去历年已开发的科普资源的基础上，细分为能源资源、生态环境、安全健康等多个科普领域，并对以往的活动指南进行更新。目前已有 19 项活动可供学生选择，并将持续开发补充。

青少年调查体验活动以科普教育资源作为活动核心，活动可持续性高。活动指南依据教育部发布的《中小学综合实践活动课程指导纲要》等相关科普教育资源开发设计，契合中小学课程改革方向。主办单位每年召集青少年科技教育方面的专家，就活动主题、活动内容等研讨咨询，针对基层需求不断更新完善，持续开展参与学校的教师培训和交流活动，逐渐培养凝聚了一批骨干教师队伍。活动利用互联网，以线上线下结合的形式开展。学生和教师参与活动能够从网站直接获取活动的支持资源，并通过网站提交调查结果和活动成果。活动组织推广依靠各主办单位，同时也依靠互联网。主办单位每年还为活动注册学校配发 4 万多册活动指南、9000 多套活动资源包，并重点向农村地区中小学倾斜。活动网站年度访问量约 200 万人次，微信公众号注册用户超过 45 万户。

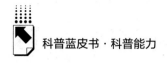
二 "十三五"时期科普（技）讲座、展览和竞赛的开展情况

《全民科学素质行动计划纲要（2006—2010—2020 年）》① 要求各地各部门以青少年、农民、城镇劳动者、领导干部和公务员四类人群为重点，带动全民科学素质整体水平持续提升。通过增强科技界的责任感，支持科技专家主动参与科学教育、传播与普及，充分调动在职科技工作者、大学生、研究生和离退休科技、教育、传媒工作者等各界人士参加公民科学素质建设的积极性，共同参与促进科学知识的传播活动。科普（技）讲座、展览和竞赛是我国面向公众开展常态化科学技术推广和普及的三种主要形式，本节将对"十三五"时期活动开展情况进行梳理，分析活动发展现状。

（一）活动规模

1. 科普（技）讲座

科普（技）讲座是由政府机构、企事业单位、高校和科研院所等组织开展，面向不同类型受众进行科学技术普及的常态化科普活动，讲座按照不同形式一般包含各个学术领域的科技讲座、论坛性质的系列活动、科技工作者参与的专题讲座和面向社会热点科技问题举办的专场等类型。以下通过对科普（技）讲座的数量和参与人次进行分析，比较"十三五"时期科普（技）讲座活动的发展情况。

2016~2020 年，我国科普（技）讲座举办次数呈现起伏，在 2018~2019 年有显著提升，东部地区举办数量没有明显变化，中西部地区变化同整体变化趋势呈现一致性，举办次数有所提升，三大区域之间差异有小幅减少，总体由高到低排序为东、西、中部。2019 年，科普（技）讲座举办次

---

① 中华人民共和国中央人民政府：《全民科学素质行动计划纲要（2006—2010—2020 年）》，http://www.gov.cn/jrzg/2006-03/20/content_ 231610. htm，最后检索时间：2020 年 3 月 30 日。

数达到 5 年峰值 1060320 次，较 2016 年增加 203436 次，增长 24%。2020年，科普（技）讲座共举办 846601 次，比 2019 年降低 20%。各地区中，东部地区呈现起伏变化趋势，总量有所减少，2020 年共举办 360463 次，占全国比重由 2016 年的 53%降低至 2020 年的 43%，减少了 10 个百分点；中部地区数量提升，由 2016 年的 175388 次增至 2020 年的 211248 次，增长率为 20%，得到明显发展，占全国数量比重也由 20%提升至 25%；西部地区举办情况同中部地区相似，由 2016 年的 229602 次增长至 2020 年的 274890次，增长率为 20%，占全国数量比重在 27%~32%，没有较大变化。

在地区差异上，2016~2020 年，东中西三大地区之间科普（技）讲座举办次数的差异没有得到明显改善。东部地区数量基本没有变化导致整体占比下降至 43%，中部地区数量增长明显使得总体占比提升至 25%，西部地区维持一定的增长率，2020 年达到 32%。但总体来说，举办数量仍呈现东部地区占据明显优势的局面，中部地区数量提升使中西部地区差异缩小至相近（见图 9）。

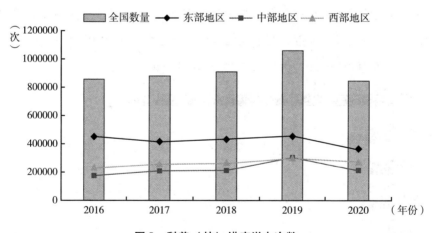

图 9　科普（技）讲座举办次数

资料来源：《中国科普统计》。

2016~2020 年，我国参与科普（技）讲座人次数有大幅跃升，同比增速达到 484.68%，总体复合增长率达到 20.24%，东部地区同总体趋势基本保持一致，2017 年开始同样有显著提升，中部地区 2018 年起有显著提升，西部地区发展平稳，2019 年中部地区超过西部地区成为第二位，东部地区与中西部之间差距进一步加大。2016～2019 年，参加科普（技）讲座人次数逐年增加至 277625317 人次，2020 年猛增至 1623223078 人次，得到迅猛发展。2016～2020 年各地区中，东部地区同总体变化趋势呈现一致，2020 年较 2016 年参与人次数增长 1957%，占全国数量比重由 2016 年的 48% 提升至 2020 年的 88%；中部地区起伏变化较小，2020 年较 2016 年增长率为 276%，占全国数量比重由 2016 年的 20% 下降至 2020 年的 7%；西部地区参与人次数无较大增长，总体呈现较为平稳的态势，2020 年较 2016 年增长率为 89%，全国占比由 2016 年的 33% 降至 2020 年的 6%，发展态势回落。

在地区差异上，2016～2020 年，东部和中西部地区之间参加科普（技）讲座人次数的差异被进一步拉大，中、西部之间差异明显减小，中部地区反超西部成为第二位。中西部人数占比回落一部分原因在于 2020 年东部地区线上科普活动参与人数大幅增加。总体来说，东部地区在参与人次数上呈现绝对的压倒性优势，且在线上科普活动上相对于中西部呈现出优势，中部地区维持了现有的发展速度，西部地区呈现落后态势（见图 10）。

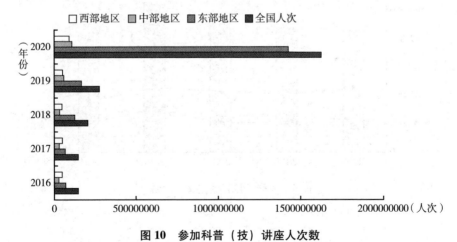

图 10 参加科普（技）讲座人次数

资料来源：《中国科普统计》。

2. 科普（技）展览

科普（技）展览是指围绕某个主题所进行的、具有科普性质的展教活动，包括常设展览和巡回展览。科普（技）展览一般依托科普场馆开展，常设展围绕场馆主题展览内容相对固定，临展和巡回展则会根据不同科技主题对内容重新规划，形式相对灵活。2020年全国新增48个科普场馆，参观人数1.15亿人次。以下通过对科普（技）展览开展情况进行分析，比较"十三五"时期科普（技）展览活动的发展情况。

2016~2020年，我国举办科普（技）专题展览次数在连续两年下降后有所回升，但仍低于初期，东西部地区变化趋势同全国数量变化趋势基本保持一致，数量有所减少，中部地区举办次数是三个地区中唯一增加的，三个区域间的差异得到大大改善。全国举办科普（技）专题展览的数量由2016年的165754次减少至2020年的110105次，减少了34%。各地区中，东部地区变化同全国呈现一定相似性，由2016年的76767次减少至2020年的35960次，减少了53%，由2016年46%的全国占比量降低至2020年的33%左右；中部地区展览活动得到发展，由2016年的32396次增长至2020年的35411次，增长了9%，占全国比重由2016年的20%左右提升至2020年的32%左右，平稳发展；西部地区参与情况同东部地区相似，由2016年的56591次减少至2020年的38734次，减少了32%，2017年举办数量最少仅为36058次，全国占比由2016年的34%左右增至2020年的35%，没有明显变化。

在地区差异上，2016~2020年，东中西三大地区之间科普（技）专题展览举办次数的差异得到明显改善。东部地区数量减少率大于全国减少率导致整体占比下降至33%，中部地区得到发展，数量增长使总体占比提升至30%，西部地区变化幅度同全国相近，保持了约35%的占比。总体来说，东中西部具有明显差异的情况得到大幅改善，东部地区占据优势的局面发生变化，西部地区与东部地区在活动次数上的差异进一步缩小，中部地区落后的情况也有很大改善（见图11）。

2016~2019年，我国参观科普（技）展览人次数逐年增加，2020年

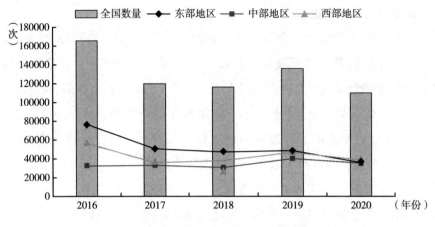

图11 科普（技）专题展览次数

资料来源：《中国科普统计》。

有所回落，东部地区与全国发展趋势呈现一致，中西部地区数量与差距均没有明显变化，东部与中西部之间差距进一步拉大。2019年，全国参观科普（技）展览人次数达到5年内峰值360648231人次，2020年回落至320421591人次，较2016年增加了51%，得到长足发展。2016~2020年各地区中，东部地区基本支撑起了全国的增长量，由2016年的119940854人次增长至2020年的225711800人次，增长率为88%，占全国数量比重由2016年的56%跃升至2020年的70%，加大了与中西部地区间的差异；中部地区数量变化有所起伏，但总体上没有大幅提升，2020年较2016年增长了38%，占全国比重由2016年的17%减少至2020年的16%，变化不明显；西部地区在数量上优于中部地区，但参与情况接近，2020年较2016年减少了21%，全国占比由2016年的26%左右降低至2020年的14%。

在地区差异上，2016~2020年，东中西三大地区之间参观科普（技）展览人次数的差异没有得到明显改善。东部地区数量有大幅提升带动全国数量提升使得整体占比上升至70%，中西部地区数量变化不明显，占比分别为16%（中部）和14%（西部）。总体来说，东部地区在原有巨大领先的基础上继续大幅提升，中西部地区发展较为缓慢，明显落后于东部地区（见图12）。

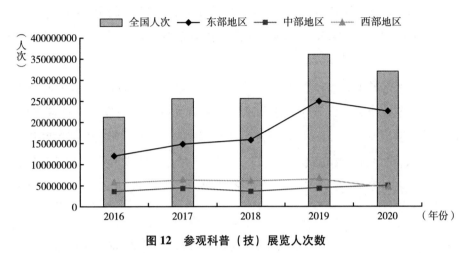

图12 参观科普（技）展览人次数

资料来源：《中国科普统计》。

3. 科普（技）竞赛

科普（技）竞赛是科普活动主要涉及的内容之一，包含科普竞赛与科技竞赛两类，科普竞赛有科普作品创作大赛、科普知识竞赛和科普讲解比赛等多种类型，科技竞赛按照面向的人群分为青少年科技创新大赛、大学生科技创新竞赛、职业技能竞赛等多种形式。本部分通过对科普（技）竞赛的数量和参与人次进行分析，比较"十三五"时期科普（技）竞赛活动的发展情况。

2016~2020年，我国科普（技）竞赛举办次数连年走低，较"十二五"时期数量有明显减少，东部地区数量明显减少直接影响了全国发展情况，中西部地区举办次数没有大幅变化，少量减少后维持在一定水平，西部地区略多于中部地区，与东部地区差距减小。2020年，科普（技）竞赛举办次数降低至28178次，较2016年减少36290次，降低了56%。各地区中，东部地区逐年减少，由2016年的41643次减少至2020年的14396次，减少了65%，由2016年65%的全国占比量逐年降低至2020年的57%；中部地区减少幅度较东部略低，由 2016 年的 11791 次减少至 2020 年的 6506 次，降低45%，占全国比重为 23%，较 2016 年的 18% 有所增长；西部地区参与情况优于中部地区，在 2017 年超过中部地区，数量由 2016 年的 10834 次减少至2020 年的 7276 次，降低了 33%，全国占比由 2016 年的 17% 左右增至 2020年的 26%。

在地区差异上，2016~2020 年，东中西三大地区之间科普（技）竞赛举办次数的差异得到一定改善。东部地区数量有大幅减少引发全国总量减少，占比降低至 51%，中部地区降低幅度低于东部地区，占比有所上升，2020 年为23%，西部地区减少幅度最低，全国占比增至 26%。总体来说，东部地区仍具有明显优势，影响着全国总体趋势的变化，西部地区逐渐超过中部地区（见图 13）。

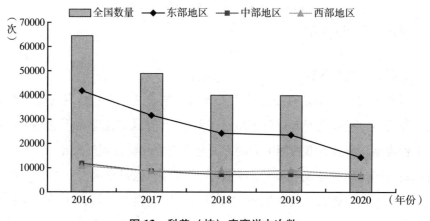

图 13 科普（技）竞赛举办次数

资料来源：《中国科普统计》。

2016~2020 年，我国参加科普（技）竞赛的人次数有所起伏，总体呈现上升趋势，东部地区数量增加明显，带动全国整体趋势变化，中西部地区增幅小于东部地区，中部地区超越西部地区占比第二。2019 年，参加科普（技）竞赛人次数达到 5 年内峰值 229564967 人次，2020 年回落至184043431 人次，较 2016 年增长 64%。2016~2020 年各地区中，东部地区人次数有明显起伏，2017 年和 2020 年少量回落，由 2016 年的 82678909 人次增至 2020 年的 84266442 人次，增长 2%，由 2016 年 73% 的全国占比量降低至 2020 年的 46% 左右；中部地区增长幅度迅猛，由 2016 年的 12436958 人次增至 2020 年的 80774509 人次，增长 549%，超越西部地区，占全国比重由 2016 年的 11% 左右提升至 2019 年的 44% 左右；西部地区发展情况逊于中部地区，2016~2020 年增量为 1615216 人次，增长 9%，全国占比由 2016 年的 15% 左右降低至 2020 年的 10%，落后于中部地区。

在地区差异上，2016~2020 年，东中西三大地区之间参加科普（技）竞赛人次数的差异有所改善。东部地区参加人次数有明显回落，仍占据 46% 的绝对数量优势，中部地区数量增长明显，占比提升至 44%，西部地区发展较缓慢，全国占比仅为 10%。总体来说，呈现东中部地区占据明显优势的局面，西部地区与东中部地区之间差距被拉大（见图 14）。

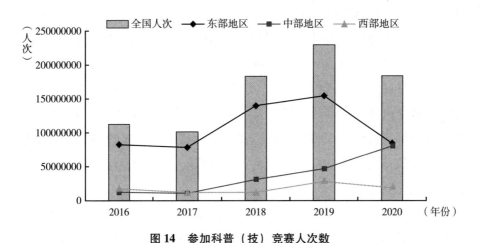

图 14　参加科普（技）竞赛人次数

资料来源：《中国科普统计》。

（二）活动特征

"十三五"时期，各地各部门面向公众组织开展了大量科普（技）讲座、展览和竞赛活动，科普公共服务能力明显提高。2020 年公民具备科学素质的比例达 10.56%，首次超过 10%。面向各类人群的科学技术普及活动起到提高我国公民科学素质，向全社会弘扬科学精神、传播科学思想的重要作用。这个阶段我国的科普活动围绕新时期科普工作的要求，依据《全民科学素质行动计划纲要实施方案（2016—2020 年）》呈现新的时代特点，主要包含服务重点人群、突出价值引领、强化信息化建设和社会化参与程度高四个方面。

《全民科学素质行动计划纲要（2006—2010—2020 年）》提出需以重点人群科学素质行动带动全民科学素质的整体提高。"十三五"时期我国面向未成年人、农民、城镇劳动人口、领导干部和公务员的科普活动蓬勃开展。例如，教育部加强中小学生的全国性竞赛活动管理，明确义务教育阶段科学类课程和课时要求；农业农村部印发《"十三五"全国新型职业农民培育发展规划》，编制《农民科学素质发展战略规划（2020—2035—2050年）》，实施新型职业农民培育工程等。

这个阶段的科普活动突出强调价值引领作用，大力弘扬科学精神，助力我国科技创新事业，推动全社会共同营造崇尚科学、尊重科学、热爱科学的良好氛围。例如，中国科协联合有关单位连续 10 年举办全国科学道德和学风建设宣讲教育报告会，受到高校师生和社会各界热烈欢迎；农业农村部开展转基因科普巡讲，促进农业转基因生物技术的健康有序发展；中国环境科学学会开展千乡万村环保志愿行动，广泛宣传绿色环保发展理念。

网络信息化发展为科普活动带来了新的机遇和挑战，近年来我国不断加强科普信息化建设，通过信息技术开发科普资源并通过网络实现共享。《全民科学素质行动计划纲要（2006—2010—2020 年）》提出建立全国科普信息资源共享和交流平台，为社会和公众提供资源支持和公共科普服务。例如，工业和信息化部举办网络安全宣传周活动，推进信息技术与科技教育融合发展；浙江建立科学传播融媒体联盟，开展银龄跨越数字鸿沟科普专项行动；四川建设天府科技云，推动科普智慧化传播。

科普活动的社会化参与程度得到提高，覆盖面进一步拓展延伸。科技界科技专家等主动参与科学教育、传播与普及，共同促进科学前沿知识的传播。全国妇联修订完善《家庭教育指导大纲》，开展家庭教育支持服务。国家民委组织实施"全国少数民族大学生暑期实习计划"，为少数民族大学生搭建职业实习平台。工业和信息化部加强国家"双创"示范基地建设和国家小型微型企业创业创新示范基地建设，举办"创客中国"创新创业大赛，推动中小微企业创新发展。

（三）典型案例

技能竞赛活动结合日常生产任务开展，对于提升产业工人职业素质，促进技术技能革新、推广新工艺和新方法等具有重要作用。《全民科学素质行动计划纲要实施方案（2016—2020 年）》提出开展全国职工职业技能大赛、全国青年职业技能大赛、全国青年岗位能手评选等工作。"十三五"时期我国职业技能大赛发展情况得到明显提升。

世界技能大赛由世界技能组织举办，被誉为"技能奥林匹克"，是世界技能组织成员展示和交流职业技能的重要平台。截至 2013 年第 42 届世界技能大赛，世界技能大赛比赛项目共分为 6 个大类，分别为结构与建筑技术、创意艺术和时尚、信息与通信技术、制造与工程技术、社会与个人服务、运输与物流，共计 46 个竞赛项目。大部分竞赛项目对参赛选手的年龄限制为 22 岁。世界技能大赛的举办机制类似于奥运会，由世界技能组织成员申请并获批准之后，世界技能大赛在世界技能组织的指导下与主办方合作举办。[1] 第 44 届世界技能大赛于 2017 年 10 月在阿联酋阿布扎比举办，我国获 16 金 7 银 12 铜；第 45 届世界技能大赛于 2019 年 8 月在俄罗斯喀山举办，我国获 20 金 6 银 5 铜。

中华人民共和国职业技能大赛是经国务院批准、人力资源和社会保障

---

[1] 世界技能大赛中国组委会，http：//worldskillschina.mohrss.gov.cn/，最后检索时间：2020 年 3 月 30 日。

部主办的职业技能赛事。2020年12月10日，中华人民共和国第一届职业技能大赛在广东省广州市开幕，中共中央总书记、国家主席、中央军委主席习近平发来贺信，向大赛的举办表示热烈的祝贺，向参赛选手和广大技能人才致以诚挚的问候。[①]第一届职业技能大赛共设86个竞赛项目。其中，世界技能大赛选拔项目设63个竞赛项目，国赛精选项目设23个竞赛项目。凡16周岁以上、法定退休年龄以内的中国大陆公民（当地学习或工作满1年以上）可按属地原则报名参赛。获得优胜奖以上选手可直接晋升技师（二级）职业资格或职业技能等级，已具有的可晋升高级技师（一级）。世界赛选拔项目单人项目前10名、团队项目前5名选手可以直接入围世界技能大赛中国集训队。从2020年起，我国将每两年举办一届职业技能大赛。

中华人民共和国职业技能大赛接轨世界职业技能大赛，同时兼备我国传统特色，在技能人才培养、推动职业技能培训和弘扬工匠精神等方面发挥重要作用，对于提升城镇劳动人口尤其是产业工人技能素质具有实操意义，有助于实现新时期我国经济社会高质量发展。

三 "十三五"时期其他科普活动开展情况

科普活动涉及领域广泛、人群覆盖面大，除了以上各类活动之外，还有大量各行业领域依托高校、科研院所、学会、企业开展的科普活动，这些活动对于促进科学知识的普及，提高技术推广效率，促进全民科学素质提高都有非常重要的作用。以下将选取部分典型活动进行分析。

（一）高校、科研院所科普活动情况

2015年1月，中国科协、教育部联合发布《关于加强高等学校科协工

---

① 中华人民共和国第一届职业技能大赛，http://cvsc.mohrss.gov.cn/#/，最后检索时间：2020年3月30日。

作的意见》，指出要加强高校科协工作，利用高校和科协两方面的组织优势，推动学术交流合作、开展科学技术普及活动、举荐和培养优秀科技人才、加强科学道德和学风建设宣讲教育、指导学生科技实践活动。其中，在开展科普技术普及活动方面，要组织师生面向公众开展科普活动，充分利用高校的科普资源，开放实验室、博物馆等场所，实现面向公众普及科学知识的目的；高校要组织教师和学生参与科技周、科普日等大型科普活动以及科普征文、科普报告、科普创作等活动；要整合利用大学生科普志愿者、科普宣讲团、校内科技社团等力量，深入社区、农村、企业等开展科学技术普及服务。

根据《中国科协 2020 年度事业发展统计公报》①，我国高校科协数量由 2016 年的 622 个增加到 2020 年的 1607 个，高校科协个人会员数由 2016 年的 54.7 万人增加到 2020 年的 83.8 万人。"十三五"期间，高校科协数量的增长幅度达 158.36%，高校科协个人会员增长幅度达 53.2%，高校进一步发挥其在科普中的作用（见图 15）。

图 15　中国科协高校科协统计数据

资料来源：中国科协年度事业发展统计公报。

---

① 中国科学技术协会：《中国科协 2020 年度事业发展统计公报》，https：//www. cast. org. cn/art/2021/4/30/art_ 97_ 154637. html，最后检索时间：2020 年 3 月 30 日。

与高校类似，科研院所也蕴含着丰富的科技资源，是开展科普工作的重要力量。高校和科研院所面向公众开放是让参观者直观了解科学技术研究过程的重要手段，在提高公众尤其是青少年对于科学和科学研究的兴趣中发挥着不可或缺的作用。

"十三五"期间，我国高校和科研机构开放数量持续上升，科研机构和高校开放个数由 2016 年的 8080 个，增加到 2019 年的 11597 个，2020 年又回落至 8328 个，其中 2017~2018 年增长幅度较大，开放个数由 8061 个上升到 10563 个。从东、中、西三个地区看，高校和科研院所的开放个数也呈现区域发展不均衡的特点：东部地区 2016 年开放单位数（个）为 4344 个，西部地区开放单位数（个）为 2127 个，中部地区开放单位数（个）为 1609 个，东部地区开放单位数（个）高于中西部地区之和（见图 16）。

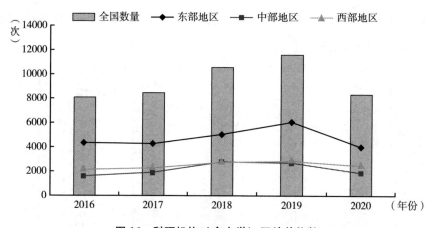

图 16 科研机构（含大学）开放单位数

资料来源：《中国科普统计》。

从高校和科研院所的开放效果来看，公众持续从中受益，参观人数呈现波动式上涨的趋势。2020 年，我国参观开放科研机构的人数达 1155.52 万人次，比 2016 年增加 292.15 万人次，其中东部地区参观开放科研院所（含大学）的人次数仍旧领先于中西部地区（见图 17）。

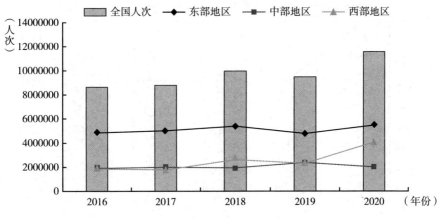

图17　参观开放科研机构（含大学）人次数

资料来源：《中国科普统计》。

（二）实用技术培训

农村和城镇社区作为我国社会的基本构成单元，是科普工作的重点。从科协组织建设情况来看，"十三五"期间，我国村/社区科协、乡镇/街道科协的建设数量保持稳中有升，2016年，乡镇/街道科协数为29052个（见图18），2020年为29380个。村/社区科协数由2016年的15076个上升到39206个（见图19）。随着我国城镇化程度的不断加深，村、乡镇人口不断对外输出。2016~2020年，可以明显看到村、社区科协个人会员数量呈现大幅下降后回升的变化，与之相联系的，乡镇/街道科协个人会员人数则在2016~2017年下降后逐渐维持相对稳定的数量。基层科协数量的变化以及个人会员数量呈现的起伏，与我国"十三五"时期经济社会建设尤其是乡村振兴和基层组织搭建具有相关性，反映了这段时期我国基层科普活动稳中有进的发展态势。

虽然农村和城镇社区的科协组织建设数量稳中有升，日益成为科普活动的重要组织者和承担者。但另一方面，"十三五"期间，我国面向农村和城镇社区的一些特色科普活动则出现比较明显的下降趋势。以实用技术培训为

111

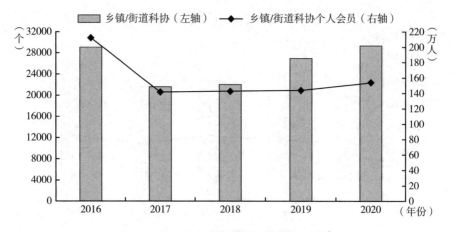

图18　中国科协乡镇/街道科协统计数据

资料来源：中国科协年度事业发展统计公报。

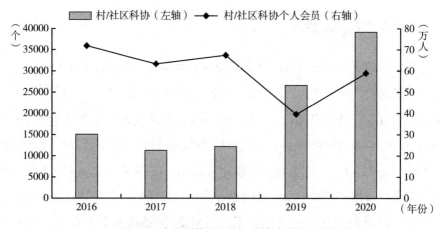

图19　中国科协村/社区科协统计数据

资料来源：中国科协年度事业发展统计公报。

例，2016年以来，实用技术培训举办次数（见图20）和参加人次数都有所下降，2020年受疫情影响，参加实用技术培训的人次数下降到4893.34万人，与2016年的7746.69万人相比，下降了近一半（见图21）。近年来，随着互联网技术的发展逐渐成熟，互联网统计报告显示移动终端网络普及率几近全覆盖，成为公众接收信息的主要途径之一。乡镇、街道作为组织开展科普活动的中间环节，动员能力已达到瓶颈期，亟待探索适应当下社会发展情况的技术培训活动开展模式，对原有的架构和组织方式做出调整，以应对新形势变化的需求。

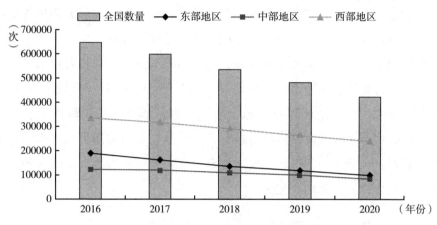

图20 实用技术培训举办培训次数

资料来源：《中国科普统计》。

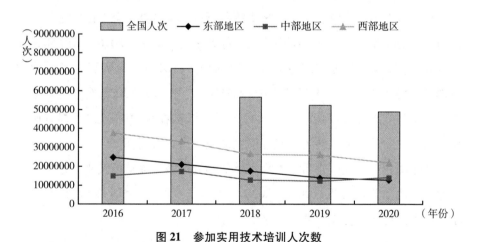

图21 参加实用技术培训人次数

资料来源：《中国科普统计》。

从科协系统的统计数据来看，各级科协和两级学会举办的实用技术培训次数和参加人次表现出波动的特点，但整体上仍呈现上升的态势。这表明这

113

个时期，我国科协组织和学会在培训组织建设上有所提升，保持了稳定的发展。

从全国实用技术培训数量看，西部地区的实用技术培训举办次数与参加人次数要大于东部和中部之和，与其他科普活动中，东部地区领先于中部、西部地区的特点存在鲜明的不同。"十三五"时期，我国正处于全面决胜建成小康社会的重要历史阶段，为改善我国西部地区相对落后的发展情况，西部地区科学技术普及活动发展投入大、力度强，实用技术培训活动相较于东、中部地区更符合地区发展需求，群众参与积极性也相对更高。东、中部地区经济基础相对较好，相应地公众对实用技术培训需求和参与积极性也低于西部地区。实用技术培训发展情况与我国不同区域间的经济社会发达程度呈现负相关。

（三）重大科普活动情况

面向公众开展科普活动是提高全民科学素质的重要手段，"十三五"期间，科技、卫生、应急、环保、教育等各行业、领域都结合自己的工作开展面向公众的大型科普活动，提高公众的综合素质。其中，2016~2019 年，我国重大科普活动次数基本呈现稳中有降的趋势，2020 年重大科普活动次数呈现较大幅度的下降，从 2019 年的 23515 次，下降到 13039 次，主要原因之一是受到新冠肺炎疫情的影响，很多科普活动在规模和形式上都有所转变，由传统的活动形式转为依托互联网的线上形式（见图 22）。

从东中西三个地区来看，重大科普活动的区域差异整体较小，东部和西部地区的活动数量接近。2016~2020 年，尽管总体上各区域间差距有所减小，但中部地区仍低于东西部地区。

在我国的重大科普活动中，科普日、科技周是两项历史跨度长、影响面较广的优势科普活动。科技周与科普日分别在每年的上半年和下半年举办，科技周由科技部主办，每年围绕科技创新开展展示宣传活动，宣传科技创新成果，促进创新成果惠民。全国科普日由中国科协主办，每年围绕与公众相关的科技主题科普开展活动，激发公众学科学、爱科学、用科学的热情。经过连续多年

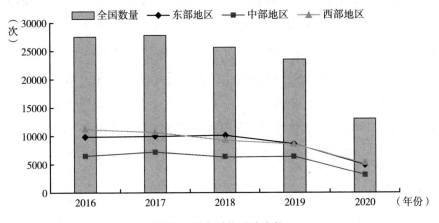

图 22　重大科普活动次数

资料来源:《中国科普统计》。

的发展,科技活动周与全国科普日已成为公众最为喜闻乐见的科普品牌。

2016 年以来,科技活动周科普专题活动次数保持稳定。2016～2020 年,活动次数均保持在 10 万次以上。其中东部、西部地区的活动次数差距较小,而中部地区的活动次数则远低于东西部地区,与其他活动西部地区较弱的情形有所差异(见图 23)。

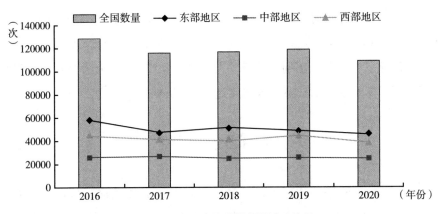

图 23　科技活动周科普专题活动次数

资料来源:《中国科普统计》。

从活动效果来看，2020 年科技活动周参与公众达 4.89 亿人次，相较于 2016 年的 1.47 亿人次增加了 232%，与 2016~2018 年较稳定的参与人次形成鲜明的对比。从地区分布来看，"十三五"期间，东部地区参与人次数遥遥领先中西部，活动效果也明显优于中西部地区。2020 年，东部地区参与人次数为 4.10 亿人次，中部地区参与人次数为 0.34 亿人次，西部地区参与人次数为 0.45 亿人次，体现出非常明显的地区差异（见图 24）。

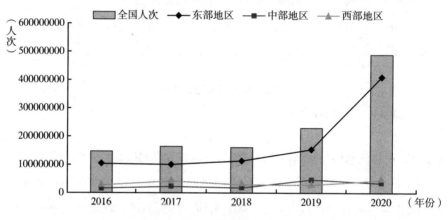

图 24　科技活动周参加人次数

资料来源：《中国科普统计》。

全国科普日作为另一重要科普品牌活动，也呈现稳定发展的良好态势。2019 年全国科普日活动立足面向基层、服务发展，全国有 1.5 万个单位开展重点活动 2.4 万项，辐射公众 3.2 亿人次。2020 年，全国科普日活动数量提升至 3.9 万项，活动参与人数超过 4000 万人次。

四　问题与展望

"十三五"时期，我国经济社会发展取得历史性成就，公民科学素质建设实现跨越式发展，我国公民具备科学素质的比例由 6.20% 上升到 10.56%，科普事业也取得一系列丰硕成果。科普活动作为直接面向公众的普及科学知识的手段，是科普事业的重要保障，在提高公民科学素质中发挥着极为关键的作用。从前文分析中可以看到，科普活动在面向青少年、农民、产业工人、老年人等重点人群弘扬科学精神、普及科学知识的过程中取得了良好的效果，但取得进展的同时，研究数据显示科普活动也存在一些问题，需要在新发展阶段认真研判、精准应对，实现持续高效发展。

（一）"十三五"期间科普活动的特点和问题

我国科普活动在"十三五"阶段总体得到一定的发展，各地区各部门以及各方社会力量协同，面向公众组织开展了大量各类主题、内容和形式丰富的科普活动，推动实现了促进公民科学素质提升的目标。这一阶段的科普活动呈现一些特点。一是关注了我国重点人群的科普需求，针对未成年人和农民等人群进行了活动设计；二是强调了价值观塑造，强调科学精神的传播；三是对信息技术的应用，突出表现在新冠肺炎疫情期间，线上科普活动开展如火如荼。

但同时，数据分析结果显示，"十三五"时期我国科普活动发展情况仍存在一些问题和不足，主要表现在如下方面。

1.科普活动总体发展向好，但数量和参与人数有所下降

"十三五"时期我国科普活动总体得到发展，但部分活动类型的举办和参与情况有所浮动和下降。针对青少年的两类科普活动数据逐年下滑，给面向青少年的科普活动组织开展带来了挑战和要求，需要对发展不良的原因做出分析研究，对可能存在的主题、内容和形式等出现的问题进行改进，以实现更好的活动效果。科普展览、竞赛和重大科普活动的举办数量也有缩减，一方面可能是受到疫情等不可抗力因素影响，另一方面也有可能是现有活动类型和内容同质化等自身问题导致，以科技场馆为例，部分场馆展品更新频率低、损坏率高，导致展览对于参观者的吸引力不足、体验感不好。另外，科普活动的设计上也较为固定，网络信息日益发达，公众对科普活动需求阈值被不断抬高，如何实现活动转型升级，设计出真正对公众有吸引力的活动，从而应对发展瓶颈成为新挑战。

2.区域发展不均衡仍是突出问题

长期以来，我国东部地区发展优先于中西部地区，科普活动作为社会教育的主要类型之一，活动发展情况同经济社会发展息息相关。地区发展差异是科普活动东部发展情况优于中西部地区的主要原因，一方面表现在活动资源配置上的差异，受地方经济基础和投入水平影响较大；另一方面同样表现在受众的认知水平、受教育程度等个人因素上，不同区域人群对科普活动的需求呈现差异化，对于不同类型科普活动的参与积极性也不同。同时，科普活动开展主体的组织和动员能力对地区发展的影响也不可忽视，科普人才大量流向东部发达地区也是中西部地区建设发展遇阻的重要原因。近年来，得到国家发展扶持，西部地区部分科普活动次数和效果不断提升，尤其是面向农民的技术培训效果显著。相较而言，中部地区发展情况略显不足。

3.品牌活动影响力进入瓶颈

从"十三五"期间科技活动周和全国科普日来看，两项重大活动在活动次数和辐射人群上均有很好的效果。但在品牌活动的组织、运营和宣传方面尚存一些问题。其一是活动品牌显著度相对较低。活动的宣传覆盖面有限，造成公众对科普日品牌感受不深，网络知晓度和显著度仍然有限。其二是品牌生态建设相对滞后。依托于全国科普日的地方特色品牌，如"北京科学嘉年华"和"深圳科普月"，还有科普日期间开展的各种大小科普品牌活动，都尚未实现与全国科普日品牌的系统性整合，从而难以发挥良好的品牌集群效应。其三是品牌传播力有待提升。除国家级主场活动和联合行动有更广泛的传播渠道之外，省级主场以及市、县级的科普日相关活动的宣传普遍存在预热不到位的情况。另外，现有宣传内容中对品牌的突出和强调也亟待加强。

（二）"十四五"时期科普活动展望

新的历史阶段，公众对科普活动提出新需求，为促进科普高质量发展提出新挑战。2021年6月发布的《全民科学素质行动规划纲要（2021—2035年）》① 对新时期科学素质建设做出新安排，针对科普活动开展方向有了较为明确的工作指向。针对"十三五"时期科普活动开展过程中出现的问题和正在面临的新形势，提出对"十四五"时期科普活动工作开展的几点展望。

1. 根据不同人群特点，设计针对性强的科普活动

根据《全民科学素质行动规划纲要（2021—2035年）》对"十四五"时期重点人群做出的行动安排，开展和设计针对不同人群的活动。面向青少年的科普活动要以培养科技创新后备人才为总目标，以激发青少年好奇心和想象力，增强科学兴趣、创新意识和创新能力为设计原则。面向农村的活动，要以提高农民素质、实现乡村振兴为目标，针对农民文明生活、科学生产、科学经营能力组织开展。面向产业工人的活动，要以提升技能素质为重点，侧重提高产业工人职业技能和创新能力。面向老年人的活动，要发挥社区阵地的作用，围绕健康、信息化等开展，同时积极开发老龄人力资源在科普活动中的潜力。面向领导干部和公务员的活动，要强化科教兴国、创新驱动发展等战略的认识，将提高科学决策能力、树立科学执政理念作为重点。

2. 推动资源共享，缩小区域差距

2020年，我国已全面建成小康社会，如期实现脱贫攻坚目标，完成了时代交予的任务。但同时，中国地大物博，区域发展不均衡是一个长期历史问题。《关于制定国民经济和社会发展第十四个五年规划和二〇三五年远景目标的建议》② 中对"十四五"时期中国区域协调发展做出布局，提出推动西部大开发形成新格局，促进中部地区加快崛起。这表明新发展阶段，实现均衡发展是可持续发展的必然要求，需要在科普活动资源配置上向中部、西

① 中华人民共和国中央人民政府：《国务院关于印发全民科学素质行动规划纲要（2021—2035年）的通知》，http://www.gov.cn/zhengce/content/2021-06/25/content_5620813.htm，最后检索时间：2020年3月30日。
② 中华人民共和国中央人民政府：《中共中央关于制定国民经济和社会发展第十四个五年规划和二〇三五年远景目标的建议》，http://www.gov.cn/zhengce/2020-11/03/content_5556991.htm，最后检索时间：2020年3月30日。

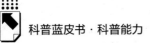

部倾斜，以达到区域协调发展。通过信息化手段，搭建内容共享平台，打通地域壁垒，借助技术实现科普资源共享。例如，科普中国 E 站就覆盖到西部地区，除此之外，还可以借由线上活动开展经验，探索使用信息化手段提升讲座、培训效果的新模式。

3. 多措并举，增强大型品牌科普活动影响力

在大型品牌科普活动建设上统筹安排、整体布局，在活动涉及的每个环节提升品牌运营和传播成效。在前期规划时强化顶层设计，为品牌发展路径做出长期规划，设定活动发展目标方向。在具体开展过程中，明确具体品牌活动定位和面向人群，以深入公众生活、拓宽影响覆盖面为原则，一方面从宏观层面拟好主题为科普活动定调；另一方面，灵活调动各方力量，完成布局活动的设计、采购与分发，统筹安排，整合各地、各界科普活动资源，实现节事活动资源的优化配置，提升活动的组织效率与效果。同时，针对发展相对落后地区，在政策上有所倾斜，加强科普能力较强的地区对科普能力相对落后地区的支持和扶植。此外，为应对新时期传播新变化，在品牌宣传上应注重新媒体渠道，打造成为活动推广宣传的重要通道，以持续增加活动品牌曝光率，源源不断地吸引公众。

B.4
结合 CIPP 评价的我国科普人才
培训实践发展研究

牛桂芹　辛　兵　王亚楠　曹茂甲*

摘　要： 我国科普人才培训的发展比较缓慢，虽然已有一定的基础，但无论培训规模还是实际效果都不是很理想，相关研究也比较薄弱。文章系统梳理并总结了我国科普人才培训实践发展的概貌，并选取更能集中反映突出问题的典型基层科普人员培训案例作为重点调查对象，运用 CIPP 评价理念及方法，从背景、输入、过程、结果四个维度进行深入评价研究，总结经验，挖掘深层次问题及其原因。研究表明：基本形成了"一个中心+多点发散"的培训局面，不断提升理念，坚持实践创新，强化制度保障和基础条件建设，优化工作体系机制，提升培训实效。科普人才培训受到科普工作者、地方科协和有关机构的普遍欢迎，但还存在较多问题，如培训供给不足、相关研究薄弱、内容及方式与科普职业发展需求契合度低、缺乏完善的培训标准体系和稳定的工作体系机制、思想政治教育和价值观念引领有待加强等。针对这些问题提出了五个方面的对策建议：一是建立科普人员培训保障体系和培训标准体系，提升引领与指导作用；二是加强顶层设计与指导，构建常态化规范化科普人员培训工作的体系机制；三是提升培训设计理念，创新科普人员培训内容及模式；四是加强相关研究，

---

* 牛桂芹，中国科协培训和人才服务中心副研究员，主要研究方向为科学传播、科技人才、科技政策；辛兵，中国科协青少年科技中心主任，研究员，主要研究方向为科技教育、社会教育；王亚楠，北京科普发展与研究中心经济师，主要研究方向为科学传播与普及；曹茂甲，辽宁师范大学教育学院讲师，主要研究方向为课程与教学论。

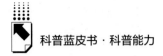

为培训实践提供更好理论指导；五是实施新时代科普人员培训重
点工程。

关键词： CIPP 评价　科普人才　培训实践

引　言

近年来，我国科普人才培训工作无论在理念还是在实践层面都打下了坚
实的基础，但整体发展比较缓慢，至目前培训规模及实际效果都不是很理
想，在培训理念、体系机制、过程管理和师资课程等方面还存在一定的问
题。然而，无论学界还是业界对科普人才培训的理念及实践探索还很薄弱，
对整体培训发展的系统研究十分有限，尤其是基于 CIPP 评价理论对科普人
才培训模式的全链条评价研究更是欠缺。① 本文通过文献研究、网络调研、
实地考察、工作参与、问卷调查、研读历年科普人才培训工作材料（培训
通知、培训方案、课程体系、培训总结等）等手段，在系统梳理我国科普
人才培训实践发展概貌的基础上，聚焦于最具代表性和全国统领性的权威机
构——中国科协科普部组织实施的科普骨干人员培训项目开展深入系统研
究。针对问题更加集中的典型基层科普人才培训案例，基于 CIPP 评价理念
全面评价其培训内容、主体、对象、方式手段、体系机制等多个方面，总结
宝贵经验，挖掘深层次问题及其原因。进一步经过统合分析得出总的研究结
论，提出创新发展策略，为未来科普人才培训效果的提升提供重要参考。

一　形成了"一个中心+多点发散"的
培训局面，但整体规模有限

"一个中心"指的是，中国科协科普部作为牵头主体组织实施的具有全

---

① CIPP 指基于背景输入、过程、结果进行的评价模式。

国统领性的示范性培训项目;"多点发散"指的是全国各地有着科普工作任务的中央各部门、各地方科协、学会、企事业单位等自发开展的科普人员培训工作。

(一)伴随个性化需求"多点发散"科普人才培训体系逐步发展起来

针对我国科普人才队伍专业水平不高、基层科普人才短缺、选拔培养体系机制不完善等问题,逐步出现了各类科普人才培训实践,散落于政府及社会不同层面。伴随科普事业和科普产业的发展,各省份、中央各部门及学会(行业协会)、企业等各类主体根据现实需求逐步开展科普人员培训工作,整体发展参差不齐,但同时也各具特色。按照培训主体大致可以归纳为八类:一是各个不同行业领域科普相关政府部门或机构的培训,如有些纲要办成员单位组织的科普人才培训;二是科研院所科普工作人员培训,如中科院科普人才培训;三是科普相关社会机构自发组织的科普人员培训,如华东师范大学光华书院与上海科技报社组织的志愿者技能、科学知识培训班;四是一些科普企业组织的科普人才培训,如科普产业促进会组织的科普企业管理人员的培训;五是科普基地的科普人员培训,如全国科普教育基地的培训;六是科技类学会的科普人才培训,如科技新闻学会组织的培训;七是科普相关专业机构自行组织的科普人才培训,如中国科技馆的培训;八是某些科普学会(协会、研究会)组织的培训,如科普作家协会针对科普创作者的培训和科技辅导员协会针对科技辅导员的培训等,该类依托行业协会的培训更加专业化、系统化。比较而言,中国青少年科技辅导员协会组织实施的科技辅导员培训工作是比较成功的具有示范推广意义的典范,从政策推动、顶层设计、基地建设、课程开发等多个角度基本达到制度化常态化系统化。

(二)"一个中心"科普人才培训从早期试点项目走向常态化科普骨干人员培训工作

除上述不同主体自发组织的科普人才培训类别之外,为进一步系统化培养造就规模适度、结构优化、素质优良、具备较高专业水平和创新创业能力的科普人才队伍，中国科协科普部努力探索具有全国示范带动作用的科普人才培训模式，从早期试点逐步走向系统化常态化培训工作。

早期科普人才示范性培训试点项目通过示范性培训积累经验和条件，探索适用于农村、城镇社区、企业、青少年、科普场馆、科普传媒等不同场所或不同类型科普人才开展培训的有效工作模式、机制，积累了科普人才培训师资队伍建设、教材教案建设和培训阵地设施建设等方面的工作经验，从而为后期全国各层级、各领域的规模化科普人才培训提供培训内容、师资、模式和经验等。在首批试点项目中，仅设 3 个科普人才培训基地建设项目，分别为天津师范大学的青少年科技辅导员培训基地、中国科技馆的科普场馆培训基地和中国科学技术大学科普传媒人才培养基地。整体呈现逐年扩大规模的趋势，但发展比较缓慢，至 2011 年有 17 个试点项目获得中国科协的资助，包括农村科普人才培训试点项目 3 个、城镇社区科普人才培训试点项目 2 个、企业科普人才培训试点项目 4 个、青少年科技辅导员培训试点项目 3 个、科普场馆人才培训试点项目 2 个以及科普传媒人才培训试点项目 3 个。

但早期培训试点项目整体问题还较多，如科普人才示范性培训试点项目成果的推广问题、培训基地持续有效的经费投入保障问题等，因此没有得到持续发展，或者也可以说该试点项目得到进一步提升和创新发展。正是在试点项目基础上，为深入推动《全民科学素质行动计划纲要实施方案（2016—2020 年）》"科普人才建设工程"，落实《中国科协科普发展规划（2016—2020 年）》中"加强科普人员继续教育，实现所有骨干科普人员每年轮训一次"的任务安排，回应科普人员对全面推动科普人员的知识更新和能力提升的关切，满足新时期科普工作创新发展对科普人员能力素质的要求，中国科协科普部于"十三五"元年启动了规模化培训工作，以此辐射带动全国学会、地方科协开展专业性、行业性的科普人员培训，共同探索科普领域规模化、制度化、系统化、专业化培训。"十三五"期间培训总量如表 1 所示，至 2020 年，共开设 49 个科普人员培训班次，培训学员近 8000

人次，显然对标中国科协"十三五"科普发展规划中五年期间完成科普骨干轮训一次的要求，差距巨大。

表 1　"十三五"期间科普骨干人员培训规模

年份	培训学员（人）	培训班次（期）
2016	2100	13
2017	2975（其中联办培训科普人员 1330 人）	18
2018	745	8
2019	479（不含特色培训）	7
2020	1527（线上培训 1200 人）	3
总计	7826（含线上培训人数）	49

资料来源：根据历年培训评估总结数据计算获取。

很显然，由最具代表性和全国统领性的权威机构——中国科协科普部组织实施的科普骨干人员培训是目前覆盖面最广、引领性最强的科普人才培训工作，该培训的发展情况基本能够反映出我国科普人员培训工作的整体水平。因此，以下内容聚焦于该培训项目进行。

二　不断提升理念，坚持实践创新

（一）从单一科普骨干人员培训走向"骨干+特色"培训

自 2019 年开始，除了常规的科普骨干人员培训之外，逐步出现了针对特定人群的新举措。比如，2019 年，为助力乡村振兴战略增加了中国农村专业技术协会农产品区域公用品牌专题培训、中国农技协科技小院联盟专题培训和中国农村专业技术协会智慧农民引领培训。其中，全国农技协农产品区域公用品牌专题培训旨在充分发挥农技协组织优势，培养农业产业带头人，培育特色农产品区域公用品牌；科技小院专题培训在开展科学研究、传播科学技术和培养"懂农业、爱农村、爱农民"的三农人才等方面的显著效果设计课程；智慧农民引领暨百名乡村科技人才培训旨在培养乡村科技人才，促进产业兴旺，助力乡村振兴。

2020 年，处于突如其来的新冠肺炎疫情的特殊防控时期，选择新时代重点科普人才群体（基层科普人才和媒体从业者），采取线上线下相结合的形式开展培训。一是西部（宁夏）基层科普专兼职人员培训班，立足提升西部基层科普专兼职人员科普理念、理论和实践能力；二是媒体从业者科普能力提升培训班，主题为"新时代媒体融合与科普事业发展"和"提升科学素养　创新传播思路"。

2021 年，科普人员培训工作体现为两个方面。一是以需求为导向的中西部基层科普骨干人员培训。结合地方特色，开设"巧用科普手段——让山西的文物保护火起来""看看这些优秀的科技馆——基层科普如何打通最后一公里""用好天文科普优势　培养未来科学家"等课程，用贴近现实的课程内容提高基层科普人员的综合能力和素质。二是协同中科院开展科普中国创作培训交流网络活动，面向科普自媒体与科技工作者，开展分领域、分形式的科普专项培训活动，覆盖人数超过 42 万人，聚拢、培育团队 200 个。其中，2 个团队作品获"2021 典赞·科普中国"网络科普作品提名，20 余个团队成长为互联网科普的中坚力量。

2022 年，计划重点培训东部地区基层专兼职科普人员、科技媒体从业的科技记者和科技编辑、各大网络平台上的科普自媒体运营采编人员等。

（二）注重根据实际需求和时代特点推进培训内容、模式及方式创新

其一，出现了旗帜鲜明的政治引领和科学家精神弘扬。2019 年科普人员培训每期班均设置了党的理论教育、党性教育和社会主义核心价值观培训专题课程，紧紧围绕统筹推进"五位一体"总体布局和协调推进"四个全面"战略布局，加强思想政治引领。引导来自全国的科普骨干专心、守职、尽责，强化责任意识、学习意识、奉献意识。2020 年按照新时代科普工作要求，宣传贯彻习近平总书记在科学家座谈会上的重要讲话精神，引导媒体从业者弘扬科学家精神和科学精神。以全媒体理念为指引，指引科技新闻工作者用好新闻语言，润物无声开展思想引领工作。引导来自全国的媒体从业

者专心、守职、尽责，强化责任意识、学习意识、奉献意识，自觉学习媒体工作需要的专业知识和遵守科技新闻工作的职业伦理。

其二，培训主题和内容越来越丰富（见表2）。培训主题紧扣现实需求，涉及公共科学传播、互联网+科普、科普活动组织策划、科普社会动员、媒体从业者科学传播等多个方面。比如，2019 年面向中西部基层科普骨干人员的培训，首先进行调研，在摸清需求的基础上，针对基层希望培训"生动""实用"的诉求开设了"科普中国"落地应用、短视频让科普更有趣、科普工作实地观摩教学等课程，针对青少年、农民、老年人等重点人群的科普工作开设了乡村振兴如何用好科普这把"金钥匙"、"双减"后的青少年科技教育、补齐短板 发挥专长"银发族"科学素质在行动等课程。

表2 科普人才培训主题及内容

年份	培训主题及课程内容
2016	6 个专题:公众科学传播、科普社会动员、互联网+科普、科普活动组织策划、科普展览策划、媒体从业者科学传播
2017	8 个专题:公众科学传播、科普社会动员、互联网+科普、科普活动组织策划、科普展览策划、媒体从业者科学传播、科普志愿服务、科普科幻创作 分为必修课程与专业性课程,其中必修课程包括科普"十三五"规划、"十三五"全民科学素质行动纲要实施方案、国外科学传播发展、科普信息化等内容,专业性课程由承办单位根据专题方向自行设置
2018	5 个专题:公众科学传播、科普社会动员、互联网+科普、科普活动组织策划、媒体从业者科学传播
2019	4 个专题:公共科学传播、科普社会动员、科技志愿服务、智慧科普
2020	西部(宁夏)基层科普专兼职人员培训,根据基层科普工作实际需求设计有针对性的培训课程,内容涵盖政策制度、先进理念、专业理论、实践方法等方面 媒体从业者科普能力提升培训班,两期的主题分别为"新时代媒体融合与科普事业发展"和"提升科学素养 创新传播思路",而且把旗帜鲜明讲政治贯穿培训始终、感受和弘扬科学家精神
2021	权威解读上位文件,开设《全民科学素质行动规划纲要(2021—2035 年)》要点解读,"科普中国"落地应用、短视频让科普更有趣、科普工作实地观摩,以及乡村振兴如何用科普"金钥匙"、"双减"后青少年科技教育、补齐短板 发挥专长"银发族"科学素质在行动等课程。结合地方特色,开设"巧用科普手段——让山西的文物保护火起来""看看这些优秀的科技馆——基层科普如何打通最后一公里""用好天文科普优势 培养未来科学家"等课程,用贴近现实的课程内容提高基层科普人员的综合素质和能力

资料来源：根据历年培训通知信息及培训评估总结资料整理得到。

其三，不断推进培训模式及方式手段创新（见表3）。强化"理论+实践+观摩"的融合发展理念，越来越注重增加"双向互动式""现场体验式"培训，实现专家与学员、学员之间的双向交流以及学员深入现场的实践训练和深切体会，培训方式丰富多样，有集中授课、现场观摩、交流研讨等。例如，在2017年的"互联网+科普"专题班和"科普活动组织策划"专题班中，采用分组制作科普作品、成果展示、评比颁奖等实践形式，促进学员的自主思考与实操运用，团队合作形式促进了学员间的交流、学习；再比如，2019年的培训活动设置了参观清华校史馆、签班旗、班小组团建、建班级微信群等充满仪式感的"破冰"活动，让学员深刻感受到百年清华"自强不息，厚德载物"的底蕴，并将上课情景做成小视频分享给全体学员，培训班结束后，学员们仍然经常通过微信群及时沟通、分享开展科普工作的经验。另外，为了克服疫情影响和解决科普人员培训的"最后一公里"问题，采取线上线下相结合的模式，部分集中线下培训，同时在线上实时直播或共享有关培训资源。

表3　科普人才培训方式

年份	培训方式
2016	集中讲授(讲座)、视听技术、案例研讨、小组互动、角色扮演、实践教学(实践操作)、现场教学、项目设计、面授+线上讨论、面授+移动端互动、讲座沙龙、实践设计、专题讲座、圆桌讨论、作品汇报与点评、翻转课堂、练习与交流、提问及互动讨论、科学人文影片赏析及观后感讨论(影片赏析)、分小组开展优秀微信公众平台案例研讨(案例讨论)、分小组开展科幻读书会(读书分享会)、分小组分享自媒体传播经验、化学科学实验(动手操作)、漫画作品赏析、流言破解案例分析(案例分析)
2017	注重互动教学和现场授课、交流研讨和自学。实现教师与学员、专家与学员、领导与学员以及学员之间的交流互动,营造健康向上、文明和谐的良好学习氛围
2018	培训形式丰富多样,有集中授课、现场观摩、交流研讨、在线课程、分组讨论、提前学习
2019	集中讲座、现场教学、小组讨论、行动学习、课前晨读、课后小组分享
2020	因新冠肺炎疫情防控要求,采取分地区、分人群的集中培训为主,线上线下相结合的形式开展培训。具体方式包括政策解读、专题讲座、互动交流、线上培训、交流研讨、现场教学、成果交流、分组讨论等
2021	政策解读、专题讲座、线上培训、交流研讨、现场教学等形式

资料来源：根据历年培训通知信息及培训评估总结资料整理得到。

三 不断优化工作体系机制，提升培训实效

（一）构建"四位一体"工作体系机制

整体培训力量主要包括四个主体，即中国科协科普部统领主体、培训对象推荐主体、具体承办主体和管理与评估主体。由中国科协科普部统一协调组织培训对象、承办主体和管理与评估主体等各方，结合市场化思维，引入竞争机制，在过程管理中建立绩效评估机制，激发各方工作热情，充分发挥各自优势实现了对社会各方面资源的汇聚与整合。由全国学会、地方科协、中国科协本级三方推荐培训对象，通过公开遴选方式选取高校、全国学会、企业等机构作为具体承办单位，通过政府购买服务方式遴选经验丰富的第三方专业机构负责培训管理服务与绩效评估工作。

表 4　科普人才培训参与主体

年份	委托承办单位（参与主体）	评估与管理单位
2016	9家：北京果壳互动科技传媒有限公司、光明网传媒有限公司、南京信息工程大学、科学普及出版社（中国科学技术出版社）、北京师范大学、中国公路学会、浙江大学继续教育学院、北京普众联技术咨询有限责任公司、北京科技报社	中国科协培训和人才服务中心
2017	15家：光明网传媒有限公司、科普产品国家地方联合工程研究中心、中国自然科学博物馆协会、中国科学技术大学先进技术研究院、江苏省科技干部进修学院、江苏省科学技术馆、中国科学技术馆、中国科技新闻学会、中国科学院计算机网络信息中心、南京信息工程大学、北京普众联科技文化传播有限公司、上海业余科学院、科幻世界杂志社、浙江大学、长春科学院	中国科协培训和人才服务中心
2018	8家：北京科普发展中心、上海市业余科学院、光明网传媒有限公司、中国科学技术大学先进技术研究院、中国产学研合作促进会、重庆科技报、南京信息工程大学、中国科学院计算机网络信息中心	中国科协培训和人才服务中心
2019	1家：清华大学继续教育学院中央部委和企业培训中心	无
2020	2家：宁夏品牌研究会、中国科技新闻学会	中国科协培训和人才服务中心
2021	3家：宁夏品牌研究会、山西省科学技术馆、贵州中科天文教育与先进技术研究院	北京科技报社

资料来源：根据历年培训评估总结资料分析、整理得到。

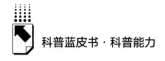
（二）规范化设计培训流程，形成可复制推广的精细化专业化管理模式

一是形成了"分类推荐培训对象—按需提供培训内容—集中分散结合、线上线下结合的培训形式—第三方总结评估推进创新—平台资源共享、长期合作交流"的基本模式，以此为参照带动辐射全国学会、地方科协开展专业性、行业性的科普人员培训，共同探索科普领域规模化、制度化、系统化、专业化培训。

具体到每一年度的培训项目，其实施流程由实施主体根据实际情况按照基本模式进行个性化创设。比如2019年清华大学继续教育学院组织实施的科普人员培训项目实施流程如图1所示，其培训班的组织管理流程如图2所示。

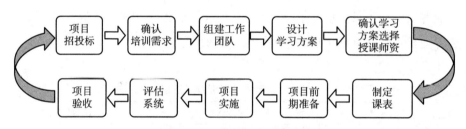

图1　2019年培训设计流程

资料来源：清华大学继续教育学院中央部委和企业培训中心中科协科普部科普人员能力提升系列项目总结报告（2019年12月）。

二是开发"科普人员培训管理系统"，研制《中国科协科普部XX年科普人员培训承办指南》（以下简称《指南》），运用信息化手段和标准化方式实现高效专业化管理与服务。借助培训管理系统建立证书档案制度，所有证书信息均记录在培训管理系统中，成为科普人员成长档案；《指南》作为培训承办工作的指导性文件，对组织管理、课程建设、资料制作与发放、课堂组织、生活服务、学员考核与证书发放、培训承担单位考核、经费报销、工作总结与评价等做统一规定和要求。

三是引入第三方专业监管评估机制，加强"过程管理服务"与效果评价。对一个年度的所有科普人员培训班开展教学设计、报名分班、培训跟

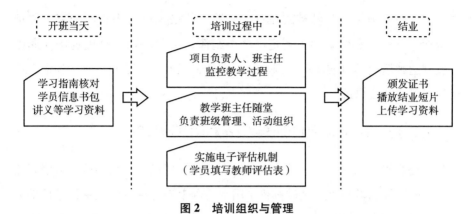

图 2　培训组织与管理

资料来源：清华大学继续教育学院中央部委和企业培训中心中科协科普部科普人员能力提升系列项目总结报告（2019 年 12 月）。

踪、教学评价、学员访谈、结业管理、绩效评价等全流程全方位监管和服务。设计培训班整体评价问卷和课程评价问卷等，邀请学员进行在线实时评价。同时辅助以现场召开学员和培训单位工作人员座谈会、学员结业总结等多种方式从培训条件、课程设置、培训师资、组织管理、承办单位服务能力与积极性等多个维度进行系统评估。

四　强化制度保障和基础条件建设

（一）加强制度建设和学风建设，为培训常态化系统化提供保障

一是制定《中国科协 XX 年科普人员培训工作方案》和《中国科协科普人员培训专题班承办指南》，逐步完善培训管理制度。对组织管理、课程建设、资料制作与发放、课堂组织、生活服务、学员考核与证书发放、培训承担单位考核、经费报销、工作总结与评价等进行统一规定和要求。

二是努力做到"培训纪律严、考核验收严"。各个培训班的班务组织上注重实施标准流程，统一培训手册制定标准，规范工作服务流程。学员服务上，强调关注细节，注意地区生活差异尤其是少数民族学员的需求。把严格

遵守"中央八项规定"精神放在首要位置，严格执行《中央和国家机关培训费管理办法》和培训相关规定，严肃纪律，勤俭施训；对规定培训期限内没有达到培训学时或违反培训纪律要求的，以及培训期间没有达到培训目标的，落实惩戒措施。

（二）探索打造精品培训课程、教材和师资队伍

一是积累了几百门优秀科普人员培训课程，建设了一批科普人员培训教材。这些课程和教材可以通过科普中国平台等渠道开展网络共享，满足学员在线学习的需求。2016年针对科普人员培训缺乏可供使用的配套教材这一突出问题，制定了《科普人才工程系列教材建设方案》，组织创作和编写互联网+科技传播、科普融合创作等核心教材，面向社会征集、评审科普人才建设工程培训教材；为固化课程建设成果，建设了"中国科协科普人员培训管理系统"课程资源库进行培训课件和精品课程的汇集及统一管理使用。

二是整合资源打造一支初具规模的优质教师队伍。教师来源广泛、专业（领域）涵盖宽泛，既有科普工作政策的制定者，也有从事科普相关研究的高校教师及科研人员，还有相关行业技术专家、龙头企业代表、科学传播媒体从业人员以及具有丰富实践经验的科普工作者，很好地满足了培训专题多样化和学员从业范围广泛的需要；师资队伍整体水平较高，包括院士，博士、硕士学位人员占有较大比例。比如，2016年的72名教师中院士2人，硕士、博士学位62人（占八成以上），教授和副教授12人；2017年教师队伍中院士3人，教授、研究员、副教授47人。学员对授课教师的总体满意度均值达90%以上。比如2017年的18个专题班的师资队伍满意度均在90%及以上（其中有7个专题班的师资队伍满意度达到100%），有96位教师的授课满意度在90%以上（其中有16位教师的授课满意度达到100%）。

（三）加强信息管理系统、学习交流平台和实训基地建设

一是建设了"中国科协科普人员培训管理系统"，实现学员报名、管理服务及培训档案记录，汇集培训课件和精品课程，提供各专题班学员手册、学

员优秀培训总结、培训承担单位自评报告及培训证书信息等培训相关资料。

二是初步建立了全国各地各领域科普队伍教育培训平台和学习交流渠道。提供了优质的专业化线上学习平台——"科普中国传播之道—科技传播者在线学习平台"（以下简称"传播之道"）。其作为专门面向科技传播者的在线学习平台，内容资源丰富，具备数目可观的图文、课程及案例资源，建设了多个培训微站，构建了课程资源分享机制，实现了优质教学资源的广泛、高效共享，为因名额所限无法参训的众多科普人员提供了宝贵的学习机会；搭建了线下学习与社交平台，形成了"科普人社交圈"，对推进科普工作逐步向"联合作战"转变具有深远的意义；通过建立学员微信群和QQ 群搭建了线上交流平台，在培训后仍保持着较高的活跃度，学员交流群跨越了地域的限制，成为交流工作经验、探讨实际问题、建立合作关系的重要线上平台，为培训信息发布、课件共享、学员意见调查和沟通交流思想等提供了有力支持。

另外，也建设了一批培训基地，构建了培训管理系统，引领带动社会各方开展科普人员培训。

五　多举措提升培训吸引力和示范引领作用

（一）坚持需求导向，增强课程吸引力和学员获得感

其一，培训主题和课程设置紧扣科普工作重点任务和学员需求，大大提高了培训吸引力和学员满意度。在 2016 年培训中经问卷调查发现，学员对课程内容总体满意度达 95%，约 85% 的受访学员认为专题班课程设置符合其实际工作需要，90% 以上受访学员认为各专题班提供的课程材料对其具有重要意义。经与各专题班学员座谈了解到，多数学员在日常工作中已深感本领恐慌与能力不足，将培训看作"及时雨"和"强心剂"。在 2017 年培训中，202 门课程的综合满意度在 90% 及以上，18 个专题班中有 6 个专题班的内容安排满意度在 95% 及以上，课程内容安排满意度最高为 98%，93% 的学

员认为对职业发展"很重要"或"重要"，各专题班培训对学员职业发展的重要度均在85%及以上，有13个专题班的培训对学员职业发展重要度在90%及以上。在2018年，学员选择专题班的原因排序如图3所示，"专题班主题有吸引力"（87%）位列第一，教师团队和课程安排的吸引力占比也较高，分别是44%、41%，因培训地点、培训承担单位和培训时间有吸引力而选择报名的学员占比较小。

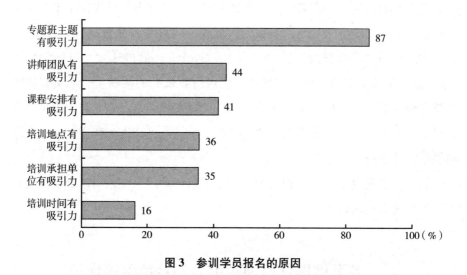

图3 参训学员报名的原因

其二，引入报名与课程的市场竞争机制，将计划分配与学员按需自主择班相结合。各培训班报名引入"赛马"式的竞争机制，虽设有计划人数，但在实际上往往不设报名上限，将需求强烈的科普人才吸引其中。2016年，学员"科普社会动员"专题的需求高于预期，报名人数与计划名额的比值达到1.45：1，而对"科普活动组织策划"、"科普展览策划"和"媒体从业者科学传播"专题的需求低于预期。其中，科普活动组织策划专题班报名人数与计划名额的比值仅为0.48：1，这种按需分班的做法对于精准定位学员需求、提升培训针对性、进一步优化培训项目设计具有重要参考价值。2017年，慕名而来自费听课的各级学员近100人，占学员比例为5%。在班型、主题、课程内容设计过程中，综合考虑新时期科普工作重点任务和基层呼声，精心设计培训主题，贴近科普从业者实际需求，有针对性地设计专题班课程。基本遵从学员意愿按需分班，同时在"市场"中检验各专题的"竞争力"，精准定位学员需求、提升培训针对性，也为进一步优化培训项目设计提供重要参考。

其三，颁发双证，提高了培训班吸引力和学员获得感。培训班在颁发《中国科协科普人员培训证书》的基础上，专门联合人力资源和社会保障部，为学员颁发《国家专业技术人才知识更新工程培训证书》，进一步提升学员获得感，同时也为各单位人员考核、职称评聘、岗位聘任（聘用）提供依据。

（二）多角度拓展培训覆盖面，提升示范引领作用

一是广泛动员，参与主体和学员走向多元化（见表 5）。培训地点已经覆盖十几个省，2021 年专设中西部基层科普人员培训，并要求除承办单位所在省份之外辐射周边不少于 3 个省份的学员；承担单位包括高校、科研院所、文化传媒公司、科技出版社、科技馆、专业培训机构和学会、协会、研究会等；将学员的推荐权分类下放，参训学员工作单位涉及全国学会、地方科协、学校、媒体、科普教育基地、科普创作团队、科普产品研发企事业单位、农村和社区基层科普组织等。基本涵盖了各行业，如文化教育、媒体信息、交通运输、轻工食品、生物医药、石油化工、冶金建筑、水利水电、机械机电等众多与科普息息相关的产业。

表 5　科普人才培训参与主体与培训对象

年份	委托承办单位	培训对象	培训地点
2016	9 家：北京果壳互动科技传媒有限公司、光明网传媒有限公司、南京信息工程大学、科学普及出版社（中国科学技术出版社）、北京师范大学、中国公路学会、浙江大学继续教育学院、北京普众联技术咨询有限责任公司、北京科技报社	包括科普场馆建设与运行人员、科普创作与设计人员、科普活动策划与组织人员、科普新媒体传播人员、科普产业经营人员、科普项目负责人员、科普综合管理人员、科普志愿服务人员、学会科学传播专家、青少年科技辅导人员、社区科普工作者、农村科普工作者等	北京、江苏、浙江

续表

年份	委托承办单位	培训对象	培训地点
2017	15家:光明网传媒有限公司、科普产品国家地方联合工程研究中心、中国自然科学博物馆协会、中国科学技术大学先进技术研究院、江苏省科技干部进修学院、江苏省科学技术馆、中国科学技术馆、中国科技新闻学会、中国科学院计算机网络信息中心、南京信息工程大学、北京普众联科技文化传播有限公司、上海业余科技学院、科幻世界杂志社、浙江大学、长春科学院	参训学员基本涵盖了各行业,工作单位涉及范围较广。科普业务范围包括科普场馆建设与运行、科普创作与设计、科普活动策划与组织、科普新媒体传播、科普产业经营、科普项目管理、科普综合管理、科普志愿服务、学会科学传播专家团队、青少年科技辅导、社区科普工作、农村科普工作等	北京、安徽、上海、浙江、四川、吉林、江苏
2018	8家:北京科普发展中心、上海市业余科技学院、光明网传媒有限公司、中国科学技术大学先进技术研究院、中国产学研合作促进会、重庆科技报、南京信息工程大学、中国科学院计算机网络信息中心	包括全国学会、地方科协、中国科协直属单位及纲要办成员单位和社会相关机构等单位科普骨干人员	北京、上海、安徽、重庆、江苏
2019	1家:清华大学继续教育学院中央部委和企业培训中心	包括科普综合管理人员、科普场馆建设与运行人员、科普创作与设计人员、科普活动策划与组织人员、科普新媒体传播人员、科普产业 经营人员、科普项目负责人员、科学传播专家、科技媒体管理人员等,原则上参加过往年科普人员培训的学员不再参加本年度培训,建议优先推荐新进科普综合管理人员	北京
2020	2家:宁夏品牌研究会、中国科技新闻学会	基层专兼职科普人员、科技媒体从业者	北京、宁夏(银川)
2021	3家:宁夏品牌研究会、山西省科学技术馆、贵州中科天文教育与先进技术研究院	中西部基层科普人员(为扩大培训范围,要求除承办单位所在省份之外,还须辐射周边不少于3个省份的学员)	山西、贵州、宁夏等地区

资料来源:根据历年培训通知信息及培训评估总结资料整理得到。

二是示范带动作用初步显现。以最初的 2016 年为例,据不完全统计,在中国科协的示范引领下有 11 个全国学会、20 个地方科协组织开展了相关科普培训活动。其中，中国核学会为打造一支覆盖全国的专业核科普工作者队伍，举办了"2016 年核科普讲师培训班"，60 人参加培训；广西壮族自治区科协为提高基层工作人员的科普业务水平，举办了"2016 年社区科普工作培训班"等，130 人参加培训。

（三）突出科普短板和重点人群，学员选调倾向基层一线

至 2018 年，来自市、县两级科协的参训学员占比均为 22%，省级科协占比为 14%，来自中国科协和全国学会的学员占比较小（见图 4）。地级及以下基层科协单位学员近 1400 人，约占参训学员总数的七成；地方政府机构 24 人；高校及科研机构 89 人；科普类场馆 34 人；社区 25 人；相关企事业单位 202 人。

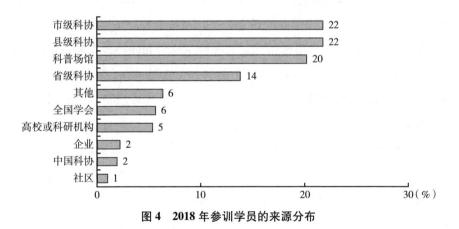

图 4　2018 年参训学员的来源分布

如图 5 所示，2018 年参训学员的主管工作类型占比位列前三的分别是科普综合管理（33%）、科普活动策划与组织（21%）、科普新媒体传播（12%）。

（四）加强调研与评价，强化绩效评估

一是通过培训现场走访、座谈会交流、深度访谈、问卷调查等多种方式进行调研，广泛收集不同层面相关人士对培训的意见建议，作为遴选师资、

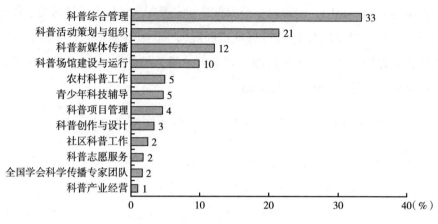

图5 2018年参训学员主管科普工作类型

打造精品课程、创新培训模式、提升培训效果的重要基础；二是设立专项课题进行科普人员培训工作的专门研究，进行系统规划和顶层设计；三是面向全体学员设计针对专题班整体情况、教师教学能力和课程设置等设计测评指标体系，开展问卷调查，由学员在线实时评价；四是遴选专业机构（见表6）开展项目总结评估和绩效评价。通过市场机制遴选专业机构负责培训的全程管理服务与评估工作，根据全程跟班所掌握的情况，综合分析学员与承担单位的反馈意见，结合学员网上评课、评教等情况，撰写《跟班评价报告》《学员评教报告》《课程分析报告》，进一步对年度培训工作进行全面梳理，撰写年度科普人员培训项目绩效评价报告，从培训条件、课程设置、培训师资、组织管理、承办单位服务能力与积极性等多个方面进行综合评价，总结经验与问题，及时与各承办单位进行分享，提出创新发展的合理化建议。

表6 科普人才培训参与主体与培训对象

年份	项目名称	评估与管理单位
2016	中国科协2016年科普人员培训班	中国科协培训和人才服务中心
2017	中国科协2017年科普人员培训	中国科协培训和人才服务中心
2018	中国科协2018年科普人员培训	中国科协培训和人才服务中心
2019	中国科协2019年科普人员培训	无

年份	项目名称	评估与管理单位
2020	中国科协 2020 年科普人员培训	中国科协培训和人才服务中心
2021	中西部基层科普人员培训	北京科技报社

资料来源：根据历年培训通知信息及培训评估总结资料整理得到。

六 基于 CIPP 评价的典型培训案例调查

就我国科普人才整体培训情况而言，尤其是面向西部基层科普人员的培训更是欠缺，更加集中体现了我国科普人员培训工作中急需解决的突出问题。因此本报告面向西部选择了宁夏基层科普人才培训班作为典型案例对其培训模式进行深入的评价研究。

（一）CIPP 评价理论阐释

CIPP 评价理论是在对泰勒的目标评价理论进行反思的基础上，由美国学者斯塔弗尔比姆（Stufflebeam）在 1965 年提出的。斯塔弗尔比姆指出，在教育中开展的各项活动都需要广义的评价，评价过程不仅需要关注目标的达成情况，更要能够实现方案的完善，同时进行有效管理。[1] 他认为，进行评价最根本的目的即给予教育管理者、方案的主持人以及各位老师提供有效的信息，由此能够实现有效改进。[2] CIPP 评价的要点可以概括为三个方面：第一，评价对怎样进行决策给予一定的指导，在核定教学效能的过程中进行记录，并促进对评价现象的熟知度。第二，评价的对象并非事件，而是一个过程，在这一过程中存在划定（Delineating）、获取（Obtaining）、报告

---

[1] Stufflebeam, D. L., "The Relevance of the CIPP Evaluation Model for Educational Accountability," *Journal of Research and Development in Education* 5 (1971): pp. 19-25.

[2] Madaus, G. F., Scriven, M., Stufflebeam, D. L., *Evaluation Models: Viewpoints on Educational and Human Services Evaluation* (*Evaluation in Education and Human Services*, 49) 2nd Edition (Dordrecht: Kluwer Academic Publishers, 2000), p. 280.

（Reporting）、应用（Applying）四个环节，相互联系，循环往复。第三，不管是叙述性的，还是判断性的信息，全部可以在教育评价中使用，最终目标是能够促进评价对象的不断进步。① 由此，教育活动可以从目标、设计、实施、影响四个方面进行评估，分别表述为背景评价（Context Evaluation）、输入评价（Input Evaluation）、过程评价（Process Evaluation）、结果评价（Product Evaluation）。

背景评价主要是对实践环境中的各种需求、存在的问题、具备的资源以及拥有的机遇进行评定。② 主要包含五个方面：第一，对活动实施的背景进行描述；第二，对活动受益者的需求进行界定；第三，搞清楚在实现所需过程中的各种问题以及阻碍；第四，对现有资源和机遇进行判定；第五，对于行动目标的清晰度和切实性进行判断。进行背景评价的基本方向就是对方案制定的目标和其真正发挥的影响之间的差距进行确定，从根本上来说，这是一种诊断性评价。

输入评价以背景评价为前提，即评价实现目标需要的种种条件以及资源，也对各个预选方案存在的优势进行评价。③ 这种评价的本质即判定实施方案是不是可行、是不是有效。主要确定七个方面的问题：第一，通过怎样的计划、步骤以及预算来实现目标要求？第二，有哪些备选的方案？第三，确定该方案的原因是什么？第四，方案选择是否合理、合法，是否符合社会伦理？第五，实现目标的可能性有多大？第六，资源投入是否满足需求？第七，人员安排是否合理？输入评价的最终目的是帮助决策者对不同的方案进行综合考量，选择出部分可以运用的方案，最终得到最优的方案。

---

① 肖远军：《CIPP 教育评价模式探析》，《教育科学》2003 年第 3 期，第 42~45 页。
② Zhang, G., Zeller, N., Griffith, R. et al., "Using the Context, Input, Process, and Product Evaluation Model（CIPP）as a Comprehensive Framework to Guide the Planning, Implementation, and Assessment of Service - learning Programs," Journal of Higher Education Outreach & Engagement 4（2011）: pp. 57-84.
③ Zhang, G, Zeller, N., Griffith, R. et al., "Using the Context, Input, Process, and Product Evaluation Model（CIPP）as a Comprehensive Framework to Guide the Planning, Implementation, and Assessment of Service - learning Programs," Journal of Higher Education Outreach & Engagement 4（2011）: pp. 57-84.

过程评价是在方案的执行中进行实时监控,给予方案的制定人员、管理工作者以及执行工作者及时的信息反馈。[①] 由此让其了解方案执行过程中,是不是按照之前的计划开展?是不是充分利用了能够使用的资源?有无潜在问题?从整体上对方案执行过程做价值判断。这一过程主要解决三个问题:第一,了解方案执行的具体步骤如何?第二,确定方案和其具体的执行是不是需要进行整改,怎样整改?第三,对整个执行过程进行记录,对过程进行描述。总而言之,这一评价注重对执行过程的完善,是一种形成性评价。

结果评价主要是对实践成效的考察,对方案达到的成就进行评判、做出解释,对目标的达成度进行确认。[②] 主要回答三个问题:第一,达成了什么样的成就?第二,参与者如何看待这些成就?第三,多大程度满足了服务对象的需求?从根本上而言,这一过程属于终结性评价范畴。

经过几十年的发展和完善,CIPP 评价正在被广泛应用于教育教学、课程实施、教育培训等多个领域和场景,该模型灵活、全面,强调形成性评价和诊断性评价,能够为各种教育教学项目的不断完善提供有力保障,[③] 可以为我国科普人才培训模式的改进和发展提供有效参照。

（二）基于 CIPP 评价的典型培训调查指标框架

本研究主要借鉴国内外已有相关研究成果,按照 CIPP 的评价体系,综合培训过程的目标、过程、情境的要求,在系统分析培训目标和内容基础上,建构科普人才培训模式的评价标准体系。

---

① Zhang, G., Zeller, N., Griffith, R. et al., "Using the Context, Input, Process, and Product Evaluation Model (CIPP) as a Comprehensive Framework to Guide the Planning, Implementation, and Assessment of Service - learning Programs," Journal of Higher Education Outreach & Engagement 4 (2011): pp. 57-84.

② Zhang, G., Zeller, N., Griffith, R. et al., "Using the Context, Input, Process, and Product Evaluation Model (CIPP) as a Comprehensive Framework to Guide the Planning, Implementation, and Assessment of Service - learning Programs," Journal of Higher Education Outreach & Engagement 4 (2011): pp. 57-84.

③ Sopha, S., Nanni, A., "The CIPP Model: Applications in Language Program Evaluation," Journal of Asia TEFL 4 (2019): pp. 1360-1367.

1. 指标体系建构

按照 CIPP 理论,将评价内容分为四个部分,背景评价、输入评价、过程评价和结果评价。背景评价是对培训本身进行的合理性判断,分析整个培训活动是否满足社会需求和学员需要,包括方案设计和需求匹配两个方面;其中方案设计方面选取了"目标合理性"和"内容适应性"作为观测点,需求匹配选取了"培训供给"和"培训需求"作为观测点。输入评价是通过充分了解各方面的实际情况和具体条件,对培训方案的合理性、可行性、适用性进行评价,包括教学内容、教学水平两个方面;其中教学内容选取了"内容针对性"和"内容新颖性"两个观测点,教学水平选取了"语言表达能力""授课启发能力""兴趣激发能力"三个观测点。过程评价是对培训方案实施情况的监督和检查,目的在于对教育方案的实施过程进行形成性评价,包括教学情况和互动情况两个方面;其中教学情况选取了"过程体验"和"学习材料"两个观测点,互动情况选取了"资源共享"和"师生互动"两个观测点。结果评价是对培训实施成果进行评价,包括实践应用性和培训满意度两个方面;其中实践应用性选取了"对实践的指导性"和"对职业认同感的影响"两个观测点,培训满意度则是对学员参与培训后的整体满意情况进行检测(见表7)。总体来看,虽然选取的指标和观测点并不能涵盖培训的全部内容,但是具有一定的典型性,能够对现实情况和具体问题做出比较清晰的判断。

表7 科普人才培训评价指标体系

维度	指标	观测点
背景评价	方案设计	目标合理性
		内容适应性
	需求匹配	培训供给
		培训需求
输入评价	教学内容	内容针对性
		内容新颖性
	教学水平	语言表达能力
		授课启发能力
		兴趣激发能力

维度	指标	观测点
过程评价	教学情况	学习感受
		学习材料
	互动情况	资源共享
		师生互动
结果评价	实践应用性	对实践的指导性
		对职业的认同感影响
	培训满意度	整体满意度

2. 样本选取

本研究选取某次科普人才培训班 150 名学员进行问卷调查，发放问卷 150 份，回收问卷 148 份，回收率 98.67%。调查对象包括科普综合管理人员、科普场馆建设与运行人员、科普活动策划与组织人员、科普项目负责人员、科技志愿服务骨干、科普信息员、少数民族科普工作队、社区科普人员、企业科普人员、高校科普人员等人才类型。所调查对象男女比例持平，年龄基本呈正态分布，工作年限一般为 10 年以内，其中 4 年以下新任科普人员占绝大多数（71.62%），具有本科以上学历学员比重占到 2/3。人员结构与当前我国科普人员整体情况基本一致（见表 8）。

表 8 科普人才培训评价调查样本统计

项目	类别	数量（人）	所占比例（%）
性别	男性	75	50.68
	女性	73	49.32
年龄	25 周岁以下	16	10.81
	25~34 周岁（含）	43	29.05
	35~44 周岁（含）	27	18.24
	45~54 周岁（含）	51	34.46
	55 周岁及以上	11	7.43
工作年限	4 年以下	106	71.62
	4~10 年（含）	22	14.86
	11~20 年（含）	8	5.41
	20 年以上	12	8.11

项目	类别	数量(人)	所占比例(%)
学历	专科及以下	48	32.43
	本科	96	64.86
	研究生	4	2.70
人才类型	科普综合管理人员、科普场馆建设与运行人员、科普活动策划与组织人员、科普项目负责人员、科技志愿服务骨干、科普信息员、少数民族科普工作队、社区科普人员、企业科普人员、高校科普人员等		

3. 问卷信效度检验

问卷中包含背景评价、输入评价、过程评价和结果评价 4 个维度，共 16 个评分题目，使用 SPSS21.0 对其分别进行信度（见表 9）和效度（见表 10）检验。由表 9 可知，问卷整体的 Cronbach α 系数为 0.838>0.8。其中 4 各维度的系数为 0.719~0.992，均大于 0.7，表明该问卷信度良好。

表 9　信度检验结果

单位：个

检验项目	背景评价	输入评价	过程评价	结果评价	总问卷
指标个数	4	5	4	3	16
α 信度系数	0.719	0.992	0.741	0.814	0.838

由表 10 可知，巴特利特球形检验结果为 3346.387，KMO 值为 0.855>0.7，并且通过了显著性水平为 0.000 的巴特利特球形检验，说明文件的结构效度良好。

表 10　KMO 和 Bartlett 检验结果

KMO 取样适切性量数		0.855
Bartlett 球形度检验	近似卡方	3346.387
	自由度	147
	显著性	0.000

（三）CIPP 实证评价结果分析

通过对调研数据进行描述性统计分析，可以得出当前我国科普人才培训情况的现状以及各个维度的状况，在此基础上对科普人才培训的问题进行分析。

1. 背景评价

对科普人才培训的背景评价主要从目标合理性、内容适应性、培训需求、培训供给四个方面进行调查。在目标设计方面，97.29%的学员认为本次培训目标明确具体、切实可行，其中69.59%的学员在该项目给予了5分的最高评价；在培训内容设计方面，97.97%的学员们认为本次培训内容能达到可理解、可接受的水平，其中64.19%的学员给予了5分的最高评价；从培训需求来看，有95.95%的学员认为本次培训及后续相关实践是个人未来发展的重要组成部分，5分评价的学员比例为60.81%。由此可见，本次培训的目标设定、学习内容安排等方面基本适应了科普人才的需求，受到广大科普工作者的广泛欢迎。与之形成鲜明对照的是，培训供给的评分仅为3.72分，明显要低于前面的三项内容，说明当前对于科普人才培训明显存在供给不足问题（见图6）。

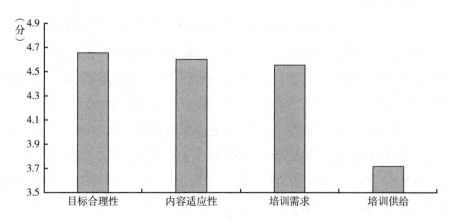

图 6　科普人才培训背景评价分数

从调查中了解到，学员中有超过 72.3% 的学员在本次培训之前参与少于 1 次的培训，相当一部分科普工作者在数年之内都没有机会参加培训，有些学员表示："参加工作十年来，从没有参与过这样的培训"。在问及获取本次培训机会的渠道的时候，有超过一半的学员需要通过层层选拔或者主动争取才能得到这样的培训机会，应该说对科普人才的培训在目前仍然属于"稀缺资源"（见图 7）。

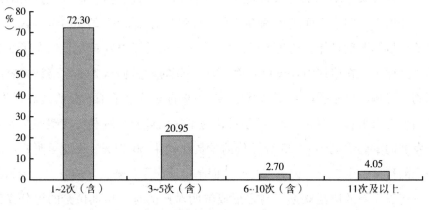

图 7　科普人才培训次数统计

2. 输入评价

对科普人才培训的输入评价主要从培训内容针对性、培训内容新颖性、教师语言表达能力、教师授课启发能力、教师兴趣激发能力五个方面进行分析。总体来看，学员普遍对于教学内容的选择以及教师教学能力给予很高评价，超过 80% 的学员都给予了 5 分的最高评价，说明在教学过程中重难点明确、内容新颖、表达能力强、授课具有启发性能够激发学员兴趣。其中学员对于授课教师表达能力和授课内容的新颖性这两个方面的认可度最高，而对于教育教学过程当中对于内容针对性、授课的启发性以及对于学员兴趣的激发方面的评分略低（见图 8）。

从学员对教学方式的偏好调查中可以发现，有 81.08% 的学员希望通过现场体验的方式来进行学习，有 70.95% 的学员希望通过案例进行学习。而

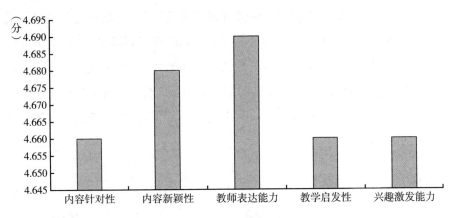

图8 科普人才培训输入评价分数统计

在培训过程中，培训教师主要是以课堂讲授为主，并没有适应学员的学习偏好，这是造成教学针对性、教学启发性、兴趣激发三个方面分数偏低的主要原因（见图9）。

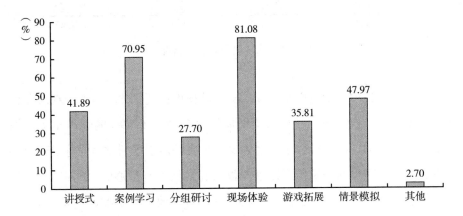

图9 科普人才培训学员学习方式偏好

3. 过程评价

过程评价主要从学习感受、学习材料、资源共享、师生互动四个方面的内容展开。在"学习感受"上，学员都给出了比较高的评价，有56.08%的学员给出了5分的最高评价，有40.54%的学员给出了4分的评价，他们纷纷表示："非常享受培训过程，感觉时间过得很快"。在培训过程中，学员对于培训班的资源共享情况、资料提供情况的满意度同样比较高，5分好评率分别为58.11%和58.78%。评分最低的是互动环节，平均分仅为3.75分，有6.08%的学员给出1分，7.43%的学员给出了2分的低分，他们在整个过程中没有参与互动，或者只参与一两次的互动，仅有29.73%的学员评分为5分（见图10）。

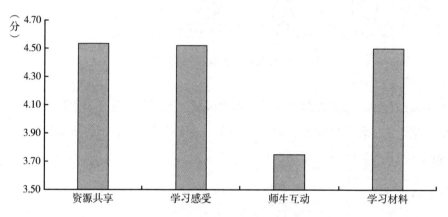

图10　科普人才培训满意度情况统计

在培训过程中，学员们参与互动交流的积极性还是比较高的，在对课程改进的调查中，有52%的学员希望增加师生互动，36.49%的学员希望增加学员之间的互动。培训过程中互动偏少，主要是由于培训过程偏重于理论讲授有关，过于密集的知识传授让培训教师和学员没有足够的时间进行交流。因此学员们更希望能够体验现实情境，有针对性地进行学习，有58.11%的学员希望能够提升课程的实践性，有71.62%的学员希望增加工作现场考察（见图11）。

4. 结果评价

结果评价主要从对实践的指导性、对职业的认同感影响、整体满意度三个方面进行评价。从培训结果来看，学员们对于培训的整体满意度还是比较高的，有72.97%的学员在该项目上给出了5分的最高评价，有

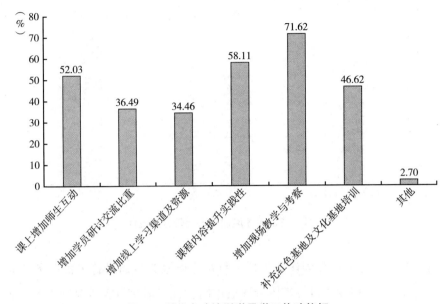

图11　科普人才培训学员学习体验偏好

24.32%的学员给出了 4 分的评价，他们普遍对本次培训非常满意，认为绝大部分培训内容和授课老师都很好。在对职业认同感的提升方面，学员们也都给出了较高的分数，其中给出 5 分的学员比例为 62.84%，给出 4 分的学员比例为 35.14%，说明本次培训有效地加深了学员对科普工作的理解，提升了他们的职业认同感。相比较而言，培训对实践的指导性方面的评价相对较低，有 57.43%的学员打出 5 分，37.84%的学员打出 4 分，说明培训在与实际工作切合，满足科普人才岗位要求方面仍然需要进一步加强（见图 12）。

对实践指导性偏低的原因，主要是培训内容并没有完全对应学员的培训需求。在对"期待培训获得哪些方面的内容"进行调查时，排名前三位的需求是"弥补专业知识缺口，提升理论水平"（83.11%）；"掌握科普工作实践的新理念、新思路及新方法"（77.7%）以及"提升业务能力，有助于解决工作中的实际问题"（77.03%）。而本次培训分别开设了学习贯彻党的十九届五中全会精神，建设创新型国家的几点思考、应急科普与国家治理能

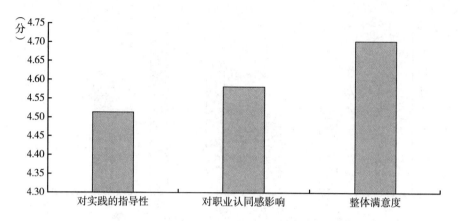

图12　科普人才培训结果评价分数统计

力现代化、融媒体科普创作与传播、科技志愿服务打通科普为民服务"最后一公里"、如何发挥科技馆体系阵地作用、科普理念与实践双升级等几个专题，虽然基本涵盖了学员们的培训需求，但是整体内容过于宏观，对于学员日常工作当中的具体需求关注不足（见图13）。

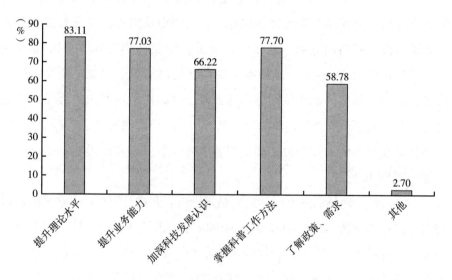

图13　科普人才培训学员学习效果情况统计

七　现存问题及对策建议

综上所述，我国科普人才培训实践经过了多年发展，积累了重要基础和宝贵经验，但整体来看供给与需求之间依然存在较大差距。即使是具有核心统领地位的中国科协培训项目也存在较多问题，虽然在问卷调查评估中学员普遍给予较高评价，但这也许与培训机会较少有关，因此需在现有基础上不断改进和完善，大力促进其核心引领作用的发挥，为我国科普人才队伍建设提供强有力保障。

（一）现存问题

1. 培训供给不足

通过背景评价可以发现，学员参与培训的机会相对较少，特别是地方科协表现出了强烈的培训欲望，培训名额成为"稀缺资源"，现有培训规模远不能满足学员旺盛的培训需求，也无法实现《中国科协科普发展规划（2016—2020 年）》提出的"所有骨干科普人员每年轮训一次"的任务要求。与其他领域从业人员继续教育相比，培训制度、课程标准体系等亟须常态化、制度化，课程资源还不丰富，师资队伍规模和能力还不足以支撑大规模培训，教材建设刚刚起步，培训基地建设机制不完善。很多参训学员反映身在科协系统多年甚至十余年，但参加中国科协直接组织的全方位科普培训尚属首次。

2. 缺乏完善的科普人才培训标准体系和稳定的培训工作体系机制

虽然科普人员培训工作在一定程度上正在走向规范化，但国家和科普人才管理部门在顶层制度制定时，并没有明晰科普人才培养规格要求，科普人员的职业标准、能力体系都没有明确完整地建立起来，针对科普人员的大量培训自然缺少了指挥棒，很难达到良好效果；在实践中培训主体较分散，散见于各级科协、学会（或行业协会）、社会机构和企业等，因此资源不能整合利用，造成了重复培训和资源浪费现象；缺乏顶层设计与统一指导，在培训方案的系统性规划设计、精品课程开发、实施模式创新、师资队伍建设和保障服务、考核评价等的专业化水平都有待提高；培训管理队伍建设还需要加强，有些环节不够规范，截至目前基本没有将科普人员参加培训学习的考核结果、鉴定意见直接与其年度考核、职称晋升和工资提升挂钩，也没有建立培训后发展的跟踪管理制度。培训学员派出单位或主管单位与培训机构之间缺乏有效对接和沟通机制，不能很好地将培训结果反馈到学员的派出单位。

3. 相关研究薄弱，缺乏问题挖掘、岗位需求分析和理念创新

其一，相关研究非常少，内容有待深化，与其他相关学科的融通性不够，总体上相关理论体系无法对培训实践提供有效支撑；其二，根据中国科协历年来科普人员培训方案、总结资料和实践跟踪调查发现，我国科普人员培训工作处于不断探索改革阶段，更多是通过实践经验对未来发展方向进行判断，比如通过学员、教师反馈信息进行调整，而从实践中寻找规律的深入研究不够，缺乏从理论视角对科普人员培训规律及问题的研究论证；其三，科普岗位分析、分类需求调研及培训问题挖掘不足，致使对于复杂多样、个性化强的科普主体及科普岗位培训针对性不强、效果大打折扣；其四，对国家、区域或地方科普工作推进中的人才问题缺乏针对性强的深入调查研究，不能找准制约科普发展中的人才和培训方面的关键问题。因此，也就不可能从问题产生的根源和不同对象的需求出发来设计培训主题、关键内容和更加行之有效的培训模式。

4. 培训内容及方式有待优化，与科普职业发展需求契合度低

其一，针对具体培训班次的培训内容及培训手段等的设计，缺乏对特定科普岗位的职业素养、职业能力和特定科普人群的个性特点、需求的深入分析及对标；其二，培训内容存在严重失衡现象，整体上更多是针对科普知识理论、基本方法技能等方面，而对科普职业道德、新的科普理念方面的培训十分缺乏，同时关于科技史、科技前沿、科技与社会的关系方面的培训内容也有待提升；其三，综合多次培训的学员反馈意见可以总结出，整体理论讲授较多，现场教学较为单一，实际操作、实地观摩、分享经验和交流心得较少，不能很好地将培训内容与工作实际紧密结合，不能很好适应学员的学习特征和现实需求，很难达到知行合一的效果，参训学员也提出了强烈的现场教学与实践操作愿望。

5. 思想政治教育和价值观念引领虽崭露头角，但还需持续加强

科普人才作为人才、科技人才的群体类别之一，理应具备较高的爱党、爱国、爱人民的政治素质，同时由于其所从事的岗位的特殊性还要具备更高的科学文化素质以及高尚的科学道德、职业道德和价值观念。《科学素质新纲要》提出，我国进入高质量发展阶段，科技与政治、文化等深入协同，需要科学素质建设担当更加重要的使命，彰显价值引领作用。同时，"突出科学精神引领"作为四个"原则"之一，要求践行社会主义核心价值观，弘扬科学精神和科学家精神，传递科学的思想观念和行为方式，加强理性质疑、勇于创新、求真务实、包容失败的创新文化建设。但长期以来的科普人员培训对思想政治教育和价值观念引领有所忽视，对科普的文化功能关注不够。关于红色教育和科学道德、职业道德方面的培训十分缺乏，培训内容很少涉及科普情感、态度、价值观等文化观念层面，科学精神、工匠精神、科学理性等方面的培育不足。

（二）对策建议

对标新时代科普人才突出问题、国家重大创新发展战略和《全民科学素质行动规划纲要（2021—2035 年）》提出的新要求，提出科普人员培训工作创新发展的策略包括五个方面。

1. 建立科普人员培训保障体系和培训标准体系，提升引领与指导作用

一是在政策层面构建明晰规范的科普人员规格体系和相关的职业等级证书制度。贯彻落实我国人才分类评价改革精神，对科普从业人员按照岗位特点进行系统科学分类，分析挖掘不同岗位类别对科普人员素养和能力等的需求特点，对其进行职业标准研究，确立职业资格体系，完善人才结构标准；明确对不同类型和层次科普人员培训的支持办法，引导和激励科普人员参加培训学习；推进与人社部合作，共同研究构建科普人员继续教育体制机制，

分类推进科普人才培训标准体系的建立，制定科普人员培训班学员管理办法，建立班委会和临时党支部制度，构建标准化科普人才培训模式。

二是将科普人员培训纳入相关部门科普工作计划和对相关部门工作的考核指标，提高科普人才队伍建设在工作中的定位。设立财政预算专项资金，支持扩大科普人员培训规模和培训基地建设等，根据科普人员培训层级、难度、耗材需求量、时间长度等分层次、分类别制定科学的经费补助标准；将科普人才培训与科普人才的职业发展紧密联系，与其本人的职称晋升相联系，建立学员考核机制，考核结果反馈给学员推荐单位，作为考核评价学员工作的参考。

三是健全法律政策，为科普人员培训工作走向制度化常态化提供保障。政府应发挥主导作用，修订原有科普相关法律政策，补充完善科普人员培训方面内容，同时加快推进各级科普相关部门（如各级科协组织、纲要办成员单位等）以条例、办法等形式明确科普人员培训的责任，激励高校、科研机构、企业、科学共同体、社会组织等的科普责任，为科普人员培训提供必要支撑。

四是编制专门的科普人员培训规划计划。第一，定期研究经济社会发展、产业结构调整等对科普人员职业、数量、层次等方面的需求，明确特定发展时期科普培训的方向、策略、重要行动等，牵动政府部门和社会人才机构推进相关培训工作。第二，推动将科普人员培训工作纳入人力资源开发、促进就业和推动经济社会发展的总体规划，制定科普人员培训发展专项中长期规划，突出前瞻性、引导性，明确发展方向。第三，制定近期计划规划，突出可操作性，设定科普人员培训的时间表、路线图、重点举措和支持政策等。

2. 加强顶层设计与指导，构建常态化规范化科普人员培训工作的体系机制

一是确立科普人员培训主体及其体系机制的架构。以中国科协为统领，发挥好中央橱窗作用，整合提供各类资源，进行统领和规范服务；充分发挥好专业学会（协会、研究会）的各方面优势〔如专业（行业）发展引领优势、专业人才聚集优势等〕，将不同类别科普人才对应不同专业学会（协会、研究会）类别，进行对口分工培训（见表 8）；与全国学会、地方科协联合开办培训班，根据学会或地方科普工作重点，中国科协指导公共课程设置并派出师资；与各部委、纲要办成员单位联合开办科普人员培训班，根据各行业科普工作重点，中国科协指导公共课程设置并派出师资，由各部委负责培训实施和条件保障；培训费用采取"众筹"方式，中国科协承担培训课程、师资、场地等费用，派员单位负责学员的住宿费用，对于部分西部、贫困地区学员，食宿费用仍由中国科协承担；建立培训预告制度，实施"菜单化"选学，培训班课程安排等提前发布，鼓励有需要但未列入培训名单的科普人员自主学习；加强学员日常交流，以培训基地为依托，通过座谈、沙龙等形式加强科普人员工作协同，促进培训效果长效化。

表 8 科普领域重要学会及联盟、基地名录

学会或联盟类别	学会名称	适宜培训科普人员群体
综合性学会	1. 中国科学传播学会（一级为中国自然辩证法研究会） 2. 科技传播专业委员会（一级为中国科技新闻学会） 3. 科学普及与教育委员会（一级为科学学与科技政策研究会）	科普研究人才及其他各类科普人才
专业性学会	1. 中国青少年科技辅导员协会	科技辅导员
	2. 中国自然科学博物馆协会	科普场馆人才
	3. 中国科普创作协会	科普创作人才
	4. 中国科技新闻学会	科普媒体从业者
	5. 中国科普期刊研究会	科普媒体从业者
	6. 科普产业研究会	科普产业人才
	7. 农村专业技术协会	农村科普人才
	8. 科技志愿者协会	科普志愿者
联盟类	1. 中国科普产学研创新联盟	各类科普人才
	2. 中科院科学教育联盟	科学教育人才
	3. 科普资源联盟（科普产业子联盟）	科普产业人才
	4. 科普产业创新联盟	科普产业人才
	5. 科学节联盟	科普活动策划者

二是将培训与科普人员的职业发展紧密联系，整合资源，完善资源生成机制，构建培训课程和师资库体系。譬如针对课程资源的开发，驱动高层次科普人才、一线优秀科普人才、科普管理人才各自发挥专长参与培训设计、培训实施和培训评价，进而形成针对性强、品质精良的培训课程资源，进一步在充分的实践调整之后形成较稳定的培训课程体系。

三是建立健全科普人员资源共享平台和信息网络体系，为科普人员培训提供支撑。以既有全国科普人员培训管理系统为核心平台实现资源共享，建设省域、市域、县域科普人员信息数据库、国内外科普实践专家信息库、青年科普人才信息库和急需紧缺科普人才目录编制；基于深入调研和常态化调研，建立科普工作问题库和科普人员需求库，动态发布问题及需求信息，提高科普人员培训工作的针对性和实效性。

3. 提升培训设计理念，创新科普人员培训内容及模式

一是把握并遵循成人学习心理特点，灵活设计科普人员培训模式。根据成人具有自我导向观念特点，重视课程的可选性和丰富性，方便学员自主选学；根据成人具有丰富经验的特点，重视学员互动环节的设计，以挖掘利用其已有经验；根据成人学习与发展任务改变密切相关的特点，应基于学员角色适应和改变设计研修任务，驱动学员研修；根据成人关注解决实际问题的特点，强调学后即用，关注科普实践情境创设，更加关注参观考察、跟岗研修，便于学员在"知—行—知"中演进发展；根据成人学习动机多来自个体内在力量的特点，须借助需求调研做到按需施训。

二是把握时代脉搏和需求，进行科普人员培训的模式创新。紧密围绕"十四五"时期国家发展战略的新理念和新纲要提出的新要求，对科普人员培训的重点对象、目标和内容等进行调整。比如，"送培到基层"，科普人才的职业培训、岗前培训，理想信念和职业精神宣传教育以及针对产业工人科学素质提升的科普人才培养培训，都将作为面向未来的重点方向；以人才分类评价改革精神为指导，以德为先对科普人员培训目标、内容、模式等进行分类分层设计；充分利用传播之道，精选部分线上课程计入总时长，线上学习和线下学习相结合以满足时长要求，缓解学员过大的培训压力；探索开

展培训直播，扩大培训受益面。

三是以实际问题、需求和效果为导向，设计丰富多样的培训手段及方式。直面学员困惑和需求，根据不同培训内容及目标，按照效率原则，组织专题讲座、研修考察、研讨交流、经验分享、实践反思等不同类型的活动，激发科普人员参加培训的积极性，提升其获得感；把跨学科、跨国境发展战略作为科普发展的新的增长点，构建有效的跨学科（比如教育学、心理学、社会学等）、跨国境交流平台，更好地为科普人员培训实践服务；注重增加"互动式""现场式"培训，强调增加双向交流。

4. 加强相关研究，为培训实践提供更好理论指导

一是引入交叉学科研究理念及视角，加强科普人员培训的基础理论研究。科普（或科技传播、科学传播）本身就涵盖了多学科、多领域的知识体系，科普服务能力涉及多种素养能力的交叉与综合，兼具复杂的教育学、心理学、传播学相关知识、方法及理念，之间存在哪些内外部联系、遵循怎样的发展规律，都是需要进一步探索和亟待解决的问题，也是指导实践的基础。

二是与培训项目相结合，强化培训实际效果提升策略研究。除了常规科普人员培训的跟班考察和听取反馈意见之外，设立研究专题，深入具体培训班次和科普工作一线，对科普人员培训的具体特征、问题和需求进行系统研究和深入分析，挖掘背后影响因素；引入新的研究视角，重视国际比较和经验引介研究，最终综合分析，提出培训效果提升策略。

5. 实施新时代科普人员培训重点工程

一是科普人员思想政治引领工程。围绕科普的特色文化功能和价值引领功能，加强"科普思政共同体"建设。以德为先，大力加强思想政治引领和价值观念引领与业务能力提升的融合发展；在传统科普人员培训的科普知识理论、科普方法技能及科普政策等方面内容中巧妙植入国家意识形态、中国传统文化以及职业道德等方面的内容，更多融入科学思想、科学精神、科学文化、创新文化等方面内容；将科普人员培训纳入科协党校平台，持续开发提供科普人员思想政治教育和价值观念引领的精品课程，提升其政治素养和科学道德、科普职业道德水平；重点面向科普自媒体人员（如科普大V等）和科普管理干部开展思想政治教育和科学道德教育，确保科普管理、科普内容把关、科普人才引领的正确政治方向。

二是科普人员培训基地建设工程。注重建立多元目标的多样化科普人员教育培训基地，包括政治引领、价值引领的红色教育基地，专业水平、业务能力提升的实训基地，展示科技发展历史及前沿、科技与社会互动关系的科技基地。将三者融为一体，共同促进科普人才政治思想、价值理念、科普能力和科学素养等总体水平的提升。关于红色教育基地，与全国各级各类党政领导干部培训的红色基地合作，将党的理论教育、党性教育融入科普培训之中，使得科学元素、党的理论元素有机结合；关于实训基地，面向全国各地选拔典型科普工作案例，将科普典型案例发源地作为实训基地（动态性较强），将理论教学与科普业务实训、实际经验交流紧密结合；关于科技基地，除了科技类不同学科（领域）代表性学会之外，遴选国家重点实验室、高新技术开发区、高新技术企业、重点理工科院校，作为科技基地，通过参观、考察等方式使科普人员了解科技发展史、科技前沿，以及科技与社会的互动关系等。

三是科普人员培训师资及教材建设工程。基于科普人员培训标准体系架构，在把好政治关的前提下，分类分层遴选专家，建立科普人员培训师资库；本着科普本身的跨学科特点为科普人员构建跨学科（比如教育学、心理学、社会学、理工农医等）的研讨交流与合作平台；加强培训师资能力建设，定期对科普人员培训师资进行培训；加强科普人员培训教材建设。在构建科普人员培训课程标准体系基础上，打造一批重点教材，包括科普道德与思政、科普基础理论、科普实践方法、前沿科普理念、国际创新经验、科普的交叉学科理念与方法、典型案例分析等。

四是企业家科普能力提升培训工程。开展企业家价值引领研修与培训活动，提升其科普意识和科普观念。弘扬企业家精神、劳模精神、劳动精神，引导其在爱国、创新、诚信、社会责任和国际视野等方面不断提升，做创新发展的探索者、组织者、引领者和提升产业工人科学素质的推动者；开展企业家工匠精神，创新精神、科学理性等方面的培养活动，提高企业家自身科学素质，激发企业家提升产业工人科学素质的示范引领作用；加强企业家科普基本概念、理论、理念培训和技术技能传播推广的内容、渠道及方式方法等方面的培训，为其为产业工人科学素质提升行动做贡献奠定重要基础。

专题报告
Special Reports

B.5
发达地区对口支援科普能力建设的
现状与问题

莫 扬 蔡金铭 王晓琪*

摘 要： 近年来，中国科协及国家相关部门出台了一系列关于鼓励发达地区对口支援欠发达地区科普能力建设的政策，中国科学院大学课题组就经济发达地区对口支援公民科学素质薄弱地区科普服务能力建设推进现状进行调研，分析主要成就与经验及存在的问题，并提出几点建议，主要包括：加强对口支援科普能力建设的政策引导及统筹组织与沟通联络机制建设，加强经费保障，由中国科协牵头加强对口支援工作评价及激励机制建设，加强对口科普人才培养、科普信息化资源援助。

关键词： 对口支援 科普能力

---

* 莫扬，中国科学院大学人文学院新闻传播系教授；蔡金铭，中国科学院大学人文学院新闻传播系硕士研究生；王晓琪，中国科学院大学人文学院新闻传播系硕士研究生。

在以习近平同志为核心的党中央坚强领导下，在国务院统筹部署下，各地区各部门不懈努力，我国科普事业、公民科学素质建设取得了显著成绩，为创新发展营造了良好社会氛围，为确保如期打赢脱贫攻坚战、确保如期全面建成小康社会做出了积极贡献。

但在科普事业的发展中，也存在一些不足。其中，城乡、区域发展不平衡，基层基础薄弱，都是比较突出的问题。

多年来，中国科协及国家相关部门出台了一系列关于鼓励发达地区对口支援欠发达地区科普能力建设、引导社会科普资源向欠发达地区倾斜的政策。在此，本研究就相关政策推进落实情况进行调研，分析政策实施的成效和存在的问题，以期为"十四五"时期和未来科普事业的发展提供借鉴。

一 相关政策梳理

（一）中国科协等提出"援藏""援疆"科技增效工程的意见

2014 年 12 月，中国科协、中央统战部印发《关于组织实施"援藏科技增效工程"的意见》，提出："采取多种方式，支持和完善西藏科普设施建设。要积极推动西藏地区科技场馆建设，'十三五'期间，努力实现西藏地市科技馆或青少年科学教育活动中心的全覆盖，争取流动科技馆、科普大篷车等项目在有条件的地市县全覆盖。""支持西藏提升科普工作水平和覆盖面，要努力开发一批西藏各族群众，特别是基层广大青少年喜闻乐见的科普产品，从形式到内容都更符合西藏各方面公众的需求。既注重提高公民素质的科学知识、科学思想的普及，又要加强造福人民群众的先进技术的普及推广。充分运用信息化手段，提升少数民族地区科普资源集成共享水平，在科技场馆、科普信息化、学校、科普教育基地等方面实施资源共享，大力开展远程科普教育和交流互动。要结合西藏地区生产、生活实际需求，广泛开展全国科普日、科技活动周、科普惠农兴村计划、科普进寺庙等具有影响的主题科普行动，面向西藏地区公众（特别是基层农牧民群众和广大青少年）

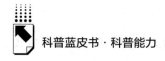

大力普及科技创新、农牧养殖、新能源生产、健康生活等方面的科学知识，宣扬科学思想，促进西藏地区人民群众的科学文化素质提高。"

2015年11月，中国科协和国家民委印发《关于组织实施"援疆科技增效工程"的意见》，提出："全面加强科普资源、优秀科技人才、前沿科技信息、先进优势产业等方面对新疆的支援，充分发挥科技创新'倍增器'的作用，大力提高新疆地区全民科学素质。"

（二）中国科协和财政部提出鼓励发达地区对口支援科普能力建设

2017年7月11日，中国科协和财政部研究制定的《关于进一步加强基层科普服务能力建设的意见》印发了。该《意见》指出："公民科学素质事关全面建成小康社会的群众基础，迫切需要解决不同地区间、不同人群间科普公共服务机会不均等、基层科普公共服务薄弱等问题。"该《意见》提出："全面提升公民科学素质薄弱地区科普公共服务供给能力。坚持'保基本、补短板'，以革命老区、民族地区、边疆地区、集中连片贫困地区等公民科学素质薄弱地区为重点，加大优质科普公共资源的倾斜……鼓励经济发达地区对口支援公民科学素质薄弱地区科普服务能力建设。"

（三）新纲要提出一系列引导科普资源向欠发达地区倾斜规划

2021年6月3日，国务院印发《全民科学素质行动规划纲要（2021—2035年）》（以下简称新纲要），新纲要提出了一系列关于引导社会科普资源向欠发达地区倾斜规划。

在2025年目标中提出："各地区、各人群科学素质发展不均衡明显改善。在2035年远景目标中提出：城乡、区域科学素质发展差距显著缩小。"

在农民科学素质提升行动中提出："提升革命老区、民族地区、边疆地区、脱贫地区农民科技文化素质。引导社会科普资源向欠发达地区农村倾斜。开展兴边富民行动、边境边民科普活动和科普边疆行活动，大力开展科技援疆援藏，提高边远地区农民科技文化素质。"

在科技资源科普化工程中提出："强化科普信息落地应用，与智慧教育、智慧城市、智慧社区等深度融合，推动优质科普资源向革命老区、民族地区、边疆地区、脱贫地区倾斜。"

二 发达地区对口支援情况调研

2021 年 5 月以来，我们对北京市、浙江省、江苏省、福建省等经济文化发达地区进行了调研，了解对口支援公民科学素质薄弱地区科普服务能力建设的相关情况。

（一）北京对口支援拉萨市、和田地区情况

为深入贯彻落实中央关于援藏、援疆工作的决策部署，落实"援藏科技增效工程"和"援疆科技增效工程"任务要求，实现西藏拉萨市、新疆和田地区经济社会的新发展，在中国科协指导下，在北京市委、市政府的领导下，北京市科协紧密结合拉萨市、和田地区区域发展特点，以推动受援地科技与经济进步为工作抓手，以促进民族团结和社会民生改善为根本目标，充分发挥北京市科协的组织资源优势和首都科技智力资源优势，推进援藏、援疆各阶段工作任务，取得了一定成效。

1. 完善援助机制，争取资金支持

2014 年，中国科协召开全国科协系统对口援藏工作会议后，北京市科协积极落实会议精神，与拉萨市科协签订《北京市科学技术协会对口支援拉萨市科学技术协会战略框架协议》；2017 年，北京市科协党组书记马林带队赴拉萨调研对口援藏工作，与西藏自治区科协、拉萨市政府、拉萨市科协进行座谈，调研"十三五"期间拉萨市科协的受援需求，并向拉萨市科协捐赠了科普设备和图书。北京市科协与拉萨市科协在充分调研和沟通的基础上，确定了《北京市科协"十三五"期间对口援藏工作规划》，就服务企业科技创新、科普设施建设、科普人才培养、科普活动展览示范、科普资源配送等方面提出具体措施，为支援拉萨工作奠定了基础；2019 年，北京市科协党组书记马林带队赴和田县调研对口援疆工作，与北京市援疆和田指挥部

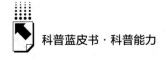

进行座谈并先后赴和田相关农牧产业基地开展调研，了解当地科技、人才、扶贫等方面受援需求。

按照北京市委、市政府统一部署，北京市科协积极与北京市扶贫支援办沟通协调，申请北京市科协对口支援资金专项经费总计 81.91 万元。按照年度计划与北京市对口支援工作总体规划相衔接、与拉萨市实际需求相协调的原则，将资金重点用于服务企业科技创新、提升公民科学素质和基层科普服务能力等方面，策划好对口支援项目。

2. 发挥专家优势，注重智力帮扶

以建设"院士专家工作站"为载体，以"北京科技专家拉萨行"活动为平台，充分发挥北京市科协的组织优势，广泛联合相关专业学会、企业的人才、资源和技术条件，开展更高水平、更具针对性的对口援助西藏、新疆活动。结合拉萨市区位、资源、政策优势，与中国工程院、南京林业大学组成专家团队，为拉萨市净土产业企业引进了由中国工程院曹福亮院士领衔，西北铁道电子有限公司投资的"藏红心"护心功能饮料开发项目，充分利用西藏高原的特有作物及优势水源，形成原料种植、加工一体化的开发运营生产模式，有效推动了内地科研成果在藏区落地；组织由中国农业大学教授、世界家禽学会主席杨宁带队的专家组赴拉萨，召开"藏鸡遗传资源开发与利用"研讨会，针对藏鸡产业目前存在的问题和面临的技术难点进行了讨论，取得了相关领域重要的进展。从产业需求入手，充分发挥北京科技资源高地的辐射优势的重要举措，促进拉萨净土健康藏鸡产业院士专家工作站成立，为西藏引入高端人才和技术成果；组织北京"企业创新簇"建设专家和部分省市中国科协九大代表团队深入拉萨市 3 个园区、7 家藏区企业和 1 个双创基地开展访谈和实地考察对接工作，举行 4 次咨询对接会，签署 5 项共建"企业创新簇"合作协议。此外，北京市科协还先后组织农业、畜牧业、科技创新、科普等领域科技专家赴拉萨开展科技咨询和技术指导工作，并提出合理化的发展建议。

在北京组织来自拉萨市 8 个区县的 23 名基层科协管理干部参加科协系统专职人员培训。组织拉萨市农牧民科技特派员 4 人在首都农业集团学习培训；组织由北京食用菌协会秘书长王守现带队的专家团队 3 人赴和田县举办食用菌技术培训班，从食用菌生产的工艺、环境、病害及其防治等方面开展专题培训，并向参加培训学员赠送了黑木耳栽培技术图书和 10 个食用菌优良品种的相关材料。

3. 举办科普活动，援助科普资源

支援西藏、新疆举办了一系列科普活动。组织由中国第四纪冰川遗迹陈列馆馆长刘跃平带队的地质、天文、医疗等相关领域专家组赴拉萨市开展"全国科普日"活动，并开展多场义诊服务；在西藏自然科学博物馆举办"走在建设世界科技强国征程上的中国科学家主题展"西藏巡展，展览涵盖中国现代近 700 位科学家为国家富强、民族复兴所付出的艰苦努力和做出的巨大贡献，展览一个月共吸引 1.3 万余人参观学习；举办"礼赞共和国 智创平安拉萨"2019 拉萨科普嘉年华。活动涵盖科学秀表演、互动体验、展品展示等主题展区 40 余项特色展项，辐射拉萨当地大中小学生、社区居民、科技工作者等共计 2000 余人次，有效推动拉萨地区群众性科普活动的广泛开展。

在科普资源援助方面，结合拉萨地区实际需求，从历年北京科普新媒体创意大赛获奖作品中遴选出低碳减排类、航空航天类、交通安全类等主题 25 部动画和 60 幅漫画作品，资助拉萨市科协在全市范围巡展；组织"科技帮扶"公益活动，北京科技报记者赴西藏自治区拉萨市尼木县麻江乡完全小学、新疆阿克苏市温宿县吐木秀克镇第一小学进行实地调研采访，并向学校师生捐赠显微镜、无人机等科技酷品及北京科技报、DK 系列科普图书等；组织相关科普专家赴拉萨市实地调研，为宗角禄康公园科普长廊建设项目提出建设规划，为塔玛社区"生命与健康"科普馆提供设计方案。

（二）江苏省对口支援工作情况

1. 江苏对口支援的重点工作

据江苏省科协提供的数据，江苏省科协系统 2019 年对口援助工作经费共计 199 万元，2020 年对口援助工作经费共计 105 万元。

2019 年，江苏对口援藏的重点工作是负责科技馆工作人员培训和科普展品后期维护工作，投入 8 万元。对口援疆的重点工作是：援建青少年科学工作室或社区科普馆 3 个，伊犁州、克州和兵团第四师各 1 个；选派所属学会专家赴伊犁州、克州和兵团第四师举办各类讲座和项目对接；提供科普宣传资料；负责组织发动所辖市、县科协共同参与对口支援，经费 104 万元，主要负责青海省海南藏族自治州及所辖共和、贵德、兴海、贵南、同德等 5 县的对口帮扶工作。对口援青的重点工作是：建立对口培训机制。在南京举办第四期海南州农技协领班人培训班，以"增强科普工作业务素质"为主题，培训海南州科协系统干部、学会工作人员、农技协负责人、科普带头人等约 30 人；支持海南自治州加强科普基础设施建设。继续将海南州列入江苏省科普信息化试点地区，援建海南自治州"江苏科普云"信息服务系统多媒体终端显示屏 25 台（含社区版 20 台、校园版 5 台）。同时，根据该州属藏族地区的实际情况，为确保对口帮扶实际效果，计划对近三年援建的"江苏科普云"科普屏（共 75 台）开放藏语频道；援助优质科普资源。提供江苏省科协开发的优质科普资源（科普视频、动漫，科普图书、报刊等）；依托党员干部远程教育网，探索建立海南州远程科普教育平台；支持海南州开展青少年科技竞赛活动，经费 87 万元。

2020 年，江苏对口援藏的重点工作：一是开展拉萨江苏青少年科技馆工作人员培训和科普展品后期维护工作，由省科普服务中心承担，经费 10 万元已拨付到位。二是支持西藏科协改善科普基础条件，援助科普器材和提供科普资源，经费 10 万元，由省科学传播中心承担，2020 年已捐赠《青少年科学素质读本》《大师的科普世界》《科学战"疫"——人类与病毒的故事》《江苏科技报·开学了》等科普图书及科普挂图约 1100 册。对口援疆的重点工作：一是援建克州乌恰县科技馆一座，经费 30 万元，由省青少年科技中心承担，经费已拨付到位，乌恰县科技馆已经完成招投标，工程正在进行中，尚未结束。二是支持新疆兵团第四师科普基础设施建设及科技人才培训等工作，经费 20 万元，由省科普服务中心承担，经费已拨付到位，援助第 61 团中学活动室科普设备等。援青的重点工作：一是举办第五期海南州农技协领班人培训班，培训海南州科协系统干部、学会工作人员、农技协负责人、科普带头人等，经费 20 万元，由省科协农村技术服务中心承担。省科协农村技术服务中心组织 8 名专家，以课堂教学、现场教学与实践指导相结合的方式，赴青海省海南州举办农技协领班人培训班，共 300 余人参加培训活动，其中，44 人全程参加培训班。二是对接专家资源，为海南州医院、企业、学校服务，经费 10 万元，由省学会服务中心承担。2020 年 8 月20~23 日，省学会服务中心联合省中医药学会，组织医学专家赴青海省海南州开展 2020"江苏名医进海南"援青活动。三是援助科普资源，提供科普图书、杂志等，经费 5 万元，由省科学传播中心承担。2020 年为青海省海南州中小学生赠送《科学大众》等约 1200 册。

2. 江苏对口援助工作主要经验

2019 年以来，江苏省科协认真贯彻中央援藏、援疆工作座谈会精神，坚决贯彻落实中央和省委的决策部署，始终把对口支援西藏、新疆、青海作为一项重要的政治责任，作为科协工作的重要组成部分加以谋划。

一是制定对口科技援助年度工作方案，与受援单位深入交流，认真听取受援单位对援建工作的意见建议，在保持援建工作的延续性、结合江苏援建工作优势资源的基础上针对受援单位提出的个性化需求，研究拟定本年度的援建工作实施方案，并以清单形式下发给各相关单位，做到援建工作精准化。

二是重点加强受援地区科普基础设施建设，加大科普资源开发和共享力度；加强人才的交流和培养，努力提高西藏、新疆、青海人民的科学素质。组织科协系统从项目资金、人才培训、科普设施设备、科技咨询服务等方面积极开展对口支援工作。

三是完善援助资金的协调管理体系，让有限的资金发挥出最大的效益；充分发挥支援和受援双方作用，强化供需对接，确保对口援助工作走上长效化、持续化、群众化、科学化的道路；坚持互利共赢，加强沟通协作，增强受援地区的造血功能和自我发展能力。

四是规范程序，加强督查，确保实效。对援建的科普器材和基础设施严

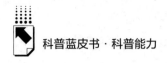

格按政府采购程序规范操作。对纳入对口援助计划的项目，建立健全绩效考核评价机制，加强经常性的跟踪检查，确保援助工作取得实际成效。

三 受援省区关于对口支援工作推进情况案例分析

（一）新疆

自第六次全国对口支援新疆工作会议开展以来，援疆各省市科协与全疆各地（州、市）科协在前期各项工作基础上，进一步加强交流，在基层科普阵地建设、科普资源开发、科普信息化建设、科技人才培训等方面，给予新疆大力支持和帮助，有力地推进了新疆地区特别是南疆地区科普服务能力建设，提高了科普知识传播速度和覆盖广度，为全疆各族群众提升科学素质，共同抵御宗教极端思想渗透提供了有效支撑。具体表现在以下几个方面。

1.政策支撑引领为对口支援提供坚强保障

河南省科协通过建立河南省（市、县）科协对口援助哈密市（区、县）科协工作机制，确定了郑州市、洛阳市科协对口援助伊州区科协，开封市、许昌市科协对口援助巴里坤县科协，漯河市、周口市科协对口援助伊吾县科协的工作方式，在人力、物力、财力、智力等方面提供支援和交流。

江苏省科协通过与伊犁州科协签订援建协议，明确了江苏省科协对口援疆工作的各项任务和要求，实现了江苏省科协对口援疆工作的常态化。

湖南省科协通过与吐鲁番市科协签订了合作协议，议定了湖南省科协每年向吐鲁番市科协提供科技援吐资金 10 万元，为吐鲁番市科协进一步做好科普宣传、印制科普图书、开展科普活动和科技培训提供了经费支撑。

2.搭建合作交流平台共商共促科普服务发展新路

2017 年以来，克拉玛依市委、市政府先后与上海市科委、上海工程技术大学、上海理工大学等单位签订战略合作协议，相继召开沪克科技成果对接会、上海—中北亚（克拉玛依）科技创新会，成立"沪克科技协同创新促进中心""上海市激光先进制造技术协同创新中心新疆分中心""上海理工大学技术转移中心克拉玛依分中心"等组织，助力克拉玛依市社会经济发展和全民科学素质提升。辽宁省科协通过与塔城地区科协建立常态化联系沟通渠道，就促进民族交流交往交融、提升基层科协干部业务能力等方面进行了广泛的交流和互动。

2021年，浙江省科协推动绍兴市科协与阿克苏地区阿瓦提县科协共同在阿瓦提县举办"中华国酿——绍兴黄酒"科普展，借助传统和现代技术手段，向公众普及黄酒和慕萨莱思在制作过程中所蕴含的科学知识，助推实现黄酒文化与慕萨莱思文化"联姻"，深度促进了浙阿两地文化和科普的交往交流交融。

3.加大资金投入力度打造基层科普服务新矩阵

2017年以来，湖北省科协累计投入55万元支持博州青少年科普、农牧区科普、企业科普、社区科普、学校科普等建设工作，有效提升青少年、农牧民、产业工人、老年人等群体的科学文化素质，服务博州经济社会发展；湖北省襄阳市科协、荆门市科协累计投入47万元（其中襄阳市科协27万元、荆门市科协20万元）支持精河县科协开展科普信息化服务建设、基层科普设施改造、科普培训、科普宣传等工作，科普服务能力和水平大大提升。

河南省科协为进一步推动哈密市科普信息化建设，完善科普服务功能，划拨专项资金100万元用于哈密市"科普e站"、LED电子科普画廊建设，强化哈密市科普信息化宣传手段和宣传能力。2017年、2020年，河南省科协分别向哈密市援助资金45万元和价值5万元的科普设备，在伊州区西山乡、伊吾县第一中学、巴里坤县三塘湖镇下湖村等16处村、社区、学校建立科普服务站，进一步增强基层科普组织和社会力量开展科学技术普及和教育培训的主动性、积极性和创造性。

2018年，江苏省科协围绕全民科学素养的提高，在科普和基础设施建设、科普信息化推进等方面加强交流和对口支援，出资30万元在伊宁市托格拉克乡喀里也尔村援建健康科普屋，多措并举促进伊犁州科协科普事业发展。

2019 年以来，河北省科协分别向巴州科协科普大篷车展品升级改造、"河北·巴州科普工作室"建设、乡村科普馆建设等项目累计支援资金 40 余万元，不断丰富巴州科普信息化、科普展教、科普宣传设备等科普资源，为推进科普资源下沉，进一步加强科普服务能力建设，提升群众科学素养和文明程度，助力乡村振兴提供科技支持。

2020 年，克拉玛依市举办网络科技周活动期间，克拉玛依市科技局联合上海科学技术交流中心、上海奥奇科技发展基金会积极策划、组织，在科技活动周期间开展了面向市科普工作者、中小学生、防疫工作者等广大居民的"科普云讲堂"活动，开展了 6 场线上培训，其中 4 场直播，观看人数共计 4 万余人次。2021 年，上海奥奇科技发展基金会向克拉玛依市第一小学捐赠了价值 100 万元的校园共享科普馆；在克拉玛依市各学校举办了 AI 全民星云挑战活动，搭建青少年参与科技活动平台。2018 年，上海市长宁区资助克拉玛依市白碱滩区沁苑社区 20 万元，用于打造科普阵地和开展科普活动。

4. 智力援疆为乡村振兴厚植科技人才基础

2018~2020 年，河南省科协共支出专项培训资金 30 万元，通过"走出去"的方式培训哈密市 61 名科协系统干部及基层科普工作者赴大别山、红旗渠等地开展红色教育及业务培训，提升哈密科协系统干部履职能力。

湖南省科协通过组织援疆培训班，以培训为助力，不断提升吐鲁番市科协系统干部的工作能力和水平，并有效地增进了两地科协系统干部的交流和合作。

2019 年，塔城地区科协反邪教协会和基层县（市）反邪教协会 2 名干部参加了由辽宁省科协在辽宁锦州市举办的反邪教业务培训班，提升了综合业务能力。

（二）宁夏

2016 年以来，福建、湖南、江苏、浙江等发达地区分别组织"院士专家宁夏行"活动，以人才智力对口支援宁夏来增加科技创新力量。

1. 福建连续6年组织"院士专家宁夏行"

2016~2021 年，福建省每年都组织"院士专家宁夏行"活动。以 2018 年为例，"福建院士专家宁夏行"由自治区党委组织部、福建省科学技术协会、自治区科学技术协会组织实施。2018 年"福建院士专家宁夏行"活动期间，福建院士专家先后调研考察了灵武市沃益农种植专业合作社、永宁县宁闽合发生态农业公司、贺兰县欣荣和食用菌种植技术协会、吴忠国家农业科技园区等 10 家企业和园区，开展技术咨询服务 13 场次；深入宁夏大学、宁夏医科大学等 5 所高校，开展学术报告 3 场、座谈交流 2 场。其间，为两个合作示范基地揭牌，签订了 1 项合作协议、1 项意向协议。

"福建院士专家宁夏行"的主要做法及特点如下。

一是广泛征集需求，精准高效对接。以 2018 年为例，3 月，宁夏科协向区内科研院所、高校、企业、园区广泛征集福建院士专家对接需求，共征集到 27 家单位 90 多项技术和人才合作需求，初步建立起"需求储备库"。8 月，精准聚焦需求，积极与福建省科协对接，联系计算机软件与理论、无机化学、菌物科学、设施园艺、农副产品保鲜、口腔医学等方面的院士专家和宁夏有关高校、企业和园区对接，进一步增强"院士专家宁夏行"活动的针对性和实效性。

二是架起智慧桥梁，推动深化合作。"福建院士专家宁夏行"活动引才引智、接续助阵。福建农林大学教授王则金与西夏区政府、宁夏农科院枸杞研究所签订了"农产品贮藏保鲜合作研究中心"合作意向协议；福建省古田县为民食用菌研究所所长陈为平与贺兰县欣荣和食用菌有限公司签订了食用菌栽培合作协议。其中，2 个合作示范基地揭牌，源于 2017 年"福建院士专家宁夏行"的牵线搭桥，促成福建沈佳有机农业科技发展有限公司与灵武市沃益农合作社就有机蔬菜种植、技术指导、存储、市场营销等达成合作意向，促成福建省漳州市台商投资区管理委员会与永宁县人民政府签订合作协议，成立宁闽合发生态农业科技发展有限公司打造双孢蘑菇工厂化栽培示范基地。在闽宁两地科协的积极推动下，两地企业深化合作，签约项目落实落地，取得了明显成效。灵武市闽宁协作精准扶贫有机蔬菜示范基地种植有机蔬菜 886 亩，实现产值 758 万元，纯收入 160 万元，解决劳务用工 2.8 万人次，发放劳务工资 210 万元。宁闵合发生态农业科技发展有限公司已建成 6 间双孢菇生产车间，于 2018 年 9 月生产双孢蘑菇，带动 150 名村民就业，人均月收入 3000 多元。计划一年培育生产 6 季双孢蘑菇，年产双孢蘑菇 800 吨，实现经济收入 4000 万元左右。

三是战略决策咨询，积极建言献策。院士行活动期间，院士专家们围绕实施创新驱动、脱贫富民和生态立区"三大战略"，积极建言献策。建议充分利用宁夏优质煤炭资源，依托宁东能源化工基地，坚定走"产学研"、引进消化吸收再创新的发展之路，考虑与洪茂椿院士对接，引进其团队研发的拥有自主知识产权的世界首创煤制乙二醇技术，发展煤制乙二醇产业，进一步挖掘煤炭产业的高附加值。建议加快农副产品贮藏保鲜技术攻关和基地建设，让宁夏的特色优势农产品在贮藏、运输等环节减少损失；建议继续加大产业扶贫力度，有效利用农作物秸秆，大力发展养殖业和菌菇种植业，变废为宝，增加农民收入，减少焚烧秸秆带来的环境污染问题，等等。

2. 湖南院士专家宁夏行

2018 年"湖南院士专家宁夏行"由湖南省科学技术协会、宁夏回族自治区科学技术协会具体组织实施，宁夏农林科学院、宁夏大学、宁夏医科大学和银川市科协协办。湖南省院士专家团队由中国工程院院士官春云、陈政清、邹学校，湖南省专家学者卢光琇、陈荐、夏新华、王建辉、高尚、成正雄、李柯、林戈、王峰、徐艮佳以及湖南省委组织部、湖南省科协有关领导组成，湖南省科协党组成员、副主席傅爱军带队。

活动期间，院士专家一行"化整为零"，兵分多路，在短短两天半的时间，深入企业、高校、科研院所和田间地头，通过开展学术报告、座谈交流、技术指导、洽谈合作等多种形式，传道授业、答疑解惑、提供智力、播撒希望。先后考察了宁东能源化工基地、平罗县泰金种业公司、彭阳县壹珍药业有限公司等 8 家企业和科普教育基地，深入宁夏农科院、宁夏大学、宁夏医科大学等 8 所高校、科研院所和医疗机构，以及宁夏医学会生殖医学分会等 3 家学会，举办洽谈合作对接会 5 场、学术报告 7 场、技术咨询服务 13

场次。2018 年 7 月 28 日下午，召开了"湖南院士专家宁夏行"座谈会，"院士专家工作站"授牌，现场签订 6 项协议。

"湖南院士专家宁夏行"主要做法及特点如下。

一是征集宁夏所需，对接湖南所能。专家行前 4 个月，宁夏回族自治区科协向区内科研院所、高校、企业征集湖南院士专家对接需求，共征集到 40 家单位 90 多项技术和人才合作需求。专家行前 4 个月，宁夏回族自治区科协副主席陈国顺一行带着需求赴湖南省科协对接洽谈，结合湖南所能，积极联系农作物育种栽培、中药材种植加工、工程力学、食品科学等方面的院士专家与宁夏有关单位做好前期对接工作。

二是签订多项协议，取得初步成果。活动期间，授牌成立 1 个院士专家工作站，签订 2 项合作协议、4 项意向性协议。另外，活动之前还签订了 2 项合作协议，分别是邹学校院士与宁夏农科院签订合作协议，湖南省科协副主席、中南大学周后德教授与银川市第一人民医院内分泌科签订合作帮扶意向协议。

三是战略决策咨询，积极建言献策。院士行活动期间，院士专家们围绕自治区重大战略深入交流，积极建言献策。建议加强作物学学科建设，建设宁夏优势特色作物现代分子育种重点实验室；建议建设宁夏风洞实验室，弥补科研条件上的短板，并提出相应的建议和解决方案；建议加强太阳能光伏板除尘研究，提高光能利用率，把宁夏的光伏产业做大做强；建议扩大中药材种植面积，加大开发和推广力度，探索新经营模式；建议加大医学领域交流合作，走产学研发展的路子，等等，并有针对性地提出一些解决路径和方法。

3. 江苏、浙江院士专家宁夏行

2019 年 8 月 6~9 日、19~23 日，宁夏回族自治区科协会同江苏省科协、浙江省科协分别开展了"江苏院士专家宁夏行"和"浙江院士专家宁夏行"活动，邀请了中国科学院陈洪渊、祝世宁、郭万林、杨树锋、中国工程院朱利中 5 位院士以及南京大学教授孙岳明、浙江大学教授杨坤等 20 名高层次专家来宁传经送宝、把脉支招。

4. 主要做法

第一，领导重视，高位推动。2019 年 2 月，宁夏回族自治区石泰峰书记带领宁夏党政代表团考察江苏、浙江期间，与江苏、浙江两省就产业协作、科技创新、人才交流等方面达成了合作意向，邀请江苏、浙江采取灵活多样的方式组织专家、技术人才到我区"指点迷津"，促进人才资源互惠共享。这次"江苏、浙江院士专家宁夏行"活动，得益于自治区党委领导同志的关心重视、高位推动。

第二，多方联动，精诚合作。这次活动共邀请了江浙地区 5 位院士 20 位高层次专家，囊括了浙江大学、南京大学、东南大学在内的 16 家科研单位，对接了涵盖宁夏大学、宁夏医科大学总医院、国家能源集团宁夏煤业有限责任公司、宁夏共享集团股份有限公司等 3 家高等院校、5 家医疗机构、25 家规上企业、2 家社会组织，举办学术报告 9 场、技术咨询服务 32 场次，解决技术难题 3 项，达成合作意向 7 项，充分展示了宁夏回族自治区与江浙地区越走越亲，越走越近，是宁夏与江浙地区多部门联动、精诚合作的结果。

第三，宁夏所需，江浙所能。为确保活动成效，宁夏回族自治区科协前期面向区内高等院校、科研院所、规上企业等近 80 家单位致函征集需求，征集到涉及蔬菜抗性育种的基因编辑、电子线路板低温热裂解中卤族元素溴的去除、地质土壤环境污染、固废资源化利用、中药材深加工等诸多领域 193 项技术和人才合作需求；宁夏多次将分类汇总的技术人才需求与江浙两省科协对接协商，力求精准。江浙两省科协高度重视，对照宁夏提供人才技术合作需求，按图索骥式的寻找院士专家，有力促成了这次活动的开展。

第四，情系宁夏，效果初显。江浙院士专家深入宁夏企事业单位指点迷津、洽谈合作，达成意向性协议 7 项。其中陈洪渊院士走进国家能源宁夏煤业集团煤制油公司开展了煤化工技术咨询座谈，现场答疑解惑；祝世宁院士深入吴忠好运、中心电焊机厂就激光应用于机械加工制造进行了技术指导，给出建设性意见；郭万林院士来到中色（宁夏）东方集团公司就铍产品的性能试验等方面给出了参考意见；杨树锋院士在宁夏地质局作了《环青藏高原盆山体系的构造特征及关键科学问题》的学术报告，向宁夏地质工作者传道授业；朱利中院士在宁夏大学资源与环境学院作了《我国土壤污染防治研究若干思考》的学术报告，为该院师生治学研究开出良方。崔志明、沈柏华、姚卫蓉、胡福良等 20 名高层次专家，就宁夏蔬菜育种、骨科、消化内科手术病例、蜂蜜生产、社会心理健康辅导、机械设备制造、基层科协组织力"3+1"工作等方面需求，有的当场签订合作协议，有的面对面传授技术，有的直接走上手术台，有的认领技术难题，回去做研究。这展现了江浙院士专家们心念塞上群众的高尚情操。

四　对口支援主要成就与经验

（一）组织"科技专家行"开展对口支援可操作性强

从近年来的科普实践看，"科技专家行"是发达地区最普遍采用的对口支援科普服务能力建设的方式之一。例如，"十三五"以来"北京科技专家拉萨行"已经成为平台活动，2017～2021 年"福建院士专家宁夏行"已连续举办了五届，2019 年江苏科协和浙江科协组织了"江苏院士专家宁夏行"和"浙江院士专家宁夏行"活动，2020 年江苏省学会服务中心还组织了"江苏名医进青海海南州"。上海市科协组织院士在日喀则市人民医院建立院士工作站、设立"西藏喜马拉雅生态科技股份有限公司院士专家工作站"。广东省科协组织中科院广州能源研究所、广东省微生物研究所等 5 家单位专家赴西藏林芝市开展科技服务。湖南省科协共举办 5 期藏疆两地科协干部培训班，为两地科协培训干部 120 余名。

组织院士专家深入欠发达地区企事业单位讲座辅导、指点迷津、把脉支招、洽谈合作，院士们觉悟高、积极性强，经费有保障，可操作性强。发挥了发达地区专家资源的优势，助力支援了欠发达地区的科技、产业、人才发展。

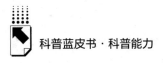

（二）为欠发达省区培养科普人才是有效的智力资源支援

受援地区普遍反映，科普人才工作能力及水平的提升是当地科普工作最重要的需求之一。对口支援中的科普人才培训是可行性、效果都被认可的措施。为欠发达地区，尤其是西藏、新疆等边远、少数民族地区培训科普人才，是对口支援中有效的智力支援。2016~2020年，地方科协援藏、援疆举办各类业务能力提升培训30余期，新疆、西藏近9000名干部接受培训。

北京不仅为拉萨市基层科协管理干部、农牧民科技特派员等提供在北京的培训，还有北京的食用菌协会专家团队赴新疆和田县举办技术培训班。2018~2020年，河南省科协共支出专项培训资金30万元，将哈密市61名科协系统干部及基层科普工作者请到河南进行培训。湖南省科协共举办5期藏疆两地科协干部培训班，为两地科协培训干部120余名，提升科协系统干部的工作能力和水平。而江苏对口援藏的重点工作是负责科技馆工作人员培训，援疆的重要工作是支持新疆兵团科技人才培训，对口援青的重点工作是建立对口培训机制，在南京组织青海海南州农技协领班人培训班。

欠发达地区期望建立对口培训机制，长效实施对受援地区的科普人才培训支持，增加人才培训的数量及针对性。

（三）援助基础设施等科普资源提升了公共服务能力

2016~2020年以来，全国19个对口援疆省市科协和17个对口援藏省市科协，紧紧围绕科技增效工程重点任务，投入援疆援藏经费，支持新疆、西藏加强科普设施建设，为新疆、西藏援建科普活动站、科普工作室200余个，援建各类科普设备400余件，捐赠各类科普展品、科普图书等30余万件。

对口支援工作的一个重点是基础设施建设。2021年，上海奥奇科技发展基金会向新疆克拉玛依市第一小学捐赠了价值100万元的校园共享科普馆。北京市科协援建和田地区青少年科技教育活动中心，支持拉萨建设科学探索体验馆1个，北京市还组织相关科普专家赴拉萨市实地调研，为宗角禄康公园科普长廊建设项目提出建设规划，为塔玛社区"生命与健康"科普馆提供设计方案。河南省科协分别向哈密市援助资金45万元和价值5万元的科普设备，在16处村、社区、学校建立科普服务站。2019年以来，河北省科协出资40余万元支援新疆科普工作室建设、乡村科普馆建设等项目，还支持阿里地区科协科普展馆全彩LED显示屏、编印西藏阿里地区农牧民实用技能科普手册5000册。江苏省对口援疆援建了青少年科学工作室及社区科普馆3个，支持西藏科协改善科普基础条件，援助科普器材和提供科普资源，提供江苏省科协开发的优质科普资源（科普视频、动漫，科普图书、报刊等），支持青海省海南藏族自治州开展青少年科技竞赛活动，为青海省海南州中小学生赠送《科学大众》等约1200册。浙江省科协赠送那曲市嘉黎县中学科技馆设备，建设科普画廊，援建岗巴县、萨嘎县中学科技馆各1个。重庆市科协为西藏昌都市类乌齐县科技局（科协）配备台式电脑6套，建设科普书屋1个，并开设100个子书屋，分别为类乌齐县中学、昌都市第二高级中学和重庆西藏中学建成校园科技馆1个，支持昌都334个行政村配备"农村科普栏"相关科普设备；支持昌都在芒康、左贡、贡觉、江达、察雅、八宿、洛隆、边坝等8个县建设县级LED电子科普画廊。

（四）支援科普信息化建设改善了科普服务功能

近年来，科普信息化建设一直是科普资源、科普能力建设的重点工作。在对口支援工作中，部分发达省市也把科普信息化项目支援作为重要的切入点。

江苏省将青海海南藏族自治州列入江苏省科普信息化试点地区，援建海南自治州"江苏科普云"信息服务系统多媒体终端显示屏25台。更重要的是，根据该州属藏族地区的实际情况，计划对近三年援建的"江苏科普云"科普屏（共75台）开放藏语频道，务实、长效确保对口帮扶实际效果。湖北省襄阳市科协、荆门市科协支持新疆精河县科协开展科普信息化服务建设，提升科普服务能力和水平。河南省科协为进一步推动新疆哈密市科普信息化建设，完善科普服务功能，划拨专项资金100万元用于哈密市"科普e站"、LED电子科普画廊建设，强化哈密市科普信息化宣传手段和宣传能力。

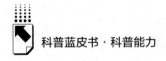

（五）组织科普活动直接服务公民科学素质提升

2016年以来，对口支援省市为新疆、西藏举办各类农技培训近300期，受益群众近90万人。北京市对口支援的重点在于服务公众科学素质和基层科普服务能力提升。例如，组织开展了多场义诊服务；举办"走在建设世界科技强国征程上的中国科学家主题展"西藏巡展；举办"礼赞共和国 智创平安拉萨"2019拉萨科普嘉年华；资助拉萨市科协在全市进行科普动画漫画巡展；组织"科技帮扶"公益活动。有效推动拉萨地区群众性科普活动的广泛开展。2018年，上海市长宁区资助克拉玛依市白碱滩区沁苑社区20万元，用于打造科普阵地和开展科普活动。湖北省科协对口支援西藏累计开展各类主题科普活动、科技咨询和服务活动100余场次，发放宣传资料10万余份，举办各类培训班50余期，受益群众达40余万人次。支持山南市建成科普画廊等科普设施；组织开展科普宣传和培训活动10期，制作藏（汉）版宣传展板1000块、宣传资料1万余份，覆盖人群达2万人。

五　科普对口支援工作存在的问题与不足

（一）发达地区对口支援科普工作是"软任务"

从2017年7月11日，中国科协和财政部印发的《关于进一步加强基层科普服务能力建设的意见》，到2021年6月3日国务院印发《全民科学素质行动规划纲要（2021—2035年）》，提出引导社会科普资源向欠发达地区农村倾斜。政府现阶段提出的意见，经济发达地区对口支援公民科学素质薄弱地区科普服务能力建设的政策还属于鼓励，属于软任务，还不是硬要求。

（二）对口支援统筹组织及沟通联络机制需进一步完善

现阶段，在中国科协及全国科协系统对口支援欠发达地区科普服务能力建设的组织工作散在组织人事、科普、学会、青少年中心、科技场馆等各个部门和机构，缺乏统筹组织、规划。并且，对口支援工作的沟通联络机制仍需进一步完善。对口支援地区援助项目的精准性与实效性还有待进一步提高。新疆、西藏、青海、宁夏等欠发达地区和北京、上海、江苏、福建等发达地区经济、文化、科技等多方面存在较大差异，联络沟通工作非常重要，沟通直接影响对口援助项目的针对性、实效性。

（三）大部分发达地区对口支援项目经费不足

大部分发达地区还是重视对口支援科普工作的，但是各地科协系统并没有稳定的专项资金支持。例如，"十三五"期间，北京科协对口支援项目只获批1项，专项资金81.91万元，不能完全满足对口支援地区提出的援助需求。主要是北京市对口支援经费由北京市扶贫支援办统筹安排，北京市科协对口支援经费存在不足，项目实施不能得到充足保障。即使是经济发达的江苏、浙江等省份，对口支援科普工作的经费也不稳定、不充足。

（四）对口支援项目大部分缺乏长效性

现阶段，对口支援科普工作项目很多还缺乏长效性。例如，科普活动类援助项目开展周期短，短时间有一定效果；图书、设备等资源型援助见效明显，但随着后续经费不足，部分项目造血功能不强，形成不了规模，项目难以发挥长效作用；科技支持项目很多精准性不足，一定程度上造成了产业发展后劲不足。

（五）对口支援工作交流、评价及激励措施不到位

在调研中我们了解到，对口支援科普工作目前在科协系统还缺乏交流，也没有系统的评价激励机制。因此，各省基本没有关于对口支援的阶段性总结和项目绩效追踪。发达地区基本靠自觉性开展相关工作。还有部分发达地区没有相关部门主抓此项工作，没有长期的工作计划、运行机制。评价激励的缺位直接影响了对口支援工作的引导和动力。

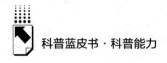

六　对口支援科普服务能力的几点建议

（一）加强对口支援科普能力建设的政策引导力度

为了实现新纲要在 2025 年目标中提出的"各地区、各人群科学素质发展不均衡明显改善"、在 2035 年远景目标中提出的"城乡、区域科学素质发展差距显著缩小"，应该加强引导经济发达地区对口支援公民科学素质薄弱地区科普服务能力建设。中国科协应牵头与政府扶贫、财政等部门共同进一步加强关于经济发达地区对口支援欠发达地区科普服务能力建设的政策动员工作。将鼓励性政策调整为要求性政策，引导发达地区大力开展科普服务能力向边疆地区、民族地区、脱贫地区支援行动，助力解决区域科普服务能力不均等、欠发达地区公民科学素质薄弱的问题，助力全面建成小康社会，走向共同富裕。

（二）加强对口支援工作统筹组织与沟通联络机制建设

欠发达地区和经济发达地区经济、文化、科技等多方面存在较大差异，而目前的对口支援工作项目散，重点还不突出，项目决策科学性、长效性有待提升，绩效追踪不完善。进一步完善中国科协及全国科协系统对口支援欠发达地区科普服务能力建设的统筹组织工作，主要负责人应牵头相关组织工作，统筹组织人事、科普、学会、青少年中心、科技场馆等各个相关部门和机构，共同推进对口支援工作。并且，进一步建立、完善对口支援科普工作的沟通联络机制，在有效沟通联络基础上，统筹组织规划，保障支撑援助项目的精准与务实，提高对口援助项目的针对性、实效性。

（三）经济发达地区加强对口支援经费保障工作

经济发达地区政府应重视对口支援科普工作，加强对口支援科普服务能力建设的鼓励以及财力、物力支持。使对口支援工作得到稳定的经费支撑，使项目实施得到充足保障。

（四）中国科协牵头加强对口支援工作评价及激励机制建设

加强对口支援科普工作的区域交流，加强试点示范，建立系统的评价激励机制。加强相关省市对口支援的阶段性总结和项目绩效追踪。以切实的评价激励引导对口支援科普服务能力建设。

（五）进一步加强对口科普人才培养、科普信息化资源援助

以人才培训、专家讲座等多种形式为欠发达地区培养科普人才是对口支援科普服务能力建设的重要有效方式，以人才培养带动科普服务能力提升，也是充分发挥发达地区人才和智力优势，并且可以长效发展的切实可行的项目。科普信息化建设运营项目是强化科普信息落地应用，推动优质科普资源向革命老区、民族地区、边疆地区、脱贫地区倾斜的长效项目，是未来对口支援科普服务能力建设的重点。

B.6
我国科技馆短视频内容与效果研究

——以省级及以上科技馆抖音平台官方账号为例

王聪　郭晗　蒋姊宣　王丽慧*

摘　要： 科技馆作为重要科普基础设施，是国家科普能力的重要载体。短视频近几年的快速发展引起了我国科技馆界的关注。科技馆可以利用短视频平台，以更加直观和生动的形式，向广大社会公众，特别是青少年群体普及科学知识、弘扬科学精神、传播科学思想、倡导科学方法，有利于克服实体馆的局限，扩展科技馆的受众范围。短视频是科技馆在传播方式上的线上与线下、实体与虚拟的新尝试。因此，科技馆在抖音平台上传播科学的特点是非常值得关注的。本研究对抖音平台所有省级及以上官方账号及其内容进行了整体调研和抽样爬取（共265条）。在分析的基础上梳理了目前科技馆短视频内容与效果的现状并总结了特点与存在的问题。

关键词： 科技馆　短视频　科学传播

一　引言

科技馆是国家重要的科普基础设施，也是国家科普能力的重要载体。通

---

* 王聪，中国科学院大学副教授；郭晗，中国科学院大学硕士研究生；蒋姊宣，中国科学院大学硕士研究生；王丽慧，中国科普研究所科普政策研究室副主任，副研究员，研究方向为科普理论、科学文化等。

过常设和短期展览，科技馆以参与、体验、互动性的展品及辅助性展示手段，面向公众，特别是青少年开展科普教育。

作为一种发展迅速的新媒体形式，短视频已经获得了越来越大的社会影响力，也引起了科技馆领域的广泛关注。《2018-2019 中国短视频行业专题调查分析报告》显示，短视频在 2018 年的用户总量已达 5.01 亿人，2019 年预计有 6.27 亿人成为用户，也就是说，短视频在我国具有巨大的社会影响力。① 短视频紧跟流行文化，以形象化的呈现方式、有趣的情节著称，对受众，尤其是年轻人充满了吸引力。不少制作者将短视频与科学联系起来，成功地将科学与流行文化相连接，取得了良好的科普效果。科技馆以传播科学为主要任务，通过短视频的形式向更广泛的受众传播科学符合科普场馆的基本定位。2018 年，中国科技馆等 41 家科技馆入驻抖音。② 经过一段时间的运作，科技馆已经逐渐具备了制作和传播科普短视频的能力，因此，对科技馆短视频科学传播的现状与特点开展研究具有一定的必要性。

对于科普类短视频的研究，Welbourne 等人关注了 Youtube 上的科普视频，发现用户生成内容要比专业生成内容更受欢迎。③ Sood 等人研究了 Youtube 上关于肾结石的视频，发现有用的信息要比误导性的信息更受关注。④ Keelan 等人通过分析社交媒体上关于免疫话题的视频，认为对免疫持反对意见的视频中存在大量误导性的信息。⑤ Allgaier 回顾了社交媒体上关于科学主题的音乐视频，认为应该进一步重视音乐视频在科学传播中的应

———————

① 资料来源：https：//www.iimedia.cn/c400/63582.html。
② 资料来源：https：//baijiahao.baidu.com/s？id=1610569060009911211&wfr=spider&for=pc。
③ Welbourne D J, Grant W J. Science communication on YouTube：Factors that affect channel and video popularity [J]. Public Understanding of Science, 2016；25 (6)：706-718.
④ Sood A, Sarangi S, Pandey A, et al. YouTube as a Source of Information on Kidney Stone Disease [J]. Urology, 2011, 77 (3)：558-562.
⑤ Keelan J, Pavri-Garcia V, Tomlinson G, et al. YouTube as a Source of Information on Immunization：A Content Analysis [J]. Jama, 2007, 298 (21)：2482-2484.

用。① 我国学者郝倩倩基于"抖音"平台，总结了科普短视频的传播形式和独特的传播优势。② 赵林欢归纳了科普微视频的三种创作模式。③ 苗伟山和贾鹤鹏通过研究 Youtube 中有关转基因食品的视频，分析了社交媒体建构媒介框架的过程。④

已有研究或者将科普短视频看作一个整体，分析它的传播形式和优势，或者关注特定主题的短视频，分析内容的科学性。研究人员较少关注某一类背景的主体制作和发布的科普短视频的科学传播特点。

本研究将基于抖音视频平台，关注省级及以上科技馆官方账号上的短视频作品，考察科技馆利用短视频开展科学传播的特点与效果，在此基础上总结存在的问题，并提出应对的策略。

二 样本的获得与研究框架

（一）样本的概况与获得

研究对抖音平台上所有省级及以上科技馆的官方账号进行了整体调研和抽样爬取。截至 2020 年 8 月 18 日，共有 25 个省级及以上科技馆和科学中心在抖音上开设了官方账号。没有开设官方账号的省份是河北、江苏、安徽、山东、河南、海南、西藏。直到样本获取时点为止，海南并未完成省级科技馆的建设，而西藏自治区自然科学博物馆采取三馆（自然博物馆、科技馆、展览馆）合一的形式，自然科学博物馆具有官方账号，但是科技馆本身截止到样本获取时点为止没有专门的官方账号。

---

① Allgaier J. On the Shoulders of YouTube: Science in Music Videos [J]. Science Communication Linking Theory & Practice, 2012, 35 (2): 266-275.
② 郝倩倩:《科普视频在"抖音"短视频平台的传播》,《科普研究》2019 年第 3 期, 第 75~81 页。
③ 赵林欢:《我国科普微视频研究》,湖南大学硕士学位论文, 2015。
④ 苗伟山、贾鹤鹏:《社交媒体中转基因食品的媒介框架研究——基于美国 YouTube 视频网站的案例分析》,《科普研究》2014 年第 5 期, 第 16~25 页。

　　已在抖音上开设官方账号的科技馆无论在短视频生产方面的动态数，还是在效果方面的粉丝数、点赞量、关注量上均有较大差别。截止到 2020 年 8 月 18 日，中国科技馆的动态最多（563 条）、粉丝数最多（37.8 万）、点赞量最多（196.7 万），贵州科技馆动态最少（2 条）、粉丝数最少（87）、点赞量最少（18）。关注量最多的是黑龙江科技馆（826），最少的是浙江省科技馆（0）。具体如下表所示。

表 1　省级以上科技馆/科学中心抖音官方账号情况

序号	省级科技馆列表	动态数	下载数	抽样数	粉丝数	点赞量	关注量
1	中国科技馆	563	549	55	378000	1967000	48
2	福建省科技馆	36	36	4	4549	30000	55
3	四川科技馆	7	7	2	25000	182000	109
4	江西省科学科技馆	288	262	27	5823	37000	42
5	黑龙江省科技馆(黑小科)	59	56	6	2496	29000	826
6	青海省科学技术馆	299	271	28	1861	11000	34
7	山西科技馆	39	35	4	1445	12000	56
8	云南省科技馆	17	17	2	1512	10000	54
9	北京科学中心(官方抖音账号)	148	144	15	9464	37000	17
10	陕西科学技术馆	6(4条图片)	2	2	821	5237	5
11	重庆科技馆	57	57	6	1387	6504	34
12	广东科学中心(官方抖音账号)	33	32	4	2089	6347	34
13	湖南省科学技术馆	124	122	13	852	8807	54
14	辽宁省科学技术馆	13	13	2	941	3375	225
15	上海科技馆	42	42	5	3488	12000	134
16	宁夏科学技术馆	6	6	2	336	1954	45
17	新疆科技馆	85	83	9	935	2910	88
18	科普秀秀秀(天津科学技术馆)	31	29	3	190	516	73
19	浙江省科技馆	19	19	2	189	78	0
20	湖北省科学技术馆	11	11	2	3525	1525	17
21	内蒙古科技馆	364	352	36	1098	2178	520
22	广西科技馆	212	209	21	3731	27000	31
23	甘肃科技馆	54	54	6	130	516	28
24	吉林省科技馆	62	62	7	852	7104	181
25	贵州科技馆	2	2	2	87	18	3
总数		2571	2472	265	450801	2401069	2713

为了了解科普场馆抖音官方账号科学传播内容和效果的总体特点，本研究抽取了1/10的短视频作为样本。具体的操作是，以科技馆官方账号为单位，按点赞量进行排序，从点赞量最高的短视频开始，每隔10条取一条，不足10条取点赞量最高和最低两条短视频。最终，爬取样本265条。

（二）研究框架

本研究以画面要素、叙事要素、声音要素为基本维度，设定了对短视频样本的分析框架，具体如下。

表2　样本分析框架

画面要素	背景环境	1=场馆内景； 2=办公室； 3=室外环境； 4=简单空间背景（如展示实验的一张桌子或一块背景布）； 5=其他；
	展现手法	1=固定镜头； 2=移动镜头； 3=混合（固定镜头与移动镜头）；
叙事要素	主题内容的类型	0=与自然科学、技术、工程无直接关系； 1=与自然科学、技术、工程直接相关；
	与自然科学、技术、工程直接相关的内容类型	1=与自然科学、技术、工程直接相关的知识； 2=与自然科学、技术、工程直接相关的方法； 3=与自然科学、技术、工程直接相关的精神； 4=与自然科学、技术、工程直接相关的思想； 5=其他与自然科学、技术、工程直接相关的内容；
	主题与日常生活之间的关系	1=与日常生活相关； 2=与日常生活无关（科学技术领域新进展、有关仪器、标本的介绍，与日常生活无关的实验演示）；
	叙事主体	1=科学家；2=网红；3=科普工作者（有身份介绍或穿着场馆工作服装）；4=画外音；5=非真人形象；6=普通素人；7=无叙事主体；
	与叙事相关的主要视觉对象	1=日常物品；2=馆内展品；3=专业领域物品（如实验室仪器/设备/用具、医院设备仪器/设备/用具）实验专用物品；4=人物；5=场馆本身；6=其他；

续表

叙事要素	呈现形式	"1=记录式:记录自然发生的现象/试验/机械操作; 2=图文视频:采取图片加文字轮播的形式进行内容讲解; 3=讲座式:采取授课、现场讲解等形式进行内容讲解; 4=Flash 动画:以动画的形式阐述具备科学性的内容; 5=表演式:采取情景剧表演或模仿的形式; 6=二次创作:以电影或电视剧等视频记录片段进行二次创作; 7=混合式:在一个短视频内,采用以上多种方式演示或讲解; 8=其他;"①
声音要素	旁白	1=旁白:陈述者在画面外; "2=字幕:画面中出现的文字,可分为注释性字幕、说明性字幕和混合字幕三类"② 3=旁白与字幕:同时使用旁白和字幕两种形式 4=无旁边或字幕
	背景音乐	1=只有音乐; 2=原声且无音乐; 3=部分采用背景音乐,部分采用原声;

表3 样本时长分析框架

时长	1=0~30 秒; 2=31~60 秒; 3=61 秒及以上;

表4 样本点赞量与转发量分析框架

点赞量	1=1~10 条点赞; 2=11~50 条点赞; 3=51~500 条点赞; 4=501 及以上条点赞;

---

① 马奎:《科普类抖音号内容发展研究——以 21 个传播影响力较大的科普类抖音号为例》,中国科学院大学硕士学位论文,2020。
② 马奎:《科普类抖音号内容发展研究——以 21 个传播影响力较大的科普类抖音号为例》,中国科学院大学硕士学位论文,2020。

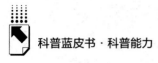

续表

转发量	0＝0 条转发； 1＝1~10 条转发； 2＝11~50 条转发； 3＝51 及以上条转发；

三　科技馆短视频的内容与特点

（一）短视频的整体内容特点

1. 画面要素

在背景环境方面，简单空间背景的占比最大（39.62%），其次是场馆内景（27.55%），之后是其他背景环境，办公室和室外环境的比例较小。也就是说，科技馆的短视频主要是在室内拍摄的。

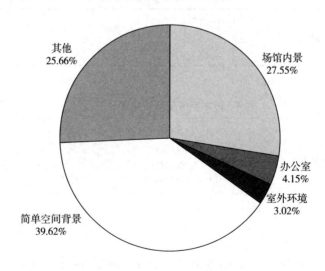

图1　样本短视频背景环境分布

在展现手法方面，固定镜头的比例最大（54.34%），其次是移动镜头（36.23%）和混合镜头。相比于移动镜头，固定镜头的成本和对技巧的要求是较低的。也就是说，样本短视频主要采用的是简单易操作的展现手法。

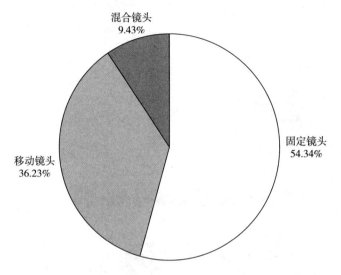

图 2　样本短视频展现手法分布

2. 叙事要素

在样本中，绝大部分短视频的主题内容都与自然科学、技术、工程直接相关（83.4%），这与科技馆开展科普和科学教育工作的宗旨是相统一的，但是仍然有 16.6% 的视频与科技没有关系。

在与自然科学、技术、工程直接相关的短视频中，有 35.29% 的短视频内容与科学知识有关，而与科学方法、科学精神、科学思想相关的短视频非常有限。近六成的短视频虽然与科技相关，但是并不能被归入知识、方法、精神、思想的框架，更多是在展示科技的神奇效果、记录与展品相关的观众体验、制作具有一定科技含量的小物品，或者是综合性的介绍科技名人等。也就是说，科技馆的科普短视频在普及科学知识和鼓励公众参与方面能够起到一定的作用，但是在普及科学方法、科学精神、科学思想等比较抽象的内容方面，还缺少足够的探索。

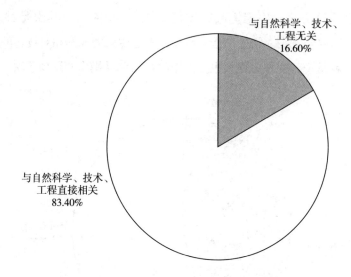

图3　样本短视频主题内容的类型分布

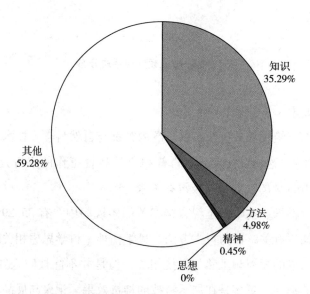

图4　样本短视频与科技相关主题的具体内容分布

在与日常生活之间的关系方面，55.09%的短视频与日常生活相关，44.91%与日常生活无关。

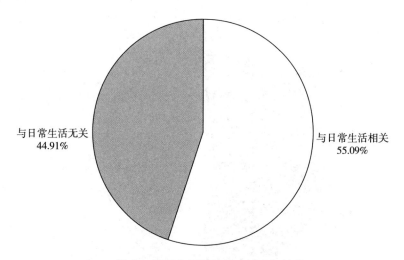

图5 样本短视频主题与日常生活之间的关系

在叙事主体方面，近一半短视频的叙事主体是科普工作者（45.66%），其中大量是科普场馆的工作人员，他们是科技馆短视频的叙事主力。其次是无叙事主体（26.04%），之后是普通素人（13.96%）和画外音（10.19%）的叙事主体。科学家作为叙事主体出现的比例很低，只有1.89%，没有网红成为科普场馆短视频的叙事主体。

也就是说，科技馆短视频的叙事主体主要是场馆内的工作人员，外部人员作为叙事主体参与的程度较为有限。

在与叙事相关的主要视觉对象方面，日常物品占比最大（43.40%），其次是其他（28.30%）和馆内展品（18.11%），人物（5.28%）、专业领域的相关物品（2.64%）和场馆本身（2.26%）比较少。也就是说，四成多的主要视觉对象都与人们的日常生活相关，样本短视频有可能在缩短科学与日常生活之间的距离感方面起到一定的作用。

在呈现形式方面，记录式占比最高（50.94%），其次是混合式（17.74%）和讲座式（10.94%），而Flash动画（6.79%）、表演式（6.42%）、图文视频（6.04%）的比例较低，在短视频中较为常见的二次创作（0.38%）占比最低。其中，记录式和讲座式的制作和时间成本均较

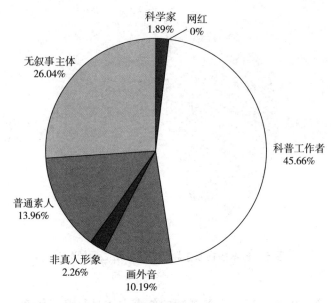

图 6 样本短视频叙事主体分布

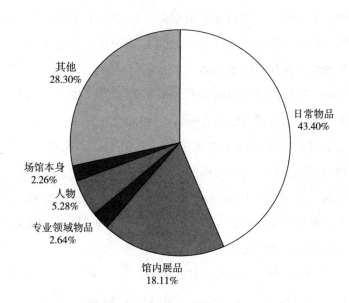

图 7 样本短视频与叙事相关的主要视觉对象分布

低，Flash 动画、表演式、图文视频涉及灯光、软件、美工、配音等具有一定专业性的工作，制作和时间成本均较高。也就是说，样本中的短视频在呈现形式上往往采用的是成本较低的形式。而利用电影或电视剧等视频片段进行二次创作的形式也许因为主要功能是搞笑，与科学技术的关系较远，且与官方账号的定位不太相符，导致了采用程度较低的情况。

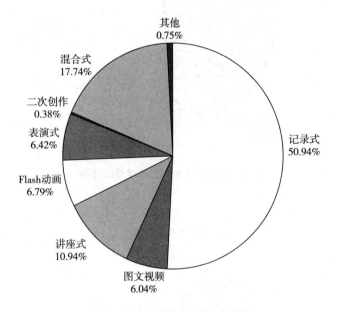

图 8　样本短视频呈现形式分布

3.声音要素

在旁白与字幕方面，近七成的样本短视频采用了字幕的形式（45.28%+22.64%），三成的短视频没有旁白或字幕，单独使用旁白的短视频较少（1.89%）。在短视频制作过程中，旁白一般需要后期配音的过程，而添加字幕的技术手段相对来说更简单，时间成本更低。

在背景声音方面，约 3/4 的短视频（74.34%）采用了背景音乐，约四分之一的短视频（25.28%）采用原声且不使用背景音乐，只有非常有限的视频采用了部分原声部分背景音乐的形式。

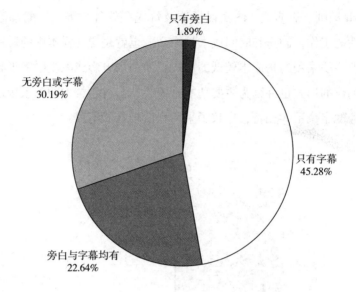

图 9　样本短视频旁白与字幕的分布

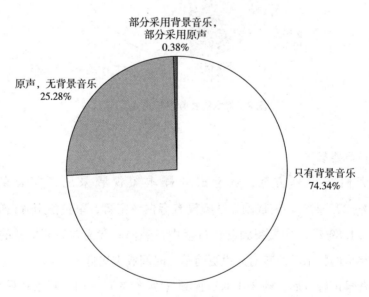

图 10　样本短视频背景声音分布

4.时长

科技馆短视频的时长在半分钟之内、半分钟到一分钟，一分钟以上的比例大体相似，其中31~60秒之间的短视频最多，而半分钟之内的短视频占比最低。具体如下图所示。

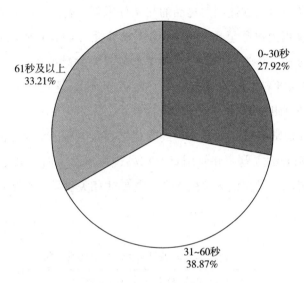

图11 样本短视频时长分布

（二）科学内容的呈现与特点

样本中共有221条短视频的内容与自然科学、技术、工程直接相关。这一部分将基于上述样本分析科技馆短视频的科学传播特点。

表5 科学内容与日常生活关系的交叉分析

题目	名称	科学知识、方法、精神、思想、其他（%）				总计	χ^2	p
		1	2	4	5			
主题与日常生活之间的关系	1	49(62.82)	10(90.91)	1(100.00)	54(41.22)	114(51.58)	17.326	0.001**
	2	29(37.18)	1(9.09)	0(0.00)	77(58.78)	107(48.42)		
总计		78	11	1	131	221		

* p<0. 05 ** p<0. 01

由上表可知，科学内容（科学知识、方法、精神、思想、其他）对于主题与日常生活之间的关系呈现出了0.01水平显著性。具体来说，展现科学知识、方法、思想的短视频的主题更倾向于与日常生活相关，而不能归入这些类型的短视频的主题则更倾向于与日常生活无关。

通过科学内容与叙述相关物品的交叉分析可以侧面印证上述结论。科学内容对于叙事相关物品呈现出0.05水平显著性（如表6所示），通过百分比对比差异可知，科学知识类短视频中呈现日常物品的比例为57.69%，明显高于平均水平48.87%。"其他"类短视频中呈现馆内展品的比例24.43%，明显高于平均水平18.10%。

也就是说，短视频对科学知识的表现更倾向于与日常生活相关，如选择与日常生活相关的主题，并使用日常物品进行展示。而"其他"类短视频更倾向于选择与日常生活无关的主题，与叙述相关物品也更倾向于使用馆内展品。

表6 科学内容与叙事相关物品的交叉分析

题目	名称	科学知识、方法、精神、思想、其他(%)				总计	χ^2	p
		1	2	4	5			
叙事相关物品	1	45(57.69)	4(36.36)	0(0.00)	59(45.04)	108(48.87)		
	2	8(10.26)	0(0.00)	0(0.00)	32(24.43)	40(18.10)		
	3	2(2.56)	1(9.09)	0(0.00)	4(3.05)	7(3.17)		
	4	0(0.00)	0(0.00)	0(0.00)	11(8.40)	11(4.98)	30.409	0.011*
	5	0(0.00)	0(0.00)	0(0.00)	2(1.53)	2(0.90)		
	6	23(29.49)	6(54.55)	1(100.00)	23(17.56)	53(23.98)		
总计		78	11	1	131	221		

科学内容与短视频时长呈现出0.01水平显著性差异。通过百分比对比可知，展现科学知识的短视频更倾向于制作长于1分钟的视频，展现科学方法的短视频更倾向于制作半分钟到一分钟的视频，展现科学思想的短视频更倾向于制作长于1分钟的视频。而展现其他科学内容的短视频则更倾向于半分钟之内的视频时长。其原因可能是与科学相关的内

容较为复杂，因此需要更长的时间加以表述，而展现科技的神奇效果、记录与展品相关的观众体验，或制作有科技含量的小物品则不需要很多的时间。

表7 时长与叙事相关物品的交叉分析

| 题目 | 名称 | 科学知识、方法、精神、思想、其他(%) | | | | 总计 | χ^2 | p |
		1	2	4	5			
时长	1	8(10.26)	1(9.09)	0(0.00)	40(30.53)	49(22.17)	20.527	0.002**
	2	28(35.90)	5(45.45)	0(0.00)	54(41.22)	87(39.37)		
	3	42(53.85)	5(45.45)	1(100.00)	37(28.24)	85(38.46)		
总计		78	11	1	131	221		

* p<0.05 ** p<0.01

而在叙事主体方面，科学内容对于叙事主体呈现出 0.01 水平显著性。基于百分比差异可知，科学知识类短视频更倾向于选择科学家、科普工作者、画外音作为叙事主体，其中所有叙事主体是科学家的短视频均呈现关于科学知识的内容。

关于科学方法的短视频更倾向于选择画外音、普通素人、其他类型的叙事主体。而表现"其他"类科学内容的短视频更倾向于选择无叙事主体的形式，具体如下图所示。

表8 科学内容与叙事主体的交叉分析

| 题目 | 名称 | 科学知识、方法、精神、思想、其他(%) | | | | 总计 | χ^2 | p |
		1	2	4	5			
叙事主体	1	5(6.41)	0(0.00)	0(0.00)	0(0.00)	5(2.26)	47.832	0.000**
	3	48(61.54)	2(18.18)	0(0.00)	59(45.04)	109(49.32)		
	4	15(19.23)	3(27.27)	0(0.00)	9(6.87)	27(12.22)		
	5	1(1.28)	0(0.00)	0(0.00)	5(3.82)	6(2.71)		
	6	2(2.56)	3(27.27)	1(100.00)	26(19.85)	32(14.48)		
	7	7(8.97)	3(27.27)	0(0.00)	32(24.43)	42(19.00)		
总计		78	11	1	131	221		

在呈现形式方面，不同科学内容的短视频也呈现出了0.01水平显著性。通过对比可知，展现科学知识的短视频更倾向于选择讲座式和Flash动画的形式，而展现科学方法的短视频更倾向于选择混合式的呈现方式。而展现"其他"类型科学内容的短视频更倾向于选择记录式的呈现方式，具体如下图所示。

表9　科学内容与呈现形式的交叉分析

题目	名称	科学知识、方法、精神、思想、其他(%)				总计	χ^2	p
		1	2	4	5			
呈现形式	1	27(34.62)	4(36.36)	0(0.00)	81(61.83)	112(50.68)	75.354	0.000**
	2	1(1.28)	2(18.18)	0(0.00)	8(6.11)	11(4.98)		
	3	20(25.64)	0(0.00)	0(0.00)	8(6.11)	28(12.67)		
	4	12(15.38)	2(18.18)	0(0.00)	4(3.05)	18(8.14)		
	5	2(2.56)	0(0.00)	1(100.00)	4(3.05)	7(3.17)		
	6	1(1.28)	0(0.00)	0(0.00)	0(0.00)	1(0.45)		
	7	15(19.23)	3(27.27)	0(0.00)	24(18.32)	42(19.00)		
	8	0(0.00)	0(0.00)	0(0.00)	2(1.53)	2(0.90)		
总计		78	11	1	131	221		

科学内容与背景环境和背景音乐之间也呈现出了显著性差异。在背景环境方面，展现科学知识和科学方法的短视频更倾向于选择"其他"类型的背景环境。在背景音乐方面，展现科学知识的短视频更倾向于选择原声无音乐。展现科学思想和展现"其他"类型科学内容的短视频更倾向于选择有音乐的形式，这可能与更好地烘托氛围有关。具体如表10和表11所示。

表10　科学内容与背景环境的交叉分析

题目	名称	科学知识、方法、精神、思想、其他(%)				总计	χ^2	p
		1	2	4	5			
背景环境	1	15(19.23)	2(18.18)	0(0.00)	35(26.72)	52(23.53)	61.027	0.000**
	2	4(5.13)	0(0.00)	0(0.00)	1(0.76)	5(2.26)		

续表

题目	名称	科学知识、方法、精神、思想、其他(%)				总计	χ^2	p
		1	2	4	5			
背景环境	3	1(1.28)	0(0.00)	1(100.00)	3(2.29)	5(2.26)	61.027	0.000**
	4	33(42.31)	2(18.18)	0(0.00)	66(50.38)	101(45.70)		
	5	25(32.05)	7(63.64)	0(0.00)	26(19.85)	58(26.24)		
总计		78	11	1	131	221		

表11　科学内容与背景音乐的交叉分析

题目	名称	科学知识、方法、精神、思想、其他(%)				总计	χ^2	p
		1	2	4	5			
背景音乐	1	46(58.97)	8(72.73)	1(100.00)	104(79.39)	159(71.95)	10.492	0.015*
	2	32(41.03)	3(27.27)	0(0.00)	27(20.61)	62(28.05)		
总计		78	11	1	131	221		

综上所述，与科学内容有关的短视频在内容呈现方面主要具有以下特点。第一，与科学知识相关的短视频与日常生活更相关，而不能归入科学知识、方法、精神、思想的"其他"类型的短视频则与日常生活不相关。第二，展现科学知识的短视频更倾向于制作长于1分钟的视频。第三，科学知识类短视频更倾向于选择科学家、科普工作者、画外音作为叙事主体。第四，展现科学知识的短视频更倾向于选择讲座式和Flash动画的形式。第五，展现科学知识的短视频更倾向于选择原声无音乐，展现"其他"类型科学内容的短视频更倾向于选择有背景音乐的形式。

四　科技馆短视频的效果与特点

（一）短视频的整体效果

整体来看，科技馆短视频的点赞量和评论量较低。以2020年9月1日的星榜抖音科普板块作为参考。[①]在前100位的账号中，点赞量最低为集平均5815，评论量最低为集平均78。但本研究样本中的点赞量超过5000的短视频只有11条，超过500次点赞的只占总样本的11.32%，近四成短视频的点赞量在10次及以下。在评论量方面，超过70次评论的短视频只有7条，获得50次以上评论量的短视频仅占3.4%，评论10次及以内的短视频占近九成，而近五成的短视频评论量为0。

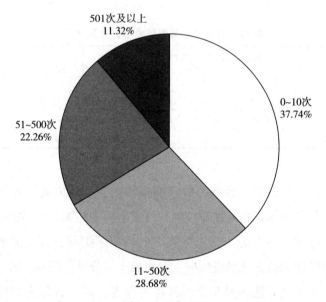

图12　点赞量分布

（二）科学内容的传播效果与特点

（1）科学内容与非科学内容在效果方面的差异

从内容的角度来看，与自然科学、技术、工程直接相关的短视频和非直接相关的短视频，两者在点赞量和评论量方面没有显著差异。

---

① 星榜．抖音科普类．https：//www.starrank.com/rank/douyin_list_kp_202035_7.html。

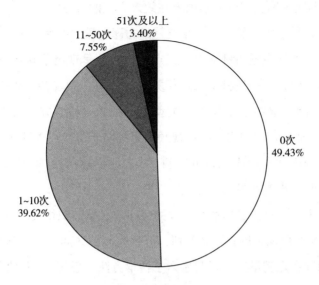

图 13　评论量分布

表 12　科学内容类型与点赞量的交叉分析

题目	名称	点赞量编码(%)				总计	χ^2	p
		1	2	3	4			
内容类型	0	12(12.00)	14(18.42)	12(20.34)	6(20.00)	44(16.60)	2.556	0.465
	1	88(88.00)	62(81.58)	47(79.66)	24(80.00)	221(83.40)		
总计		100	76	59	30	265		

表 13　科学内容类型与评论量的交叉分析

题目	名称	评论量编码(%)				总计	χ^2	p
		0	1	2	3			
内容类型	0	15(11.45)	24(22.86)	4(20.00)	1(11.11)	44(16.60)	5.84	0.12
	1	116(88.55)	81(77.14)	16(80.00)	8(88.89)	221(83.40)		
总计		131	105	20	9	265		

（2）不同主题类型的科学内容在效果方面的特点

不同主题科学内容的短视频在点赞量和评论量方面存在一定的差异。

一方面，不同主题的科学内容在点赞量方面呈现出了 0.01 水平的显著性差异。具体而言，呈现科学知识相关内容的短视频（39.74%）在点赞量51~500 次区间明显高于其他内容类型的短视频。科学方法（72.73%）和"其他"（48.85%）主题内容的短视频则更倾向于落在点赞量 0~10 次区间。而在点赞量 501 次及以上的区间，科学知识相关内容的短视频和"其他"内容的短视频则没有明显的差异性。

也就是说，在点赞量超过 500 次的区间，科学知识相关内容的短视频和"其他"内容的短视频没有明显差别，但是在其他区间，以科学知识为主要内容的短视频在点赞量方面要明显高于科学方法、思想、"其他"内容的短视频。在点赞量的维度上，科学知识类短视频的效果相对来说更好。

表 14　科学内容类型与点赞量的交叉分析

题目	名称	科学知识、方法、精神、思想、其他(%)				总计	χ^2	p
		1	2	4	5			
点赞量编码	1	16(20.51)	8(72.73)	0(0.00)	64(48.85)	88(39.82)	42.067	0.000 **
	2	22(28.21)	2(18.18)	0(0.00)	38(29.01)	62(28.05)		
	3	31(39.74)	1(9.09)	0(0.00)	15(11.45)	47(21.27)		
	4	9(11.54)	0(0.00)	1(100.00)	14(10.69)	24(10.86)		
总计		78	11	1	131	221		

另一方面，不同类型的科学内容在评论量方面呈现出了 0.01 水平的显著性差异。具体而言，在评论量 11~50 以及 51 及以上的两个区间，不同科学内容的短视频差异性不明显。但在 1~10 的评论量区间，展现科学知识（48.72%）和科学方法（54.55%）的短视频相对较多，而在评论量为0 的区间，"其他"类型（61.83%）的短视频相对更多。

表15　科学内容类型与评论量的交叉分析

题目	名称	科学知识、方法、精神、思想、其他（%）				总计	χ^2	p
		1	2	4	5			
评论量编码	0	30(38.46)	5(45.45)	0(0.00)	81(61.83)	116(52.49)		
	1	38(48.72)	6(54.55)	0(0.00)	37(28.24)	81(36.65)	43.192	0.000**
	2	5(6.41)	0(0.00)	0(0.00)	11(8.40)	16(7.24)		
	3	5(6.41)	0(0.00)	1(100.00)	2(1.53)	8(3.62)		
总计		78	11	1	131	221		

综上所述，科技馆抖音短视频的点赞量和评论量较为优秀的科普抖音号相比，仍存在一定的距离，整体上的传播效果仍有进一步提升的空间。

五　科技馆短视频内容与效果的特点与问题

（一）短视频内容与效果的特点

目前共有25个省级及以上科技馆和科学中心在抖音上开设了官方账号。这些官方账号能够通过短视频的方式传播科学，有利于进一步扩大科技馆的影响范围。但仍有若干省级科技馆尚未开设官方账号。

通过对短视频样本的考察发现，科技馆短视频内容和效果具有如下特点。

其一，已在抖音上开设官方账号的科技馆无论在短视频生产方面的动态数，还是在效果方面的粉丝数、点赞量、关注量上均有较大差别。与其他科技馆相比，中国科技馆在动态数、粉丝数、点赞量上具有较为明显的优势。

其二，大部分的短视频与自然科学、技术、工程直接相关，这与科技馆开展科普和科学教育工作的宗旨是相统一的。在与自然科学、技术、工程直接相关的短视频中，近六成的短视频虽然与科技相关，但是并不能被归入知识、方法、精神、思想的框架，更多是在展示科技的神奇效果、记录与展品相关的观众体验、制作具有一定科技含量的小物品，或者是综合

203

性的介绍科技名人等。35.29%的短视频内容与科学知识有关，而展示比较抽象的科学方法、科学精神、科学思想的短视频则非常有限。此外，虽然科学专业化程度不断加强，科学技术越来越抽象化，但样本中55.09%短视频的主题却与日常生活相关，这体现出了科技馆短视频对拉近科学技术与日常生活之间关系的关注。与叙事相关的主要视觉对象也在一定程度上印证了短视频将科学技术拉近日常生活的倾向，四成多的主要视觉对象都与人们的日常生活相关，而馆内展品、专业领域的相关物品、场馆本身展示则较少。

其三，在与自然科学、技术、工程直接相关的短视频中，与科学知识相关的短视频具有一定的特点。如科学知识类短视频与日常生活更相关，而不能归入科学知识、方法、精神、思想的"其他"类型的短视频则更倾向于与日常生活不相关。科学知识类短视频呈现日常物品的比例为57.69%，明显高于平均水平48.87%。而"其他"类短视频采用与日常生活不相关主题的比例更大，呈现馆内展品的比例更高。科学知识类短视频更倾向于选择科学家、科普工作者、画外音作为叙事主体，其中所有叙事主体是科学家的短视频均与科学知识相关，而表现"其他"类科学内容的短视频更倾向于选择无叙事主体的形式。在展现形式上，以科学知识为主题的短视频更倾向于选择讲座式和Flash动画的形式，而展现"其他"类型科学内容的短视频更倾向于选择记录式的呈现方式。这种现象可能是因为展现科学知识的短视频需要更多的讲解，因此无背景音乐更合适，而呈现展品科技方面的效果和神奇之处不需要更多的讲解，只需要背景音乐烘托气氛。此外，展现科学知识的短视频更倾向于制作长于1分钟的视频，而展现其他科学内容的短视频则更倾向于半分钟之内的视频时长。其原因可能是科学知识较为复杂，需要更长的时间表述清楚，而展现科技的神奇效果、记录与展品相关的观众体验，或制作有科技含量的小物品则不需要很多的时间。

其四，与排名较高的科普抖音号短视频相比，科技馆短视频在点赞量和评论量方面整体仍较低。不同类型的科技内容在传播效果上仍存在一定的差异。虽然科学知识类短视频与"其他"类短视频在点赞量和评论量最高的区间没有明显差异，但是在次高的区间，科学知识类短视频所占比例总体上要高于"其他"类型的短视频。相对来说，科学知识类短视频的传播效果更好。

（二）短视频科普能力的问题

大部分省级及以上科技馆已经在抖音上开设了官方账号，使得科技馆能够利用短视频的方式开展线上科普，有利于进一步扩大科技馆的影响范围。但通过对样本短视频的内容和效果进行研究发现，科技馆在短视频科普能力方面仍存在一些问题。

首先，部分科技馆对短视频科普能力建设仍缺乏足够的重视。如仍有若干省级科技馆仍未开设官方账号，部分已在抖音上开设的官方账号存在动态少、粉丝数量少的问题。

其次，部分科技馆对短视频账号的定位仍模糊不清。在主题方面，虽然大部分科技馆短视频的主题与自然科学、技术、工程直接相关，但仍有部分短视频与自然科学、技术、工程不直接相关。有些短视频仅仅是对活动的记录或者是有关科技馆的宣传片，甚至是纯娱乐的舞蹈等主题，这些短视频与科技馆传播科学的宗旨之间缺乏一致性。

第三，科技馆短视频科普能力建设仍存在资源有限的问题。如在展现形式方面，科技馆短视频的制作主要以低成本的方式完成。如短视频主要是在室内拍摄，简单空间背景的占比最大，主要采用固定镜头的拍摄方式，大部分采用的是记录式和讲座式的方式，而主要的叙事主体是场馆内的工作人员，外部人员作为叙事主体参与的程度较为有限。此外，在文案方面，科技馆短视频的文案虽然经过专门编写，但以平铺直叙的操作步骤等为主，缺少对实验原理的讲解和一定的趣味性的润色。目前，短视频的制作已经呈现出了明显的专业化倾向，高水平的短视频制作需要一定的资源和较为专业化的团队，短视频内容中呈现的上述问题在一定程度上反映出了目前科技馆短视频科普能力建设方面资源有限的问题。

六　相关政策建议

为了扩展科技馆的受众范围，更好地实现开展科普和科学教育工作的宗旨，可以从以下几个方面加强科技馆的短视频科普能力建设。

（1）提高科技馆对短视频科普能力建设的关注和重视，进一步推进各级各类科技馆入驻抖音等短视频平台。虽然一部分省级及以上科技馆已经入驻了抖音平台，但仍有部分省级科技馆仍未入驻。因此，可以进一步推进所有省级科技馆以及科协系统内综合实力较强的其他级别的科技馆入驻短视频平台。尤其在新冠疫情防控常态化的背景下，实体场馆能够接待的观众数量受到进一步的控制和限制，因此借助短视频平台保持科技馆与受众的交流和互动，有利于科技馆更好地落实科普和科学教育的宗旨。因此，科协可以联合教育部、中国科学院，以及其他部委系统共同发文，提高各级别、各系统科普场馆对短视频科普能力建设的关注，推进更广泛的科普场馆参与短视频平台的科学传播活动，减少新冠肺炎疫情对科普场馆工作的冲击。

（2）明确科技馆短视频账号的定位，理顺其与科技馆其他工作之间的关系，尤其是与传统宣传工作之间的区别。虽然大部分省级及以上科技馆已经入驻了抖音平台，但其中一些账号上只有十几个甚至几个短视频动态，短视频的效果和影响力几乎可以忽略不计。有些账号即使能够保持一定的更新频率，也存在短视频与科学传播主题无关的问题。因此，需要明确定位，进一步理顺短视频科学传播形式与科技馆传统科学传播形式，以及短视频官方账号与党群宣传工作之间的关系。

（3）加强对科技馆官方账号短视频制作的支持。目前科技馆短视频往往采用低成本的制作方式，文案也以平铺直叙的操作步骤为主，缺少对实验原理的具有趣味性的讲解，展现方式也较为单一枯燥。因此，应在经费和人力资源方面，对科技馆短视频制作工作给予一定的支持。如设立专门帮扶科技馆短视频制作的基金，以同行专家评审的方式对各科技馆短视频制作团队的短视频制作计划以及与科技馆外部团队之间的交流合作活动提供支持。又如设立专门的短视频制作奖励，鼓励在短视频内容制作和传播效果方面表现优秀的团队，从而提高科技馆层面对短视频科普能力建设的关注和支持。

（4）提高对中国科技馆短视频制作的支持，实现示范效应。与其他科技馆相比，中国科技馆无论在动态数、粉丝数，还是点赞量上都具有较为明显的优势。中国科技馆抖音官方账号上共有动态数超过 600 条，更新较为频繁，场馆内部设有负责短视频的专门团队和维护机制。但与抖音平台上同类型的优秀账号相比，仍然处于劣势。如科学旅行号在 2019 年 6 月开通，虽然作品数量有限，但粉丝数与获赞数都远超过中国科技馆。甚至科学共同体内部的研究机构，如中国科学院物理研究所官方抖音号的粉丝数和获赞数也超过中国科技馆，具体如下表所示。

表 16　短视频官方账号影响力对比①

账号	开通时间	粉丝数（万）	获赞量（万）	作品数
中国科技馆	2018.8	37.2	200.1	622
中科院物理所	2018.8	185.4	586.9	78
科学旅行号	2019.6	1353.6	8069.1	190

科技馆作为专门的科学教育与普及机构有其自身的特点和优势，但如何将这一优势与短视频形式联系起来是一个重要的问题。鉴于中国科技馆在人员和技术上的优势，有必要进一步加强对其的支持，鼓励其积极探索科技馆与短视频相结合的可能的方向，并为其他科技馆树立起榜样，起到一定的示范作用。

参考文献

Welbourne D J，Grant W J．Science communication on YouTube：Factors that affect channel and video popularity［J］．Public Understanding of Science，2016；25（6）：

———————

① 截止到 2020 年 8 月 18 日。

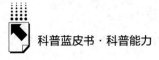

706-718.

Sood A , Sarangi S , Pandey A , et al. YouTube as a Source of Information on Kidney Stone Disease［J］. Urology, 2011, 77（3）: 558-562.

Keelan J , Pavri-Garcia V , Tomlinson G , et al. YouTube as a Source of Information on Immunization: A Content Analysis［J］. Jama, 2007, 298（21）: 2482-2484.

Allgaier J . On the Shoulders of YouTube: Science in Music Videos［J］. Science Communication Linking Theory & Practice, 2012, 35（2）: 266-275.

郝倩倩:《科普视频在"抖音"短视频平台的传播》,《科普研究》2019年第3期, 第75~81页。

赵林欢:《我国科普微视频研究》,湖南大学硕士学位论文,2015。

苗伟山、贾鹤鹏:《社交媒体中转基因食品的媒介框架研究——基于美国 YouTube 视频网站的案例分析》,《科普研究》2014年第5期,第16~25页。

马奎:《科普类抖音号内容发展研究——以21个传播影响力较大的科普类抖音号为例》,中国科学院大学硕士学位论文,2020。

B.7
典型国家科普能力提升政策与实践分析

张馨文 诸葛蔚东 陈 瑜*

摘 要： 本文从科普政策、科普基础设施建设和大众媒体与新媒体的科普
实践三个维度出发，选取英国、美国和日本作为讨论对象，梳理
三国在各维度中的发展脉络，并着重分析最新趋势，选取典型和
有借鉴意义的实践案例进行介绍。其中，英国是科学传播理论主
要发源国家，美国是科普发展商业化高度成熟的国家，而日本是
科技实力雄厚、文化地理上与中国更接近的亚洲国家，通过对这
三个典型国家科普政策与实践的比较分析发现，英国和日本注重
将科普政策纳入国家顶层设计，美国更倾向于激发高校和科技企
业参与科普基础设施建设的潜力。此外，近十年来，三国都积极
利用新媒体技术提升面向大众的科普能力。基于分析，本文指
出，典型国家政策与实践对我国科普事业的启示意义在于，要推
动更多科普政策进入国家顶层方针，同时建立鼓励高校和企业参
与科普实践的机制，并积极应用推广新媒体技术。

关键词： 科普能力 科普基础设施 科普政策

一 引言

习近平总书记指出："科技创新、科学普及是实现创新发展的两翼，要

---

* 张馨文，中国科学院大学人文学院硕士研究生，研究方向为科学传播；诸葛蔚东，中国科学院大学人文学院教授，研究方向为科学传播；陈瑜，中国国家图书馆副研究馆员，研究方向为科学传播。

把科学普及放在与科技创新同等重要的位置。没有全民科学素质普遍提高，就难以建立起宏大的高素质创新大军，难以实现科技成果快速转化。"这一重要指示精神是新发展阶段科普和科学素质建设高质量发展的根本遵循。2021年，国务院正式印发的《全民科学素质行动规划纲要（2021—2035年）》中明确提出，要实施科技资源科普化、科普信息化提升、科普基础设施、基层科普能力提升等四大建设工程，具体涉及制定政策方针、建设基础设施和提升科普传播等工作。目前，我国仍然存在科普有效供给不足、基层基础薄弱、落实"科学普及与科技创新同等重要"的制度安排尚未形成等亟须解决的问题。

他山之石，可以攻玉。日本、英国和美国不仅是科技实力雄厚的发达国家，其科普发展历史也更悠久，而且具备各自特点。通过对这些典型国家的有关政策和实践进行分析，特别是追踪其近年以来的发展趋势和最新案例，将有助于在新的理论和技术背景下，为我国下一阶段的科普事业发展提供借鉴和启示。

二　典型国家科普政策的发展趋势

（一）英国国家科普政策的发展趋势

1. 历史进程

英国的科普历史最为悠久，其官方科普政策经历了自上而下、公众质疑、双相沟通、全面参与等四个阶段。1985年发表的《公众理解科学》报告，标志着英国政府首次将肩负起科学传播的重任，自那之后，"自上而下"的传播模式得以实行，科学家通过媒体向公众传播科学知识。[①] 但自上而下的科普模式经历了百年实践后，越来越多涉及科学和技术的公共事件

---

① 梁玉兰、邱举良：《英国科学文化传播体系及其措施》，《科学新闻》2007年第15期，第5页。

（例如转基因、气候变化等）让民众对科学和科学界的信任度开始打折扣。因此，21 世纪以来，英国政府的科普工作重点转向公众参与科学。

2000 年 2 月，英国上议院科学技术特别委员会发表了《科学与社会》（Science and Society）的报告，提出"公众参与科学技术"（PEST）的战略。标志着科普方式一次重大转折：从"自上而下"的模式变为双向沟通模式，让公民进一步参与到关于科学技术发展和应用的决策过程中。[①] 具体做法包括：举办交流会、辩论会等。[②]

2. 最新趋势

近十年来，越来越多的高新科学技术步入了公众日常生活，特别是 2019 年底以来，新冠肺炎疫情在全世界蔓延，公众对包括医学和公共卫生在内的科学议题产生了前所未有的关注。在这样的背景下，英国也开始进一步优化改革其科学传播与普及的宏观政策。

2020 年，正值英国"公众参与科学"的倡议提出 20 年之际，英国上议院科学技术委员会召开了对"科学与社会"项目的反思与创新研讨会。委员会认为，20 年前，关于"科学与社会"的开创性报告，成功引导了公众参与、讨论和审议科学进展。但是，当下的问题在于，尽管英国各层级努力让公众参与科学，但在具备较高科学素养和影响力的人群与那些弱势群体之间仍然存在巨大差距。对于社会弱势群体来说，科学仍然在很大程度上是"被动接受的，而非对其拥有发言权。"委员会提出，在接下来的 20 年里，应该需要在科学在社会中的地位方面迈出下一步，从"科学与社会"（Science and Society）转变为"科学在社会中"（Science in Society），科学需要成为文化生活的正常组成部分。[③] 业界分析认为，这一倡议将把科学研究和技术创新系统构建到社会中，同时继续发展公众参与更多的共同创造，

[①] House of Lords, the Parliament of UK, *Science and Technology-Third Report*（2000）.

[②] 朱巧燕：《国际科学传播研究：立场、范式与学术路径》，《新闻与传播研究》2015 年第 6 期，第 78 页。

[③] UK Research and Innovation（UKRI），*Science and society, 20 years on*，https://www.ukri.org/news/science-and-society-20-years-on/，最后检索时间：2021 年 9 月 17 日。

为科学系统带来更广泛多元声音。

新冠肺炎疫情发生以来，英国下议院科学技术委员会发布了对政府在截至 2020 年秋季的应对疫情的分析报告，其中提出，科学建议的透明度对于促进公众的信心至关重要。让公众直接看到和听取资深科学家的意见非常重要，这种实践应该继续。报告认为，当下的公众已经具备基本的科学素养，熟悉数据和在解释科学政策方面的重要性。新冠肺炎疫情是对英国政府接受科学建议并采取行动的一次大考。科学技术委员会承诺进一步开展工作，未来的重点将致力于协调科学、公共政策和行政管理，推动疫苗接种。[①]

（二）美国国家科普政策的发展趋势

1. 历史进程

19 世纪，美国科普政策重视"科技知识的实用性"，进入 20 世纪后，政策风向转为关注"科学与社会的关系"。21 世纪以来，美国政府和有关部门更多强调"公民科学素质建设的人本性"，提倡公民科学精神的培养。美国科普工作主要在 STEM（科学、技术、工程、数学）教育的大框架下开展，形成了政府、学校、研究机构、企业、民间组织等共同参与的体系。[②]

其中，有 4 份重要报告是美国科普政策发展的关键节点：1945 年，《科学：无尽的前沿》报告促使美国官方层面的科普主力部门美国国家科学基金会（NSF）诞生；1947 年，《科学与公共政策》报告强调面向非专业人员进行科学教育的重要性；1994 年的《科学在国家利益中的地位》报告和 1998 年的《开启未来》报告，明确把公众科学素养、公众理解科学、科学与公众的关系提高到同等重要的位置。[③]

---

① Council for Science and Technology, UK, *A review of the Council for Science and Technology*, https://www.gov.uk/government/organisations/council-for-science-and-technology，最后检索时间：2021 年 9 月 17 日。

② 刘克佳：《美国的科普体系及对我国的启示》，《全球科技经济瞭望》2019 年第 34 期，第 5 页。

③ 刘克佳：《美国的科普体系及对我国的启示》，《全球科技经济瞭望》2019 年第 34 期，第 5 页。

美国国会要求，相关部门需要有意识有责任地提升公众科学素质。政府在发布的各种科技和教育政策文件中，大多加入了提升公众科学素质的内容，但赞助资金的主要来源是企业和个人，以及科学团体和各类基金会。①

2. 最新趋势

2016 年 12 月，美国国家科学院推出报告《有效地传播科学：研究纲领》（Communicating Science Effectively：A Research Agenda）。报告指出，科学与公众互动的，可以促进拥有不同知识、权力和价值观的群体之间加强交流沟通。② 美国科学院在 2012 年、2013 年连续两年举办了"科学传播的科学"（Science of Science Communication）研讨会，这标志着"科学传播的科学"开始作为新的学术领域出现。

2020 年 12 月 17 日，美国国家科学院出版报告《无尽的前沿——科学的未来 75 年》（The Endless Frontier：The Next 75 Years in Science），纪念《科学：无尽的前沿》（简称《布什报告》）发表 75 周年。报告对未来美国在科研事业、科学传播、政府和大学科研机构伙伴关系的演化等方面进行了建言。

报告提出，75 年来，科学和社会的关系发生了巨大变化。新社会问题凸显，如流行病、社会两极化、种族主义、网络安全和气候变化等。因此，报告认为，必须克服预算限制，联邦政府负责支持研究，在 NSF 建立新委员会，将人文和社会科学也纳入考量。

在这一基础上，报告认为 75 年前的《无尽的前沿》忽略了一个关键因素，即"科学的传播"。报告提出，为了传递科学的真正本质，科学家必须是优秀的沟通者，具备一种移情的交流方式。未来 75 年，美国政府将致力于：建立科学家与公众的双向对话、鼓励公众参与早期研究、赋予公众更多在科学领域的权力。③

---

① 刘克佳：《美国的科普体系及对我国的启示》，《全球科技经济瞭望》2019 年第 34 期，第 5 页。

② National Academies of Sciences, Engineering, and Medicine, *Communicating science effectively：A research agenda*（National Academies Press，2017）.

③ *The Endless Frontier：The Next 75 Years in Science*（Washington，DC；The National Academies Press，2020）.

（三）日本国家科普政策的发展趋势

1. 历史进程

日本科普历史迄今已有 100 多年，早期主要分为三个阶段：第一阶段为明治维新至二战，属于启蒙阶段，科普事业主要是正确翻译和向公众普及西方的科学术语；第二阶段为战败后，1958 年，日本科学技术厅发布了《科学技术白皮书》，指出应加强对国民的科学知识普及，要大力从政策层面推进科学技术进步；第三阶段是 20 世纪 80 年代初，日本提出了"技术立国"的新口号，重视知识分子和科技创新。

20 世纪 80 年代后期，日本经济快速发展，引起人们对环境资源等问题的关心，日本科普开始注重"增进国民对科学技术的理解"，注重改变公众对科学技术的态度。1995 年，日本制定了《科学技术基本法》，规定了日本科学技术相关政策。根据《科学技术基本法》，从 1996 年开始，日本政府每五年一次制定《科学技术基本计划》[①]。之后，日本逐步形成了一个课堂与课外、学校与社会、政府与团体互相关联、有机配合的科普体系。[②]

进入 21 世纪，日本大力促进国民对科学技术的信赖和参与。《科学技术基本计划（2006—2010）》进一步将科学拓展活动列为评价科研机构和研究项目的重要指标。从各期《科学技术基本计划》中对科学拓展活动的要求来看，日本科普政策主要特点有四个方面：加强科学基础教育、科研经费支持科普、注重提高居民科学素养、将科普纳入有关机构职责。其中，最后一点较有日本特色，日本官方推进科普的机构主要有科学技术振兴机构（JST）和科学技术与学术政策研究所（NISTEP）等。

---

① Kengo Yokomitsu. Gamified Mobile Computerized Cognitive Behavioral Therapy for Japanese University Students With Depressive Symptoms：Protocol for a Randomized Controlled Trial，https：//warp. ndl. go. jp/info：ndljp/pid/11293659/www. mext. go. jp/component/b ＿ menu/other/＿ icsFiles/afieldfile/2019/05/22/1417228＿006. pdf，最后检索时间：2021 年 11 月 1 日。

② 中国科普研究所：《日本科普政策的演变及对我国的启示》，https：//www. crsp. org. cn/m/view. php？aid＝2425，最后检索时间：2021 年 12 月 2 日。

JST 在日本的科技成果转化体系中发挥着重要作用，经费来源以政府拨款为主，其中有一部分就是用于研究交流和科普（见图1）。①

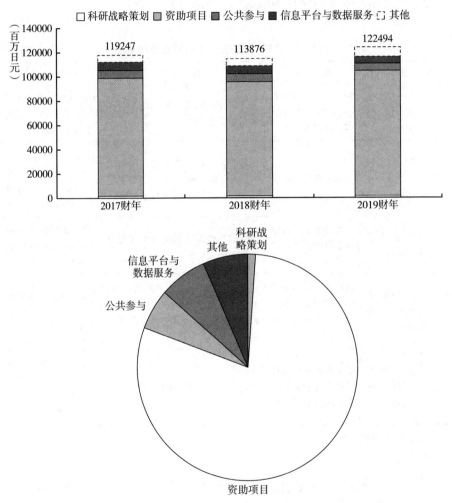

图1 日本科学技术振兴机构（JST）预算明细（2017~2019年）

资料来源：JST。

---

① CRDS 国立研究开发法人科学技術振興機構，研究開発戦略センター．研究開発の俯瞰報告書 統合版（2021 年）~俯瞰と潮流~，https://www.jst.go.jp/crds/pdf/2021/FR/CRDS-FY2021-FR-01/CRDS-FY2021-FR-01_ 10200.pdf，最后检索时间：2021 年 12 月 1 日。

NISTEP 主要负责开展各类科学技术指标、科学技术预测等研究活动，自1960年以来每隔几年就进行一次科学技术民意调查，每次调查围绕不同主题，以了解公众对科学议题的认知（见表1）。①

表1　NISTEP 主要研究方向及其资料来源

序号	研究方向	数据来源	数据类型	主要研究成果
1	产业与地区创新测度	根据国际标准对私营公司和地区研究活动开展的调查	企业研发数据与专利和论文等文献目录信息相结合	《区域科技指标》报告、产业集群与逆向选择报告等
2	科学与社会关系研究	人力资源分析调查	比较研究生院教育及课程中的人力资源开发状况，以及人力资源路径、流动性和多样性等可量化数据	日本毕业生数据库、大学生科学技术信息意识与职业选择研究材料等
3	科学计量学研究	论文和专利等数据库和科研投入产出调查	科研投入产出数据结合论文和专利数据	《科学地图》《科学技术指标》《科学研究基准》等
4	未来前瞻与情景模拟	通过连续和系统的情景扫描来观测科技发展和社会变化的信号	建立称为 KIDSASHI 的网络媒体，并通过定量与定性方法探索和分析新趋势，从而提供包括一些不确定信息在内的资讯	《开放研究数据和开放获取调查》、创新和生产力数据库等
5	公众对科学技术的认知研究	政府组织开展的科学技术民意调查和科学技术意识调查	定期评估公众对科学技术的认识	国家科学技术（地区）调查报告，公众对科学技术的认识和互动关系等

资料来源：JST。

进入21世纪，日本的科普政策发生新的转变，提出要深化科技创新与社会的关系，即与各利益相关者一起进行对话与合作。日本科普政策的总体方针是与时俱进，适时改变科普理念，有效缓解科技与社会的张力，发挥科

---

① 科学技术·学术政策研究所：调查研究成果公表一览，https：//www.nistep.go.jp/archives/category/news/research-outcomes/page/12，最后检索时间：2021年12月1日。

普在社会经济发展不同阶段的作用。①

2. 最新趋势

2020 年 6 月，日本《科学技术基本计划》正式更名为《科学技术创新基本计划》，对 25 年以来日本科学振兴的对象范围进行了扩展，也意味着至此以来的科学计划有了重要变化。人文、社会科学的振兴被纳入科学振兴的范围，科学技术创新政策不仅包含科学技术的振兴，还包括人文、社会科学的"知识"和自然科学"知识"融合出"综合的知识"，产生社会价值，进而人类和社会进行综合理解、解决问题。② 被加入的另外一大内容为"创新"。"创新"的概念之前被局限于企业开发出新产品，但在此计划中，被赋予新的含义，在经济和社会领域引起新的变化，创造出新价值，引起社会变革的"改革创新"。③

2021 年第 6 期《科学技术创新基本计划》发布，指出了这一时期科学计划的发展方向，在新的国际国内形势（中美对立国际形势发生新变化、新冠病毒流行等）背景下，从工业社会（SOCIETY3.0）向信息社会（SOCIETY4.0）转型，并把建设超智能社会（SOCIETY5.0）作为目标。④第 6 期《科学技术创新基本计划》提出，要实现 SOCIETY5.0 社会，其中一个要素就是培养支撑新社会的人才：在 SOCIETY5.0 时代，主动发现课题以及解决方法，通过探索活动提高自身能力尤其重要。因此，需要构建相应的教育、人才培养系统。在社会结构快速变化的环境下，需要解决一些之前从来没有应对过的问题，这就要求，在初等中等教育阶段，培养青少年的好奇心和解决问题的探索能力。此外，随着人均寿命的延长，人们根据自己的兴

---

① 董全超、许佳军：《发达国家科普发展趋势及其对我国科普工作的几点启示》，《科普研究》2011 年第 6 期，第 16 页。

② 科学技術・イノベーション基本計画，https://www8.cao.go.jp/cstp/kihonkeikaku/6honbun.pdf，最后检索时间：2021 年 12 月 1 日。

③ 科学技術・イノベーション基本計画，https://www8.cao.go.jp/cstp/kihonkeikaku/6honbun.pdf，最后检索时间：2021 年 12 月 1 日。

④ 科学技術・イノベーション基本計画，https://www8.cao.go.jp/cstp/kihonkeikaku/6honbun.pdf，最后检索时间：2021 年 12 月 1 日。

趣爱好追求幸福生活，需要为成年人提供再次学习的机会，构建人们追求各种生活方式的环境。①

最新出台的《科学技术创新基本法》的一个鲜明特征，就是将人文社科纳入支持范畴，而不仅仅是传统理科，删除了原法案中支援对象不包括人文和社会科学的表述（见图2）。日本内阁讨论时认为，为全面解决少子化老龄化等社会课题，新法将法学、哲学、传播学等人文科学的广泛领域列为新的资助对象，支持跨学科解决全球性科学议题。另外，新法案还提出，要保障和培养研究人员及创造性人才。为此，日本内阁府内将新设"科学技术创新推进事务局"，强化跨部门指挥功能。

在科普方面，新法提出，要加强从人文视角，开展科技传播推广，让所有市民都能充分享受科技传播带来的利益，打造以人为本的包容性社会。新法的修订参考了日本诸多有关的法规和政策，认为作为科学技术的指导性法案，必须重视科学和人文社会的和谐发展。旧的法案仅从涉及该技术的人的角度进行考虑，未来应当加入社会公众的视角，加深理解如何从科学和技术中受益。②

在2021年的《科学技术白皮书》中，关于争取理解新冠病毒的部分提道：有必要让每个国民正确理解新冠病毒。在科学传播时，信息需要科学、客观，使用适当的表现方法进行传播，正确传播病毒感染的情况。③ 此外，预计在2025年召开日本国际博览会（大阪关西世博会），也被看作提高市民科学素质的重要节点之一。

---

① 《日本将修订〈科学技术基本法〉，更名为〈科学技术创新基本法〉》，客观日本，https：//keguanjp.com/kgjp_ keji/kgjp_ kj_ etc/pt20200312000004.html，最后检索时间：2021年12月2日。

② 政策統括官（科学技术・イノベーション担当），科学技术基本法の見直しの方向性について，https：//www8.cao.go.jp/cstp/tyousakai/seidokadai/4kai/sanko2.pdf，最后检索时间：2021年12月1日。

③ 科学技术・学术政策局企画评价课，令和3年版科学技术・イノベーション白書　本文（HTML版）第3章 未来社会に向けた研究开发等の取组，https：//www.mext.go.jp/b_menu/hakusho/html/hpaa202001/detail/1421221_ 00006.html,，最后检索时间：2021年12月1日。

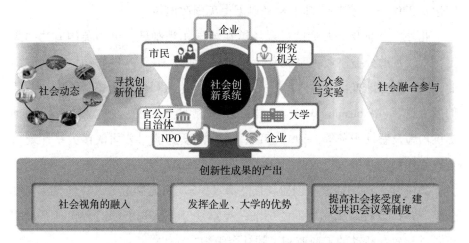

图 2　《科学技术创新基本法》中对社会因素的分析

资料来源：日本内阁府。

三　国外科普基础设施的建设发展

（一）英国科普基础设施的建设发展

1. 整体框架

英国在科普基础设施建设方面，主要以拥有众多历史悠久的科技博物馆和科技中心为突出特点，这些场馆承载着重要的科普职能。此外，英国绝大多数公立和私立机构都参与了科普工作，例如英国科学促进会和皇家学会。21 世纪以来，英国至少有 60 家机构（研究理事会、慈善协会和基金会，以及博物馆和学术会等）参与或部分参与面向公众的科普工作。[①]

英国政府尽可能在资金上给予科普场馆保障，每年为科普场馆划拨经费。例如，伦敦科学博物馆每年的运行经费约 1700 万英镑，加上两个连锁

---

① 梁玉兰、邱举良：《英国科学文化传播体系及其措施》，《科学新闻》2007 年第 15 期，第 5 页。

馆达到 2300 多万英镑，其中 85% 以上由英国政府拨款。[①]

此外，企业及个人赞助科普场馆在英国相当踊跃。因为英国有法律规定，个人赞助公益事业可享受减免税收的待遇。另外，科普场馆重视赞助商，因人制宜地推出各种赞助方式。[②] 例如，伦敦科学博物馆曾推出"与我们做生意"（do business with us）模式，包括品牌授权、给企业和私人活动提供场地及餐饮服务等。1991 年起，科学馆设立了"公司伙伴关系计划"，合作伙伴可以获得一定数额的免费套票、活动优惠等。

2014 年，英国商业、创新和技能部（BIS）研究制定了《英国科学与社会宪章》以及政府优先资助的标准，宪章规定，优先资助对象包括开展非正式科学教育活动的工商业和民间社会组织。[③]

2. 实践案例1：英国自然历史博物馆的数字化实践

与科学博物馆、维多利亚和阿尔伯特博物馆比邻的英国自然历史博物馆（The Natural History Museum）是欧洲最大的自然历史博物馆，原为 1753 年创建的不列颠博物馆的一部分，1963 年正式独立，是世界上最受欢迎的博物馆之一。在 2018 年至 2019 年，吸引了 530 万人次前来参观，成为英国第四大最受欢迎的景点。[④]

英国自然历史博物馆拥有的生物和地球科学标本约 7000 万件，包括五个主题：植物学、昆虫学、矿物学、古生物学和动物学等自然历史。该博物馆不仅是一所展馆，更是世界著名的研究中心，专门从事生物分类、鉴定和保存。

自然历史博物馆很早就开始了数字化发展，推出了适合手机浏览的小屏

---

① 李健民、刘小玲、张仁开：《国外科普场馆的运行机制对中国的启示和借鉴意义》，《科普研究》2009 年第 4 期，第 23 页。

② 李健民、刘小玲、张仁开：《国外科普场馆的运行机制对中国的启示和借鉴意义》，《科普研究》2009 年第 4 期，第 23 页。

③ 杨娟：《英国政府"科学与社会"项目的启示与思考》，《科普研究》2018 年第 13 期。

④ 《道格·古尔将出任英国自然历史博物馆新馆长　有危机也有挑战》，澎湃新闻，http://fashion.sina.com.cn/art/news/2020-07-01/0953/doc-iircuyvk1350701.shtml，最后检索时间：2021 年 12 月 2 日。

幕版本网站，并积极入驻推特、脸书和 Instagram 等社交媒体。2014 年，自然历史博物馆便推出了"数字馆藏"（The Digital Collections Programme）计划，收藏了 3 万余件数字标本，数字化产品超过 14.3 万个。截至 2020 年，数字馆藏的下载量超过 3800 万次。①

2019 年以来，新冠肺炎疫情对全世界的博物馆科技馆都带来巨大的运营冲击，自然历史博物馆的访问量也大幅下降，但博物馆进一步转向了线上活动（见图 3）。

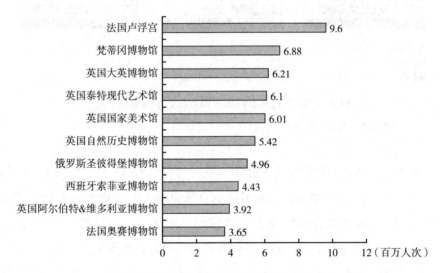

图 3　2019 年欧洲国家的博物馆访问量排名②

2020 年，有超过 1.4 亿人次访问了博物馆网站，其中有 820 万人次直接来自搜索引擎，环比增加 10%。超过 2/3 的访问来自移动端。目前博物馆社交媒体总粉丝量超过 350 万人。在脸书、推特和 Instagram 上的互动次数

① Digital collections programme. Natural History Museum. 2021，https：//www. nhm. ac. uk/our-science/our-work/digital-collections/digital-collections-programme. html，，最后检索时间：2021 年 12 月 1 日。

② Ranking of the twenty most visited museums in Europe in 2019. Statista，https：//www. statista. com/statistics/1116720/twenty-most-visited-museums-europe/，最后检索时间：2021 年 12 月 1 日。

超过270万次，环比增加了65.5%。2019年，博物馆在Instagram上发起了直播活动，其中一场直播恐龙考古活动，有超过260万人次观看（见图4）。①

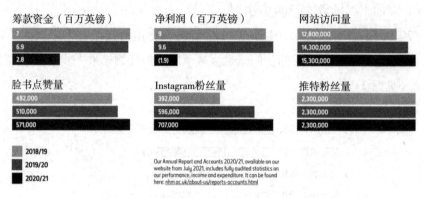

图4 2018年以来自然历史博物馆数字化成就一览

资料来源：自然历史博物馆年报。

此外，自然历史博物馆也把很多公众参与科学的项目转化为线上。专门推出了"居家活动"倡议，并为不同的自然科学爱好者提供丰富的视频和图片资源，例如主推自然博物馆大"网红"恐龙系列的动画和折纸游戏、面向青少年的家庭科学小实验、面向自然观察爱好者的园艺新玩法，面向在线授课的师生的教育资源等。另外，博物馆还和谷歌艺术文化项目合作，实现了馆藏虚拟化，开通了虚拟展馆通道。② 由自然历史博物馆承办，已经有50多年历史的著名"年度野生动物摄影师大赛"也开通了在线展览。

自然历史博物馆在2020年度报告中总结称："新冠疫情让我们通过在线渠道与受众联结的更加紧密，博物馆实现了有史以来最成功的数字化成就。"

---

① Annual Review 2020. Natural History Museum. 2021, lhttps：//www. nhm. ac. uk/content/dam/nhmwww/about-us/annual-reviews/annual-review-2020-FINAL. pdf，最后检索时间：2021年12月1日。

② Annual Review 2020. Natural History Museum. 2021, https：//www. nhm. ac. uk/about - us/annual-reviews. html，最后检索时间：2021年12月1日。

3.实践案例2：英国格拉斯哥科学中心的数字科学节和气候变化议题

2021 年 11 月，联合国气候变化大会第二十六次会议（COP26）在格拉斯哥召开，格拉斯哥科学中心作为格拉斯哥最重要的科普基础设施，已经将气候变化议题作为该中心的核心项目进行策划和升级。2020 年 10 月，中心启动了"我们的世界，我们的影响"（Our world，Our impacts）项目，举办了一系列互动在线活动、讨论、视频、游戏等，面向家庭或学校普及气候变化和建立一个更绿色、更健康和更公平的未来。[①]

新冠肺炎疫情之后，中心也面临参观量下降的冲击，为了适应后疫情时代的数字展馆趋势，格拉斯哥科学中心于 2021 年初开启了"我很好奇"（Curious About）数字科技节项目。该项目通过在线虚拟形式举办不同主题的数字科学节，形式主要是各种在线活动和游戏，每个节日都会在活动中邀请科学家，公众与科学家互动并提出问题。2021 年 2 月中心举办了第一个数字科学节"我很好奇：我们的星球"。11 月，在 COP26 临近之际，中心又举办了关于气候变化数字科学节。[②]

（二）美国科普基础设施的建设进展

1.整体框架

美国的科普基础设施大部分属于民间机构，主要包括科学博物馆和大学，例如，史密森学会（Smithsonian Institution）是世界最大的博物馆联合体，也是美国唯一由政府资助、半官方性质的博物馆机构[③]，此外还有美国科学促进会（AAAS）、国家科学院、工程院和医学院（NASEM）以及各大国家公园和美国高校。

近年来，在美国的科普生态中，冲在科普前沿的是大学。美国拥有大量

---

① Our World Our Impact，https：//www. glasgowsciencecentre. org/discover/our–world–our–impact，最后检索时间：2021 年 12 月 1 日。

② Glasgow Science Centre's Curious About Festival. 2021，https：//curiousabout. glasgowsciencecentre. org/，最后检索时间：2021 年 12 月 1 日。

③ National Collections. Smithsonian，https：//www. si. edu/dashboard/national–collections，最后检索时间：2021 年 12 月 1 日。

世界一流名校，高校非常重视科学传播。学校传播团队都不少于几十人，基本每个院系都会有负责传播职能的职员。大学科学传播团队与所在地紧密联合，尤其是当地科技馆等公共设施，例如，哈佛和麻省理工学院是所在的马萨诸塞州剑桥市科学节的主要贡献力量。①

除了这些受到官方支持的民间机构，企业也是美国科普产业的重要保障。美国企业大多热心科普活动，希望借此扩大公司影响力，塑造良好的社会形象。有的作为赞助商提供资金支持，有的直接参与或举办活动，也有的提供科普资源制作、展览策划和展品研发。② 例如，美国微软公司专门为青少年开辟了年度的"编程一小时"活动和线上计算机科学教育模块，深度融入美国 STEM 教育体系当中。③ 美国 GE 医疗也在全球通过公关关系等职能部门，开展科普防治乳腺癌等健康医疗和公共卫生知识的活动。这些活动或多或少都兼具公益性质和提升商业影响力目的，但也成为美国科普基础设施中丰富的一部分。

2. 实践案例：美国自然历史博物馆的公众教育实践

2019 年是美国自然历史博物馆建立 150 周年，在 150 年的发展历程中，美国自然历史博物馆的工作发生了一系列转变。

美国自然历史博物馆始建于 1869 年，位于纽约中央公园西南侧，总占地面积超过 70000 平方米，截至 2018 年，拥有天文、矿物、人类、古生物和现代生物五个方面的 34158257 件藏品。除此之外，美国自然历史博物馆还拥有一座规模庞大的自然历史图书馆，拥有藏书 485000 册以及大量的照片、影片、手稿等藏品；拥有世界上最大的天文馆之一——海登天文馆。其主办的《自然史》《博物学》《博物馆员》等期刊在业内享有极高的声誉；

---

① 贾鹤鹏：《同样是做科普，中美两国有何异同?》，https：//m. thepaper. cn/baijiahao_4476351，最后检索时间：2021 年 9 月 16 日。

② 刘克佳：《美国的科普体系及对我国的启示》，《全球科技经济瞭望》2019 年第 34 期，第 5 页。

③ Hacking STEM Lessons & Hands-On Activities. Microsoft，https：//www. microsoft. com/en-us/education/education-workshop，最后检索时间：2021 年 12 月 1 日。

致力于推进美国的科学传播与科学教育。①

为更好地发挥自然历史博物馆作为科普基础设施的角色，达到提升公民科学素养、加强公众对科学的理解的作用，美国自然历史博物馆不断吸收最新的技术成果，其中最具突破性的是用栖息地立体模型的方式来展示动物标本，将动物在自然界的真实生存情况完整呈现，栖息地立体模型使展陈达到空间整体性。

此外，从 20 世纪 90 年代起，博物馆为 12 岁以下儿童提供动手进行科学实践的探索室，儿童可以体验在模拟古生物挖掘现场处理真正的化石，可以用数字地震显示器跟踪世界上地震的实时数据。2000 年，博物馆建成了全新的地球和太空中心，配合先进的星空投影仪 Mark Ⅳ 构造出宇宙模型，让公众置身其中去探索宇宙 130 亿年的历史。② 其中还有专门的大爆炸剧院，观众可以俯瞰一个基于数百万天文观测数据而虚拟的精确的宇宙大爆炸的过程，引发公众对宇宙起源、宇宙终极目标的探索。

最后，博物馆采取多种渠道与社会互动，让藏品走出馆外。最为成功的案例之一是系列电影《博物馆奇妙夜》的拍摄。2006 年起，部分取景于美国自然历史博物馆的系列电影《博物馆奇妙夜》上映广受好评，引发全球博物馆热潮；"博物馆奇妙夜"成为一种新潮的科普形式，越来越多的博物馆开始组织参观者体验博物馆露营，通过一个晚上密集互动让营员们吸取更多的知识。"博物馆奇妙夜"成为美国自然历史博物馆的一个独有的 IP，专门制定了参观路线可以让观众看到电影中出现的藏品。为公众提供"基于实物的体验式教学"和"基于实践的探究式学习"机会，这是博物馆相较于学校等其他教育机构最大的特色与优势所在。③

---

① Norell, M. A., *The American Museum of Natural History. In The World of Dinosaurs* (Chicago: University of Chicago Press, 2019), p. 6.

② Mujtaba, T., Lawrence, M., Oliver, M., Reiss, M. J., "Learning and engagement through natural history museums," *Studies in science education* 54 (2018): pp. 41-67.

③ 焦郑珊：《从科技藏品的收藏、研究与传播，看自然历史博物馆的传承与转变——以美国自然历史博物馆为例》，《自然科学博物馆研究》2019 年第 4 期，第 12 页。

（三）日本科普基础设施的建设进展

1.整体框架

日本的科普基础设施主要依托各类科普展馆。日本是亚洲第一个建立科学博物馆的国家，全国共有博物馆超过 1300 家，其中科学博物馆和科技馆超过 200 多个。① 此外还有青少年之家、儿童文化中等教育设施 1200 多个，这些场馆都是青少年乃至成人接受科普教育的重要场所（见图 5）。

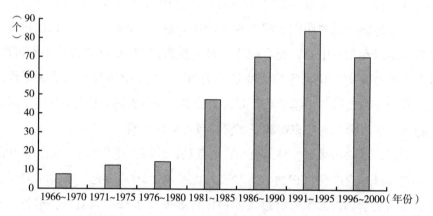

图 5　20 世纪 70~90 年代日本科技类博物馆设立数量②

2012~2020 年的《科技白皮书》都对科学场馆做出了一致的要求：充实科学技术交流员、支持科学馆和博物馆多举行推进科学技术交流的活动。其中，2016 年，由于青少年日益对科学兴趣缺乏，《科技白皮书》专门制定了"关心科学的契机"项目，提出针对性措施，邀请媒体采访诺奖获得者来扩大科学在青少年中的吸引力。2020 年《科技白皮书》中特别提道："博士学位获得者担任博物馆、科学馆等的职员或科学通讯员，以便将科学技术

---

① 杨盛林：《国内外科技场馆建设分析研究》，《科技视界》2017 年第 10 期，第 198 页。
② 文部省：《昭和 62 年度社会调查》，http://www.mext.go.jp/b_menu/toukei/chousa02/shakai/index.html，最后检索时间：2021 年 12 月 2 日。

以易懂、亲民的形式传达人民。"①

文部科学省每三年一次以各种社会教育设施为对象进行详细调查。② 根据公布的最新统计结果，2018 年，日本共有专门的科学博物馆 350 个，具体情况如表 2 所示。

表 2　日本博物馆以及类似设施数量统计③

类别	合计	综合博物馆	科学博物馆	历史博物馆	美术博物馆	野外博物馆	动物园	植物园	动植物园	水族馆
总计	4452	318	350	2858	616	91	59	101	16	43
国有	158	22	37	92	1	3	—	2	—	1
独立性政法人	40	19	6	8	3	1	—	3	—	—
都道府县	238	27	61	77	20	12	7	24	2	8
市（区）	2358	142	147	1651	253	50	42	46	9	18
町	810	54	49	613	68	6	—	9	3	8
村	136	8	3	110	12	3	—	—	—	—
普通财团法人、公益财团法人	138	16	7	56	50	5	—	4	—	—
其他	574	30	40	251	209	11	10	13	2	8

博物馆类设施的总入馆人数最新的数据为 2017 年的 160613173 人，超过了日本的总人口数④（见表 3）。

---

① 平成 22 年版科学技術白，https：//whitepaper-search. nistep. go. jp/white-paper/view/28792，最后检索时间：2021 年 12 月 2 日。

② 博物館調査（博物館類似施設），https：//www. e-stat. go. jp/stat-search/files? page = 1&layout = datalist&toukei = 00400004&tstat = 000001017254&cycle = 0&tclass1 = 000001138486&tclass2＝000001138488&tclass3＝000001138495&tclass4val＝0，最后检索时间：2021 年 12 月 2 日。

③ 社会教育調査/平成 30 年度 統計表 博物館調査（博物館類似施設），https：//www. e-stat. go. jp/stat-search/files? page = 1&layout = datalist&toukei = 00400004&tstat = 000001017254&cycle = 0&tclass1 = 000001138486&tclass2 = 000001138488&tclass3 = 000001138495&stat_ infid＝000031924453&tclass4val＝0，最后检索时间：2021 年 12 月 2 日。

④ 截止到 2021 年 3 月 8 日，日本的总人口数为 1 亿 2530 万人，https：//www. stat. go. jp/index. html，最后检索时间：2021 年 12 月 2 日。

表3 博物馆类似设施入馆人数（2017年）①

类别	2017年开馆数	举办特别展的馆数	入馆总人数（人）	特别展参观人数（人）
共计	4303	1871	160613173	40095353
国有	156	37	10495096	5231309
独立性政法人	39	27	4640615	2349409
都道府县	231	141	21659772	5716388
市(区)	2285	1118	80743229	17698707
町	769	290	6911199	1361295
村	132	40	732412	128390
普通财团法人、公益财团法人	135	64	5468126	1446723
其他	556	154	29962724	6163132

日本在科普基础设施建设方面主要特点有三方面。一是政府重视科技馆建设。科技馆主要由政府投资建设，科技馆管理经费、工作人员经费列入政府财政预算。二是倾向于展示高新技术。注意展示当今世界高新尖端技术，激发人们对科学技术的向往。三是管理方式灵活。建馆资金主要是政府投资，但也有展室、展品是行业协会投资建设。②

2. 实践案例1：日本科学未来馆的"科学交流员"模式

日本科学未来馆建于2001年，位于东京台场，由日本科学技术振兴机构维护和运营。它采用最新的视频和互动体验型展品，向以青少年为代表的

---

① 文部科学省. 社会教育调查/平成30年度 统计表 博物馆调查（博物馆类似施设），https：//www. e－stat. go. jp/stat－search/files？page＝1&layout＝datalist&toukei＝00400004&tstat＝000001017254&cycle＝0&tclass1＝000001138486&tclass2＝000001138488&tclass3＝000001138495&stat_ infid＝000031924453&tclass4val＝0，2020－03－23，最后检索时间：2021年12月2日。

② 山东省科协赴日韩科技馆建设考察团：《日本及韩国科技馆建设情况考察报告》，https：//www. doc88. com/p-4794134444826. html，最后检索时间：2021年12月2日。

国民通俗地讲解前沿科学和技术，展品打造花费13亿日元（约人民币8亿元）。科学未来馆是科技信息传播的桥头堡，发挥着日本科学馆网络核心的重大作用，日本科学未来馆积极开发高科技展品以增进受众对科学技术的理解。① 例如，"Geo-Cosmos"是科学未来馆的标志性展品，根据日本著名宇航员、科学家毛利卫先生的愿望，"与更多的人共同分享从宇宙看到的美丽地球"设计制作而成的。"Geo-Cosmos"是一个直径为6米、表面镶嵌着约100万个LED的球体显示器，悬挂在6楼高空，根据卫星数据等可模拟地球、月球、各类行星等的形态，还可显示全球海面温度、全球转暖模拟实验等。②

此外，科学未来馆通过讲座和活动，促进研究人员与公众，以及研究人员之间的交流；通过对全国科学博物馆的馆员集体培训等，旨在培养人才，在未来馆200多名工作人员中有50个"科学交流员"，他们大多为拥有博士学历的中青年（见图6、图7）他们与200多位各有学科专长的科技工作者建立了相对稳定的联络方式，致力于实现大众与专家多种形式的对话。③科学交流员的职责是在浅显易懂地帮助人们理解科学技术的同时，还与社会各种立场的人士深度对话展开交流，共同思考科学技术与社会的应有形态以及如何构筑未来社会。④

科学未来馆已经建立了成熟的科学交流员训练制度，此类人员聘用期最长5年，工作内容包括在展区向参观游客进行解说，并参与各种活动及展览企划等。任期满后，将其科学交流经验应用于各研究机构、大学、科学博物馆、企业、教育机构等领域（见图9）。此外，未来馆也对有志从事科学交流

---

① 日文部科学省：平成13年《文部科学白皮书》，http：//www.mext.go.jp/b_menu/hakusho/html/hpab200101/hpab200101_2_250.html，最后检索时间：2021年12月2日。

② 鸣川肇，"日本科学未来館Geo-Cosmos/大型球体ディスプレイの活用と，全球データのための新しい投影法の提案，"平成21年度宇宙科学情报解析シンポジウム（2010）。

③ 徐善衍：《对欧洲、美国、日本三地科学博物馆的思考》，《科学教育与博物馆》2017年第4期，第315页。

④ 《日本科学未来馆 科学交流员》，客观日本，https：//www.keguanjp.com/kgjp_zuozhe/pt20190808145342.html，最后检索时间：2021年10月7日。

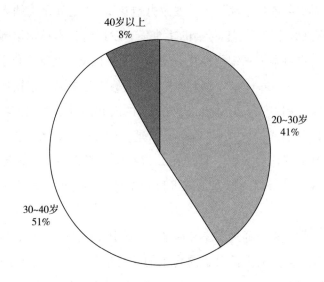

图6　日本科学未来馆"科学交流员"年龄分布

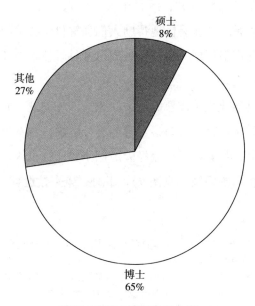

图7　科学交流员学历分布

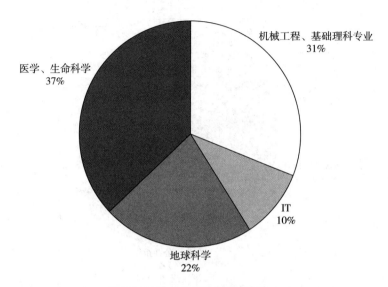

图 8　科学交流员专业分布①

知识者提供研修课程。在未来馆的科学传播交流员中，甚至还包括了馆内的智能机器人 ASIMO。②

　　5 年聘用期间，未来馆协助其系统地培养科学传播者所需的传播和管理技能。来自不同背景的人与科学传播者一起工作。通过专业培训，组建一支具备科学技术知识，以及编辑和写作能力的科学传播队伍。未来馆并不是科学传播者工作的唯一场所。官方还致力于通过在电视和互联网增加曝光度，在报纸、杂志和博客上发表交流员的撰写文章来传播科学信息。从 2009 年到 2020 年，该馆共培养了大约 150 名科学传播者，其中许多人活跃在全国的研究机构、公司、科学博物馆、教育机构等。③

---

① 李瑞宏：《浙江省科技馆与日本未来馆的比较》，《科学咨询》2010 年第 6 期，第 46 页。

② 日本科學傳播推動現況－公務出國報告資訊網，https://report.nat.gov.tw，reportFileDownload，最后检索时间：2021 年 12 月 2 日。

③ 科学コミュニケーターについて，Mirankan，https：//www.miraikan.jst.go.jp/aboutus/communicators/，最后检索时间：2021 年 12 月 2 日。

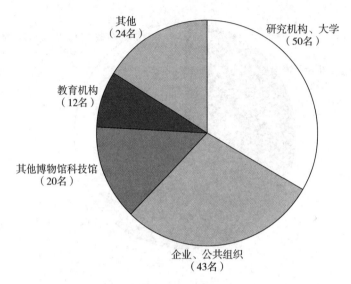

图9　科学交流员聘用期满后去向分布（2009～2020年）

资料来源：日本科学未来馆。

实践案例2：新冠肺炎疫情以来的针对性科普基础设施建设

2020年，在新冠病毒肆虐的背景下，科学未来馆展开了一系列有关新冠病毒的科普活动。从3月开始，科学未来馆设立专门的"新冠病毒"相关信息的特别网页，用幻灯片的方式向使用者提供简单易懂的介绍新冠病毒的相关知识；科学未来馆还以"风险不等于零"（risk≠0）为标语，制作了多条防止感染的措施，放在馆内各处；为了让人们更加直观地理解新冠病毒，科学未来馆还利用理化学研究所超级计算机的仿真数据，制作了戴和不戴口罩的环境下，飞沫不同的传播情况的动画，在馆内播放，以提示人们在日常生活中多戴口罩。此外，还在科学未来馆标志性展品"Geo-Cosmos"，即球形的LED显示器上，展示新冠病毒在世界蔓延的情况。①

---

① 2020年度日本科学未来館活动报告，https：//www.miraikan.jst.go.jp/aboutus/info/，最后检索时间：2021年12月2日。

四 国外大众媒体与新媒体科普的实践

（一）英国大众媒体与新媒体科普实践

1. 英国媒体科普实践的演变与特点

科学信息在英国媒体布局中主要包括以下传播渠道。一是普通报刊。英国市民阶层阅读的小报，时常因为追求轰动性新闻而不够客观真实反映科学原理，严肃媒体报道水平较高，但是在 21 世纪之前没有形成有关科学报道共识性标准和监督体系。2002 年 4 月，英国设立了"科学媒体中心"，主要致力于围绕有争议的科学问题增进公众对科学的信任。中心面向非专业记者和非专业科学编辑部，提供愿意就时事问题进行回应的科学专家名单。中心也面向科学界提供培训以提高他们与媒体沟通交流的方式。[1]

二是专业报刊。英国不少周刊具备较高水平的科学技术普及知识。例如，《新观察》《工程师》《经济学家》等。它们介于学术期刊和通俗刊物之间，以较为严肃的专业性和兼具时事热点性在各自领域里拥有权威。

三是各个高校、研究机构。在近十几年当中，它们积极设立了新闻办公室，以新闻发布、公共活动等形式向公众传递重大研究成果等信息，在传播方面向博物馆和科技馆的公益性质靠拢，官方网站设立大众板块，提供科学信息。

随着 2010 年前后社交媒体的急剧兴起，包括英国在内的全球科学新闻传播业态都发生了变化。越来越多的传统媒体入驻社交媒体平台，自媒体茁壮成长。[2] 2015 年，随着理查德·道金斯等科学家在英国推特上大批吸粉，与网友展开各类互动，科学家开始从幕后走向前台，通过社交媒体直接向公

---

① 胡璇子、诸葛蔚东、李锐：《英国促进科学家与媒体互动关系初探——以科学媒介中心为例》，《科普研究》2013 年第 8 期，第 5 页。

② 贾鹤鹏：《国际科学传播最新理论发展及其启示》，《科普研究》2020 年第 4 期。

众传递最新消息和观点。① 这已经成为不少受众获取科学新闻的重要渠道。②

2. 实践案例：英国科学媒介中心为媒体与科学界"牵线搭桥"

科学媒介中心是一个新的连接科学家与科学记者的独立机构，也是科学新闻和科普传播领域的一次创新，这种形式的组织正是从英国开始，逐步走向全球的。1999 年，一场关于转基因食品的媒体争论在英国爆发，由于媒体的"议程设置"效应，公众的情绪和对转基因食品的接受度产生了巨大变化。2000 年，英国上议院科学技术特别委员会发布的《科学与社会》报告认为，应当改变媒体的行为，并改善科学家与媒体打交道的行为。在这一背景下，英国科学媒介中心于 2002 年成立。③

科学媒介中心都是独立、非营利性以及无党派的，以确保在开展科学传播过程中的中立和公正性。同时，科学媒介中心建立专家库，邀请吸纳各研究领域的佼佼者，并鼓励他们在科学传播中发挥作用，媒体则通过注册的形式加入科学媒介中心，进而从中心获得相关科学信息、参加中心相关活动等，中心还会主动向媒体推荐科学家。

科学媒介中心逐步从英国影响到全世界，很多国家纷纷模仿英国成立各自的科学媒介中心，比如澳大利亚科学媒介中心（2005 年）、新西兰科学媒介中心（2008 年）以及加拿大科学媒介中心（2008 年）、日本科学媒介中心（2011 年）、美国科学媒介中心、丹麦科学媒介中心等。

当然，也有学者对科学媒介中心提出批评，认为中心增加了新闻记者的惰性，他们不再去深入挖掘科学新闻信息，损害了科学新闻报道的深度。④ 2013 年以后，英国科学媒介中心进一步提高在社交媒体上的曝光度和影响

① Uren, V. , & Dadzie, A. S. , "Public science communication on Twitter: A visual analytic approach," *Aslib Journal of Information Management* (2015) .

② A Knack for Bashing Orthodoxy. New York Times, https://www.nytimes.com/2011/09/20/science/20dawkins.html? pagewanted=1&_ r=1&ref=science，最后检索时间：2021 年 12 月 2 日。

③ 胡璇子、诸葛蔚东、李锐：《英国促进科学家与媒体互动关系初探——以科学媒介中心为例》，《科普研究》2013 年第 8 期，第 5 页。

④ 《国外科学媒介中心》，科学网，http://blog.sciencenet.cn/blog-428002-735293.html，最后检索时间：2021 年 9 月 29 日。

力，中心主席开设的个人博客发文数量明显上升，从 2005 年的 2 篇逐年增加到 2013 年的 14 篇。这些博文聚焦科学与媒体之间的关系，特别是 2020 年新冠肺炎疫情突发以来，有关如何报道科学新闻的热度激增，科学媒介中心也做出了更多努力和尝试。例如开设了"新冠疫苗研究枢纽站"，面向记者和公众可以提供有关疫苗的最新研究进展，所有内容都经过专家审核，并附有专业分析与解释。此外，科学媒介中心还围绕新冠肺炎疫情部署专题，一方面在线上聚合所有疫情相关的科学信息，另一方面加强了有关疫情的研讨会频率，据统计，2020 年至 2021 年 9 月举办的线上新闻会（briefing）就多达 200 多场。内容可长可短，基本全部围绕第一时间有关疫情的专家回应解读，极具时效性和权威性。

（二）美国大众媒体与新媒体科普实践

1. 美国媒体科普实践的演变与特点

美国的科学新闻媒体拥有悠久的历史，1845 年创刊的《科学美国人》（*Scientific American*）是世界上最著名的大众类科学传播杂志。1880 年出版的《科学》（*Science*）杂志则被认为是大众化水平做得最好的专业类期刊。20 世纪以来，电视媒体的兴盛，使美国诞生了诸如探索（Discovery）频道、国家地理（National Geography）频道等被全世界所熟知的科学媒体频道。

1980~1990 年代初期是美国科学新闻的蓬勃发展时期。除了垂直专业的科学媒体，美国主流媒体都有自己的科学或泛科技板块，并有专门的科学报道部门。例如《纽约时报》《华尔街日报》等传统大报，以及针对精英阶层的杂志《纽约客》等都经常做有关科学的深度报道。到 1989 年，美国大约有 95 家报纸开设了专门的科学板块，不少记者因为科学领域的报道获得普利策新闻奖。①

21 世纪以来，互联网逐步成为大众传播主流媒介，科学新闻（Science

---

① Nature：Science journalism：Supplanting the old media?，https：//www.nature.com/articles/458274a，最后检索时间：2021 年 12 月 2 日。

News)、连线（Wired）等垂直类科学科技新闻网站和其他主流媒体官方网站的科学板块都打破了地理局限，覆盖到更多的用户。

美国行业组织对科学新闻人才的支持力度也很大。早在1934年，美国一批科学作家就成立了全国科学作家协会。1960年，该协会派生了一个独立非营利的组织——科技写作促进委员会（The Council for the Advancement of Science Writing）。委员会提供资金，支持新闻专业学校培养科学媒体人才，颁发科技报道奖。① 此外，美国物理联合会也有影响力较广泛的科学传播奖（Science Communication Awards），以促进公众对科学的兴趣和关注。

然而，随着社交媒体和自媒体的兴起，网络直播、互动游戏、在线云展等逐渐流行。Twitter、Facebook等平台为大量自媒体、科学家和专家个人入驻提供了基础，加速了知识的传播，传统媒体记者受到冲击。根据科学进步（Science Advancement）的研究，美国记者行业市场到2026年可能萎缩10.1%，因此对记者岗位的竞争也逐步激烈。但相反的是，对独立记者，特别是在科学领域有专长的记者，市场需求在走高。② *Nature* 的调查显示，2005年以来，有59%的记者认为工作数量有所增加，许多人被要求为博客、播客、网站等平台提供内容。2009年，科学杂志 Seed 的母公司，上线了科学博客平台（Science Blogs），很快就有100多个科学博主聚集到网站上，网站根据博客的点击次数向作者支付报酬，这是后来越来越多"网红"自媒体通过平台运营的一种雏形。③

2. 实践案例1：《科学美国人》的新媒体转型

《科学美国人》杂志早在21世纪初就顺应互联网发展开设了自己的网站平台，并致力于在网站上整合旗下各类资源。在形式上也具有突出的融媒体特征，除了来源于杂志的深度特稿，还发展了播客、设计、视频和电商，

---

① 葛灵君：《大众媒介科学传播消息来源之中美比较》，《青年记者》2013年第32期，第16页。

② 22 Amazing Journalism Statistics Showing Current Industry Trends, https：//letter. ly/journalism-statistics/，最后检索时间：2021年12月2日。

③ Mary Beth Schaefer, *U. s. Science Journalists' Views and Uses of Online Reader Comments：a Qualitative Study*（Texas A&M University，2014）.

此外还积极转载合作媒体的内容，拓宽网站平台内容的丰富度和新闻性。

在推特和脸书成为主流社交媒体后，《科学美国人》也积极入驻，开设官方账号，并努力实现了团队的社交群体化。例如，为撰稿人和编辑的推特账号进行了认证，在社交媒体上积极互动，形成《科学美国人》的虚拟社群。

为了应对互联网时代的快速、碎片化阅读特征，《科学美国人》新媒体矩阵推出一系列短平快的产品。例如"科学六十秒"就是在一分钟内报道重大科学事件和信息。此外，网站垂直分类十分细化，仅进化学说下就有 9 个模板，通过标签的形式，让用户能快速直达想要了解的内容。[①]

最后，《科学美国人》注重打造视频 IP 栏目和产品，近年来连续推出融合了趣味性、专业性和新闻性的"顶流脱口秀""即时理论家""科学六十秒"等视频节目，比起专业期刊，更注重内容新奇和结合实时热点。此外，科学美国人还特别将一些重要领域单独分立成子刊物，例如大脑（Mind）、太空物理（Space &physics）和医疗卫生（Health &Medicne）等，其中大脑（Mind）是完全电子化的读物，没有实体版本。

目前，《科学美国人》编辑部核心成员约有 82 人，其中专职多媒体新闻制作的多达 13 人。他们主要的产出包括大量的互动式数据和漫画等可视化科普产品。[②]

总体而言，《科学美国人》作为美国最老牌的科普媒体，其新媒体转型道路并不是最大胆的，但仍可以视为一种与时俱进的标准化转型。首先，顺应互联网时代的平台变迁，及时把主战场转移到电脑和手机上，并根据新的媒体技术更新产品。其次，依旧保持了较高专业水准，并没有完全流于社交媒体潮流中的猎奇趋势，这主要体现在两方面，一是科学美国人在所有平台都公开自己的专业库，可以看到所有为科学美国人审核、提供咨询的科学家

---

① 孙璐、张丽：《"微时代"背景下科技新闻传播报道的创新研究——以科学美国人网（Scientific American）为例》，《科技传播》2014 年第 2 期。

② Archive. Scientific American，https://www.scientificamerican.com/store/archive/? magazineFilterID=SA+Space+%26+Physics，最后检索时间：2021 年 12 月 2 日。

名目，为其科普产品专业背书，迄今专家库已经多达158位，包括历史上曾经为其撰写过稿件的爱因斯坦、薛定谔、玻尔等①；二是科学美国人秉持着国家级科普品牌的品位，坚持印刷品和电子品同步化，并把老杂志收藏发展成读者俱乐部，把自身品牌打造成代表着美国社会发展和科技进步的见证者形象。

实践案例2：美国凯撒家庭基金会（KFF）在新冠肺炎疫情期间的新媒体影响力项目

KFF（凯撒家庭基金会）是一个非营利组织，专注于国家卫生问题以及美国在全球卫生政策中的作用。KFF开发和运行自己的政策分析、新闻传播项目，积极与主流新闻机构合作。凯撒家庭基金会成立于1948年，保留这个看似家族基金会的名字是为了纪念最初的实业家亨利·J.凯撒（Henry J. Kaiser），他的座右铭是"找到需求并满足它"，基金会已将其改成："满足对国家健康问题可信信息的需求。"

新冠肺炎疫情在全球蔓延以来，KFF致力于成为卫生政策分析和卫生新闻领域的领导者，提供的内容可以为政策制定者、媒体和公众提供无党派立场的事实、分析和新闻，且一直免费，包括政策研究、基本事实数字、新闻服务、调查性报道、健康科普和大众健康保险科普等。

KFF有自己的健康新闻编辑室，提供关于健康问题的深度新闻报道，是KFF三大运营项目之一。KFF报道医院、医生、护士、保险公司、政府、消费者等所有与健康相关的专业深入报道。有12名全国专家和科学家咨询委员会，6名媒体界专家委员。KFF还提供健康报道奖金，为杰出的记者提供了深入了解美国健康和卫生政策问题的机会，提供实地考察、简报以及与政策专家以及同行的讨论的平台，鼓励为广大受众报道和阐释复杂的经济、政治和医疗问题。②

---

① 储昭卫：《发挥新媒体平台功能创新科普传播形式——以〈科学美国人〉为例》，《科协论坛》2017年第11期，第25页。

② KFF, A leader in health policy analysis and health journalism, https：//www.kff.org/about-us/，最后检索时间：2021年12月2日。

新冠肺炎疫情以来，针对美国疫苗强制令的巨大争议，KFF 通过其社会影响媒体计划（Social Impact Media），联合美国儿科学会，创建了针对疫苗和儿童的专家对话项目"我们大于新冠"（WE>COVID-19），主要通过短视频的方式，用英语和西班牙语在全社交媒体平台推广儿科医生和疫苗专家对儿童接种疫苗的科普解读。①

（三）日本大众媒体与新媒体科普实践

1. 日本媒体科普实践的演变与特点

20 世纪以来，日本民众获取有关科技信息和新闻的渠道，主要是以广播电视为主，日本电视节目经常播放高质量科普节目，用生动的画面、图像、模型、实验等进行讲解，生动易懂有趣。1958 年，日本在首次出版的《科学技术白皮书》中，提到"要利用广播、电视、报纸和杂志等媒体"来进行科普。

此外，期刊是日本科普事业的一支重要力量。20 世纪 80 年代出现过一阵科普杂志发行热潮。其中最著名的有《Newton（牛顿）》、《科学朝日》、《日经科学》、《科学》（岩波书店）等。2006 年，日本科学技术振兴事业机构负责科学传播和科学教育的编辑团队创刊了《科学之窗》，通过使用插图、漫画和照片，以易于理解的方式解释与科学技术有关的问题和研究成果，并分发给图书馆以及全国公立中小学校。②

日本媒体的科学新闻报道历史并不长，20 世纪 50 年代，有关核试验的新闻事件频出，日本科学新闻报道才出现第一波热潮。1956 年 2 月，《读卖新闻》设立了日本最早的专门从事科学新闻的报道部门——科学报道总部。《朝日新闻》和《每日新闻》分别于同年 5 月和 12 月先后开设了科学版。

① Pediatricians answer questions about the COVID‐19 vaccines for children，https://www.greaterthancovid.org/theconversation‐children‐and‐vaccines/，最后检索时间：2021 年 12 月 2 日。

② Science Window，https://sciencewindow.jst.go.jp/about/，最后检索时间：2021 年 12 月 2 日。

1959年，共同社开设科学栏目。随着科学新闻影响力的进一步扩大，各大报社也在地方设置科学新闻编辑部，其主要职责是负责报道并协助当地记者报道当地发生的科学新闻事件。[①]

2017年，内阁府共实施的调查显示，3000名20岁以上的受众中：对科学技术相关新闻感兴趣的人比例达到61.1%。对于科学相关的信息来源，通过"电视"的比例仍然高达83.2%，其次为报纸40.5%，网络37.2%（见图10）。从年龄来看，60多岁的人群通过"电视"的比例最高，通过"互联网"的比例最高的为18~50岁的人群。

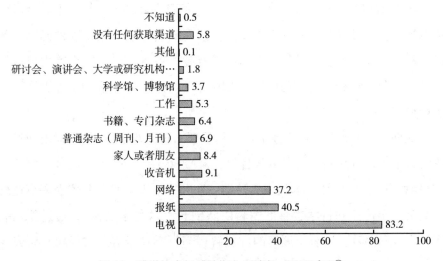

图10 科学技术相关信息入手途径（2017年）[②]

2.实践案例1：日本《科学之窗》杂志向"科学门户"的数字化转型

2006年，在日本科学技术振兴机构和日本未来科学馆的共同策划制作下，一本面向大众的科普杂志《科学之窗》（Science Window）创刊，内容包括基础科学实验及科技领域相关文章，由JST专业记者转译撰拟，旨在介

---

① 诸葛蔚东、刘罗岚、张馨文：《日本科学新闻报道体制浅析》，《传媒》2014年第19期，第56页。

② 科学技術と社会に関する世論調査，https://survey.gov-online.go.jp/h29/h29-kagaku/zh/z02.html，最后检索时间：2021年12月2日。

绍简单、有用、有趣的科学主题，以落实 STEM 教育，并提升教师与学生的科学素养。刊物一度免费赠阅日本约 39000 所公私立学校，以及美国约 50 所日本学校。

2012 年起，随着纸质刊物的式微，电子书已经成为互联网受众主要获取包括科学信息在内的各类新闻资讯的主要渠道，日本科学技术振兴机构开始改革旗下的多种传统类型的科普产品，整合资源，重新打造了新的科普平台"科学门户"Science Portal，将包括《科学之窗》在内的多项产品布局到一个融合型平台上。《科学之窗》改为免费电子杂志，除了分为成人版和儿童版外，且同步初版英文版，JST 华盛顿办公室固定在官网刊登。[①]

"科学门户"除了依托《科学之窗》外，还将原来的另一个产品"科学频道"（Science Channel）的视频内容也聚合起来，成为日本科学技术振兴机构（JST）运营的综合性平台。它不仅为普通大众提供趣味科普，还为研究人员和学生提供学术数据库聚合、资助项目信息等有用咨询。此外它还承担了部分新闻媒体的角色功能，及时更新每日科学新闻和专家观点。[②]

综合部署后，"科学门户"便以统一的平台品牌，在 Twitter、Facebook 和 Youtube 上统一创立账户并进行运营，其内容集中、丰富并且更新频率也有了保障。这不仅顺应了数字化媒体的发展趋势，而且有效整合了资源，节约了成本。2020 年 7 月开始，"科学门户"发布了专题"新型冠状病毒感染症——COVID19 和我们"。在这个专题里，不仅有关于新冠病毒的新闻，还有专家们对于新冠病毒的解说、最新研究进展、"我们如何应对新冠病毒"等内容。

实践案例2：由科学家和专家自发组织上线的新媒体平台 COVNAVI

2020 年初以来，新冠肺炎疫情（COVID-19）蔓延全球，在日本的情况

---

① 台湾地区科技部门：《日本科学传播推动现况》，file：///C：/Users/Dell/Desktop/C10703641%20（1）.pdf，最后检索时间：2021 年 10 月 7 日。

② Science Portal（サイエンスポータル）とは，https：//scienceportal.jst.go.jp/index.html，最后检索时间：2021 年 12 月 2 日。

也日益加重。日本千叶县千叶大学医院博士吉村健介，在目睹了紧急情况、参与成田机场检疫工作后，认为疫情暴发以来，新闻媒体和社交媒体上的信息复杂且难懂，并混合了不实和虚假信息，便依托新媒体技术和科学共同体，自发创建了线上专业疫情信息聚合平台COVNAVI。①

COVNAVI致力于提供有关新冠肺炎疫情和新疫苗的准确信息。特别是日本对于疫苗接种的争议较大，普通工作缺乏有关疫苗的准确信息，接种新疫苗也需要勇气。平台从自己的官方站点开始，布局全部主流社交媒体，大力传播让每个人都应该了解的疫苗准确信息，帮助大众能够做出自己的决定。

最初的创立者是吉村健介和其同事，一年多以来，团队里的科学家和专家不断扩大，已经有17名来自日本和美国各大医院各科室、病毒学家、心理学家和公共卫生学家为平台审核和提供内容。COVNAVI为疏解日本民众对疫苗的恐慌和抗拒提供了一个专业冷静的渠道，得到日本和海外媒体的不少关注。

五 结论与建议

（一）加强科普政策的顶层设计

典型国家的科普政策演变轨迹，均不同程度体现了"自上而下"的顶层设计过程。其中，英国和日本在科普方面，政府的引导效果更加突出，英国皇家学会的有关权威报告，奠定了官方定义科普"话语体系"的传统，通过行业和职能部门，层层传导到社会各界。而日本则是注重政府发布的跨年度规划和计划，以及立法，更为具体地指导科普实践。美国由于采取的是联邦制度，联邦政府在科普工作方面的集中施政比较少，但通过全国性报告和文件的签署，也自上而下加强了对科普工作的合法性支持。

---

① こびナビとは，https：//covnavi.jp/about/，最后检索时间：2021年12月2日。

由典型国家科普政策在近年发展的最新趋势中，不难看出对"公众"角色的强调和多维度分析。值得注意的是，对"自下而上"模式的倡导，也是通过权威部门的共识性发声而实现的，这再次表明，无论是英国的"科学与社会"，还是美国的"公众实践学习"，又或是日本的"科学创新体系"，依然是从顶层来设计如何自下而上让公众与社会参与科普和科学事业。其中，日本和美国的科普政策发展，教育教学的特征更加突出，更要求把科普与通识教育、非正式学习乃至"STEM"体系挂钩，这就更与作为公共服务职能的教育部门脱不开干系。

因此，将科普纳入国家顶层设计，突出科普的重要性和指明其实践方向，是加强全社会科普工作的基石。一方面，可以在全社会提高科普工作的"文化权威"与提供法规依据，另一方面，通过政府的教育行政职能更高效推进有关措施的落地。

（二）激发高校和企业投入科普基础设施建设

典型国家的科普政策与实践表明，单一的力量无法支撑覆盖全社会的科普需求，特别是近年来，各国逐步重视"公众参与"后，从基层和社区层面实现顶层设计，更加倚重多元角色的贡献，主要包括社会团体、高校和企业。

从英国和日本的案例中，不难看到其博物馆和科学馆在科普活动中的重要角色，这些场馆有一部分受到官方的背书和资助，一部分以商业化运营、与社会各界合作的方式运作科普项目。这种混合式运营一方面能保证场馆的专业背景和非营利本质，另一方面又能促进科普项目的创新和因地制宜。这也是近年来在我国可以看到的趋势：承担科普角色的场馆加大商业化营销，与社会各界联合策划活动。不过，我国博物馆和科学馆的建设与英国和日本的差距仍较大，因此在未来发展商业化运作的同时，也应该同时重视补上基础设施建设短板。

英国和日本作为场馆类科普基础设施建设的老牌资本主义国家，发展到当下，也出现博物馆和科学馆经营不善或资金缺乏的情况。而美国的建设实

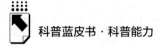

践可以作为更长期和可持续建设科普基础设施的借鉴，那就是大力激发高校和企业的科普动力。

美国高校将科普作为校园品牌公共传播的一部分，受到学校管理层的高度重视，甚至在院系之间可以展开良性竞争。这一方面能够减轻政府在科普设施建设上的压力，另一方面可以发挥高校贴近所在地的特点，实现因地制宜的科普活动。

此外，美国由于在高科技企业发展方面的领先优势，科普活动同样也被纳入企业发展的一部分，有些作为企业传播和宣传的创新方式，有些则纳入企业社会责任（Corporate Social Responsibility）。这样，企业所应用的科学技术，能够通过实地参观、公众互动、科普讲座等多种形式触及消费者和普通受众。在国家层面，企业和高校固定面向社会开放的科普场所，例如生产车间、研发部门、实验室、多功能厅等，都可以有效补充传统科技场馆的角色。

因此，作为发展中国家，中国高校和科技企业在科普领域的潜力仍有待发掘，激发高等教育与高科技企业在社会活动方面的科普意识，有助于实现政府行政部门、教育部门和社会层面在科普基础设施建设上的互利共赢局面。

（三）充分发挥新兴媒体技术的优势

典型国家的科普传播实践，无一不深受新兴媒体技术的影响。特别是互联网和社交媒体的普及，几乎取代了传统电视和纸质刊物在科普传播中的主导角色。无论是英国、美国还是日本，都在积极向以社交媒体为代表的互联网平台靠拢。

由于科普传播比大众传播更要求知识上的专业性，而社交媒体时代的信息爆炸和谣言滋生，更为科普传播带来挑战。另外，爆炸的信息意味着爆炸的需求，鱼龙混杂的数字媒体生态也意味着科普传播面临着前所未有的机遇。

从英国发源的科学媒介中心模式，在社交媒体时代无疑遇到如何继续发展壮大的挑战，新冠肺炎疫情以来，英国科学媒介中心明显加大在博客和社交媒体上内容的发布，扩大虚拟社区的影响力，传播效果有所进步，但很难说有"大水花"。而美国和日本的实践说明，无论是老牌科学媒体积极转型数字平台，还是新兴的互联网科普媒体，都努力突出强调自身内容团队的权威性，而不是流于"猎奇"的社交媒体快餐内容，不采用"标题党"等纯粹吸引流量的手段。秉持克制的专业性，同时突出内容团队的权威性，例如邀请、介绍知名科学家、诺贝尔奖获得者等参与内容创作和把关。

近年来，中国的互联网和社交媒体迅猛发展，信息生态的复杂程度令受众眼花缭乱，谣言、伪科学等传播问题也较为严峻。各大传统媒体在经历了多年互联网新闻和自媒体"流量导向"的影响后，又逐步认识到自身在专业素质上的优势。而一批完全依托数字平台兴起的新兴专业媒体，也倾向于打出专业、深度和权威的招牌。

国外的优秀实践和国内的发展趋势说明，科学传播和科普媒体，在新媒体技术日新月异的背景下，更应该关注自身核心优势，即提供专业权威、值得信赖的内容，特别是自媒体让内容生产者群体进一步扩大，由权威科学家组成的队伍就更能吸引受众目光。

在内容上，贴近受众特别是弱势群体的需求，将更能发挥科学传播特别是科普内容的社会效益，让科学媒体真正成为解决公众对学科知识现实、急迫需求的桥梁。

理论报告
Theoretical Reports

B.8
新时期国家和地区层面科普能力
评估指标体系研究

张增一　贾萍萍　刘橙泽 *

摘　要： 本研究通过对已有政策、文献的综述，总结现行的国家和地区科
普能力评估指标体系的框架、具体内容、赋权方式、各指标权重
及不同指标体系和评价方式之间的优劣。研究发现各个评估指标
体系重合度较高，且地区层面科普能力评估指标体系与国家层面
科普能力评估指标体系的区别度低。结合《全民科学素质行动
规划纲要（2021—2035 年）》，在解释国家科普能力新内涵的基
础上，从科学教育与培训体系、基础设施、资源开发、传播渠
道、社会组织网络、科普工作宏观管理、科普社会化协调组织能
力评估层面尝试提出新时期国家层面和地区层面的科普能力评估
指标体系。

* 张增一，中国科学院大学人文学院新闻传播学系主任，教授，研究方向为科学传播、科技与
社会；贾萍萍，中国科学院大学人文学院博士研究生，研究方向为科学传播；刘橙泽，中国
科学院大学人文学院博士研究生，研究方向为科学哲学。

关键词: 科普能力评估 科学教育 科普基础设施 科技传播

科普能力评估是对科普工作成效的评价,是一项复杂的长期性研究工作。在过去十几年中,我国致力于科普领域的学者们对此进行了大量的研究工作,在科普能力评价指标体系和赋权方式等问题中取得了重要的成果。随着《中华人民共和国国民经济和社会发展第十四个五年规划和2035年远景目标纲要》的颁布,尤其是《全民科学素质行动计划纲要(2021—2035年)》的实施,国家对新时期科普工作的要求、开展科普工作的基础和环境以及全民科学素质建设的目标、理念和指导思想都产生了新的变化。因此,在新时期的背景下,在新形势、新需求和新原则指导下,基于已有的科普能力评估研究成果,探讨国家科普能力评估指标体系和地区科普能力评估指标体系,对"十四五"乃至今后15年的全民科学素质建设工作具有重要理论价值和现实意义。

一 国家层面与地区层面评估指标研究评述

(一)国家层面科普能力评价指标体系、指标权重与评价方式

1. 国家科普能力的定义与评估框架

《关于加强国家科普能力建设的若干意见》中指出,"国家科普能力表现为一个国家向公众提供科普产品和服务的综合实力。主要包括科普创作、科技传播渠道、科学教育体系、科普工作社会组织网络、科普人才队伍以及政府科普工作宏观管理等方面"[①]。该意见出台后,张仁开、李健民等人在此基础上界定了科普能力评估的内涵,提出科普评估就是通过科学方法对各类科普工作及要素的能力、影响进行测度。[②] 在此基础上,提出新的科普评估内容框架(见表1)。

---

① 孔德意:《我国科普政策研究——基于政策文本分析》,东北大学博士学位论文,2016。
② 张仁开、李健民:《建立健全科普评估制度,切实加强科普评估工作——我国开展科普评估刍议》,《科普研究》2007年第4期,第38~41页。

表1　科普评估的内容框架

	科普活动评估
	科普机构评估
科普工作评估	科普设施评估
	科普计划评估
	科普传媒评估
	科普项目评估
	未成年人
公民科学素养调查	农民
	城镇劳动人口
	领导干部与公务员

2.国家科普能力评估指标体系的发展及现行指标体系

何锦义等对全国科技进步统计检测指标提出了修改设想，在科普能力方面，根据原有统计指标的情况以及我国科普能力建设的薄弱环节，将"人均科普经费使用额"和"地方教育经费投入强度"这两项与科普能力相关的指标纳入全国科技进步统计监测指标体系中。[①]

为落实《国家中长期科学和技术发展规划纲要（2006—2010）》，朱效民等人又从协调机制、经费投入、科普与产业结合、科普场馆建设等方面提出了导向性较强的意见和建议[②]。王翔也根据四个有利于的原则（即有利于构建和谐社会、挖掘利用科普资源、实现科普目标、市场机制与公益性相结合）提出了包含"科普源""科普流""科普库"在内的科普系统（见图1）。[③]

上述学者的研究成果基本奠定了后期科普能力评估指标体系的基础，为后续研究者的评估工作提供了重要依据。综合已有的研究成果来看，常用的评价指标体系主要以国家科普统计指标为基础，并遵循一定的原

① 何锦义、刘树梅：《关于修订全国科技进步监测指标体系的设想》，《统计研究》2007年第7期，第44~48页。

② 朱效民、赵立新、曾国屏、朱幼文、李大光：《国家科普能力建设大家谈》，《中国科技论坛》2007年第3期，第3~8页。

③ 王翔：《浅谈国家科普能力的建设》，《科协论坛》2016年第1期，第26~29页。

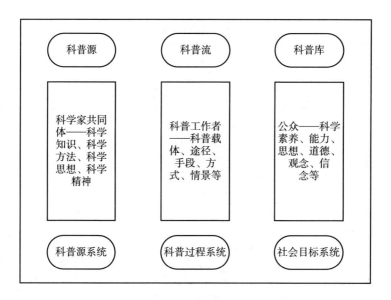

图 1　科普系统

则，结合科普活动所涉及的基本要素进行构建。《国家科普能力发展报告
（2006—2016）》给定了科普能力评价指标体系，这些指标主要以国家科
普统计指标为基础，全面结合科普活动所涉及的基本要素，遵循科学性、
稳定性、可获得性等原则进行构建，该指标体系是目前我国进行科普能
力评估的主要参照（见表 2）。在沿用该指标体系的基础上，郑念等认
为，主观赋权法的优点在于能够将实际情况和专家经验相结合，据此提
出较为合理的指标体系及权重，较少出现理论权重与实际相左的问题，
其缺点在于所得结果的客观性较低。相较于主观赋权法来说，客观赋权
法的优缺点较为明显，其优点在于凭借具体指标的联系程度的高低或信
息量的大小对指标进行赋权，其缺点在于弱化了决策者对不同指标的重
视程度。[①]

① 郑念、吴鑑洪、王晶、杜昕：《基于因子分析方法的科普能力建设评估》，载中国科普研究
所主编《中国科普理论与实践探索——第二十六届全国科普理论研讨会论文集》，科学出
版社，2019，第 535~552 页。

表 2　指标体系

一级指标	二级指标	三级指标	指标代码	组合权重
科普能力指标体系	科普人员（A）	中级职称或大学本科以上学历科普专职人员比例（%）	A1	0.0472
		中级职称或大学本科以上学历科普兼职人员比例（%）	A2	0.0094
		科普创作人员（人）	A3	0.0412
		每万人拥有科普专职人员（人）	A4	0.0173
		每万人拥有科普兼职人员（人）	A5	0.0297
		每万人注册科普志愿者（人）	A6	0.0064
	科普经费（B）	年度科普经费筹集总额（万元）	B1	0.0659
		人均科普专项经费（元）	B2	0.0590
		人均科普经费筹集总额（元）	B3	0.0505
		科普经费筹集总额占 CDP 比例（%）	B4	0.0406
		政府拨款占财政总支出比例（%）	B5	0.0519
		社会筹集科普经费占科普经费筹集总额比例（%）	B6	0.0241
	科普基础设施（C）	科技馆和科学技术博物馆展厅面积之和（平方米）	C1	0.0256
		科技馆和科学技术博物馆参观人数之和（人次）	C2	0.0371
		每百万人拥有科技馆（科技博物馆）数量（座）	C3	0.0262
		科技馆和科技博物馆单位展厅面积年接待观众（人次/米²）	C4	0.0575
		青少年科技馆数量（个）	C5	0.0139
		科普宣传专用车（辆）	C6	0.0170
		科普画廊个数（个）	C7	0.0048
	科普教育环境（D）	参加科技竞赛次数（人次）	D1	0.0324
		青少年参加科技兴趣小组次数（人次）	D2	0.0224
		参加科技夏（冬）令营次数（人次）	D3	0.0190
		广播综合人口覆盖率（%）	D4	0.0109
		电视综合人口覆盖率（%）	D5	0.0115
		互联网普及率（%）	D6	0.0216
	科普作品传播（E）	科普图书总册数（册）	E1	0.0255
		科普期刊种类（种）	E2	0.0156
		科普音像制品出版种数（种）	E3	0.0018
		科普音像制品光盘发行总量（张）	E4	0.0139
		科普音像制品录音、录像带发行总量（盒）	E5	0.0088
		科技类报纸发行量（份）	E6	0.0096
		电视台科普节目播出时间（小时）	E7	0.0126
		电台科普节目播出时间（小时）	E8	0.0059
		科普网站数量（个）	E9	0.0352

续表

一级指标	二级指标	三级指标	指标代码	组合权重
科普能力指标体系	科普活动（F）	参加科普讲座（人次）	F1	0.0313
		参观科普展览（人次）	F2	0.0432
		参观开放科研机构（含大学）（人次）	F3	−0.0035
		参加实用技术培训（人次）	F4	0.0391
		重大科普活动次数（次）	F5	0.0179

（二）地区层面科普能力评价指标体系、指标权重与评价方式

1. 定义与内涵

《关于加强国家科普能力建设的若干意见》对国家科普能力的定义进行了指示说明①，在此基础上，国内学者相继对地区科普能力的定义和内涵进行研究，提出地区科普能力是一个地区向该区域内的公众提供科普产品和服务的综合实力②。陈昭锋在此基础上继续对地区科普能力的概念内涵进行解释，认为地区科普能力就是指地区在经费、人员和基础设施良好运行的基础上，在管理和政策环境进步的前提下，可能提供的科普创作和科普活动等科普产品或服务。③

2. 指标体系的构建与各指标的赋权

关于地区科普能力的研究，自2007年开始，佟贺丰等人首次根据"科学性、稳定性、数据可获得性、平衡性"等原则构建了地区科普能力评估指标体系（见表3）。该体系着眼于投入端与产出端，投入端共计10个指标，包含科普经费、设施、人员等，产出端共计7个指标，包含科普活动、媒介等。在对各个指标进行赋权时，佟贺丰等人通过层次分析的方

---

① 全民科学素质工作领导小组办公室：《八部委出台加强国家科普能力建设若干意见》，《中国科技信息》2007年第6期，第6~9页。

② 张立军、刘影：《基于TOPSIS-核主成分法的区域科普能力动态评价》，《数学的实践与认识》2019年第5期，第302~309页。

③ 陈昭锋：《我国区域科普能力建设的趋势》，《科技与经济》2007年第2期，第53~56页。

法明确了该体系的基本框架，然后通过德尔菲法明确各指标具体的数值（见表4）。[①]

表3　地区科普能力评估指标体系

一级指标	二级指标	指标含义
科普人员	每万人拥有科普专职人员（人/万人）	科普专职人员数/万人
	每万人拥有科普兼职人员（人/万人）	科普兼职人员数/万人
	科学家和工程师比例（%）	中级职称及大学本科以上学历科普人员/科普人员
基础设施	每百万人拥有科普场馆（个/百万人）	（科技馆+科学技术博物馆+青少年科技馆）/百万人
	每万人拥有科普场馆展厅面积（平方米/万人）	（科技馆展厅面积+科学技术博物馆展厅面积）/万人
	每万人公共场所科普宣传设施（个/万人）	（城市社区科普活动室+农村科普活动场地+科普画廊）/万人
	每百万人科普基地（个/百万人）	（国家级+省级）科普基地/百万人
经费投入	地区科普经费占GDP的万分比（‰）	地区科普经费筹集额/GDP
	三级人均科普专项经费（元）	省市县三级科普专项经费之和/地区人口
	人均科普活动支出（元）	科普活动支出/地区人口
科普传媒	每万人科普图书发行量（册/万人）	科普图书出版总册数/万人
	每万人科普期刊发行量（册/万人）	科普期刊出版总册数/万人
	电视科普节目播出时间（小时）	电视台科普节目播出时间
	广播科普节目播出时间（小时）	电台科普节目播出时间
活动组织	三类主要科普活动参加人次占地区人口比例（人次/万人）	科普讲座、科普展览、科普竞赛参加人次之和/地区人口
	科技活动周参加人次占地区人口比例（人次/万人）	科技活动周专题活动参加人次/地区人口
	科普场馆参观人次占地区人口比例（人次/万人）	科技馆参观人次+科学技术博物馆参观人次/地区人口

① 佟贺丰、刘润生、张泽玉：《地区科普力度评价指标体系构建与分析》，《中国软科学》2008年第12期，第54~60页。

表 4　评价指标权重

一级指标	权重	二级指标	权重
科普人员	19	每万人拥有科普专职人员	6
		每万人拥有科普兼职人员	4
		科学家和工程师比例	9
基础设施	18	每百万人拥有科普场馆	3
		每万人拥有科普场馆展厅面积	6
		每万人公共场所科普宣传设施	6
		每百万人科普基地	3
经费投入	21.6	科普经费占 GDP 的万分比	6.1
		三级人均科普专项经费	6.5
		人均科普活动支出	9
科普传媒	13	每万人科普图书发行量	1.9
		每万人科普期刊发行量	2.1
		电视科普节目播出时间	5
		广播科普节目播出时间	4
活动组织	28.4	三类主要科普活动参加人次占地区人口比例	12
		科技活动周参加人次占地区人口比例	8.3
		科普场馆参观人次占地区人口比例	8.1

至 2011 年，李婷在佟贺丰等人提出的指标体系的基础上对其进行改良，改进后的科普投入包含基础设施、经费和人员，科普产出包含科普创作和科普活动，科普支撑条件包含政策与组织管理。[①] 在这一框架的指导下，李婷新建了理论模型及与之相对应的指标体系（见表 5）。相较于佟贺丰等人的体系来说，李婷所提出的指标体系最大的区别在于新增了科普支撑条件这一父级指标。

①　李婷：《地区科普能力指标体系的构建及评价研究》，《中国科技论坛》2011 年第 7 期，第 12~17 页。

表 5　地区科普能力指标评价体系

一级指标	二级指标	三级指标
科普投入	科普人员	专职人员
		兼职人员
	科普设施	科普场馆
		非场馆科普基地
		城市农村活动
		科技馆展厅
	科普经费	科普专项经费
		经费筹集
		经费使用
		活动周经费
科普产出	科普创作	图书
		音像
		电台电视节目
		网站
	科普活动	四类科普活动
		科技活动周
科普支撑条件	组织管理	管理结构
		科普奖励
	政策环境	政策制定

　　在陈昭锋、佟贺丰、李婷等人的研究基础上，张立军等人于 2015 年再次改进该指标体系及指标赋权（见表 6）。他们认为前人的研究存在如下两个问题，一是评估指标选取的科学规范性较低，选取过程主观性较强；二是对于具体指标权重的确定具有主观性，确定过程的随意性强且权重较为僵化，从而影响了总体评估结果的客观性。针对上述两个问题，张立军等人运用主观分析和客观论证相结合的方法重新构建了地区科普能力评估指标体系。[①] 该指标体系以全面性和代表性作为基本构建原则，主要区别在于应用了 CRITIC 法。

[①] 张立军、张潇、陈菲菲：《基于分形模型的区域科普能力评价与分析》，《科技管理研究》2015 年第 2 期，第 44~48 页。

　　综合指标内容与权重，该体系与佟贺丰等人提出的指标体系及权重存在如下不同点，一是科普人员的构成方面，张立军等人将科普创作人员加入其中且该部分在科普参与人员中的权重最高，而在佟贺丰等人的体系中，"科学家和工程师比例"这一二级指标的权重最高，结合地区实际情况来看，在这一部分中，张立军等人的赋权方式更加符合地区/区域的科普能力的具体情况；二是在经费投入这一指标中，佟贺丰等人体系中"人均科普活动支出"权重最高，张立军等人体系中"三级人均科普经费专项经费"权重最高，在这一部分中，佟贺丰等人注重的是落实到活动层面的经费支出，张立军等人则更加注重所有科普专项的经费支出，尽管这一权重考虑得更加全面，但是落实到活动的经费支出更能体现地区科普能力；三是在科普宣传这部分，张立军加入"每万人科普光盘发行量"这一二级指标并赋予较高权重，且李婷的"科普网站"指标被删除，结合地区科普的实际情况来看，该部分指标体系的建立与权重有待商榷；四是在科普活动这一部分中，"举办实用技术培训人均参加数"这一指标被纳入，并且权重最高，这一指标的加入，将科普活动的外延从单纯的科学普及性质的活动扩大到科学与技术的层面。

表 6　区域科普能力评价指标体系

一级指标	二级指标	三级指标	指标权重
区域科普能力评价指标体系	科普参与人员	每万人科普专职人员数(X_1)	0.0408
		中级职称以上或大学本科以上学历科普人员比例(X_2)	0.0326
		科普创作人员占科普专职人员比例(X_3)	0.0495
	科普基础设施	每百万人科普场馆数(X_4)	0.0596
		每万人科普场馆展厅面积(X_5)	0.0655
		每万人科普活动场地数(X_6)	0.0423
	科普经费	地区科普经费筹集额占 GDP 比重(X_7)	0.0637
		三级人均科普经费专项经费(X_8)	0.0782
		人均科普经费使用额(X_9)	0.0720

续表

一级指标	二级指标	三级指标	指标权重
区域科普能力评价指标体系	科普宣传	人均科普图书、期刊发行量(X_{10})	0.1012
		每万人科普光盘发行量(X_{11})	0.0826
		电视台、电台科普播出时间(X_{12})	0.0570
	科普活动	三类主要科普活动人均参加人数(X_{13})	0.0546
		青少年科普人均参加数(X_{14})	0.0678
		科普场馆人均参观数(X_{15})	0.0634
		举办实用技术培训人均参加数(X_{16})	0.0692

至此，对区域/地区科普能力的指标体系构建大体相似，各学者均沿用或对前人的指标体系稍做修改，只是所采用的评价方式各有不同，从最初的主成分分析法、因子分析法等逐步演化为 TOPSIS 模型-核主成分分析法等。李卉等人在 2019 年又对地区科普能力进行评估，在该研究中，首次提出将"双创科普"（即大众创业、万众创新）作为二级指标，并通过因子分析-熵值法、因子分析-DEA 分析法对我国地区科普能力进行评价（见表 7）。[①] "双创"被纳入地区科普能力评价指标体系，一方面扩大了科普对象的范围，另一方面也扩展了科普工作的内涵。

表 7 地区科普能力评价指标体系

一级指标	二级指标	三级指标	指标含义
科普投入	科普人员(X_1)	X_{11} 每万人拥有科普专职人员（人）	科普专职人员数/地区人口
		X_{12} 中级职称以上或大学本科以上学历科普专职人员比例（%）	中级职称以上或大学本科以上学历科普专职人员/科普专职人员
		X_{13} 每万人拥有科普兼职人员（人）	科普兼职人员数/地区人口
		X_{14} 中级职称以上或大学本科以上学历科普兼职人员比例（%）	中级职称以上或大学本科以上学历科普兼职人员/科普兼职人员
		X_{15} 每万人拥有科普兼职人员年度实际投入工作量（人月）	科普兼职人员年度实际投入工作量/地区人口

---

① 李卉、熊春林、尹慧慧：《基于规模与效率的地区科普能力评价研究》，《科技与经济》2019 年第 3 期，第 11~15 页。

一级指标	二级指标	三级指标	指标含义
科普投入	科普场地 (X_2)	X_{21} 每百万人拥有科普场馆（个）	（科技馆+科学技术博物馆+青少年科技馆）/地区人口
		X_{22} 每万人拥有科普场馆建筑面积（平方米）	（科技馆建筑面积+科学技术博物馆建筑面积）/地区人口
		X_{23} 每万人拥有科普场馆展厅面积（平方米）	（科技馆展厅面积+科学技术博物馆展厅面积）/地区人口
		X_{24} 每万人拥有科普教育基地（个）	（城市社区科普专用活动室+农村科普活动场地）/地区人口
		X_{25} 每万人拥有科普画廊（个）	科普画廊个数/地区人口
	科普经费 (X_3)	X_{31} 年度科普经费筹集额占 GDP 的万分比（‰）	年度科普经费筹集额/地区 CDP
		X_{32} 科技活动周经费筹集额占 GDP 的万分比（‰）	科技活动周经费筹集额/地区 GDP
		X_{33} 年度科普经费使用额占 GDP 的万分比（‰）	年度科普经费使用额/地区 GDP
科普产出	科普传媒 (X_4)	X_{41} 每万人科普图书发行量（册）	科普图书出版总册数/地区人口
		X_{42} 每万人科普期刊发行量（册）	科普期刊出版总册数/地区人口
		X_{43} 每万人科普（技）音像制品发行量（张）	（光盘发行总量+录音、录像带发行总量）/地区人口
		X_{44} 每万人科技类报纸年发行量（份）	科技类报纸年发行总份数/地区人口
		X_{45} 电台电视台播出科普（技）节目时间（小时）	电台播出科普节目时间+电视台播出科普节目时间
		X_{46} 科普网站数（个）	科普网站个数
		X_{47} 每万人科普读物和资料发行量（份）	发放科普读物和资料份数/地区人口
	科普活动 (X_5)	X_{51} 每万人三类科普活动参加人次（人次）	（科普讲座+科普展览+科普竞赛）参加人次/地区人口
		X_{52} 每万人科普国际交流参加人次（人次）	科普国际交流参加人次/地区人口
		X_{53} 每万人青少年科普活动参加人次（人次）	［青少年科技兴趣小组参加人次+科技夏（冬）令营参加人次］/地区青少年人
		X_{54} 每万人科技活动周参加人次（人次）	科技活动周参加人次/地区人口
		X_{55} 每万人科研机构、大学向社会开放参观人次（人次）	科研机构、大学向社会开放参观人次/地区人口
		X_{56} 每万人实用技术培训参加人次（人次）	实用技术培训参加人次/地区人口

续表

一级指标	二级指标	三级指标	指标含义
科普产出	"双创"科普(X_6)	X_{61}服务每万人数量(人)	众创空间服务各类人员数量/地区人口
		X_{62}每万人孵化科技项目数量(个)	众创空间孵化科技项目数量/地区人口
		X_{63}每万人创新创业培训参加人次(人次)	创新创业培训参加人次/地区人口
		X_{64}每万人创新创业赛事参加人次(人次)	创新创业赛事参加人次/地区人口

3. 评价方法及其优劣

在确定了各自的指标体系之后，不同学者以国家科普统计数据作为基础，对地方的科普能力进行了评价。佟贺丰等人通过标准化分数（Z 分数）的方法对全国各地区的科普力度进行评估。无量纲化方法是综合评价步骤中的一个环节，极值化、均值化和标准化等方法是当前较为常见的无量纲化的处理方法。其优点在于操作步骤简洁，能够通过较少的计算过程得出较为精确的结果。其缺点在于弱化了不同指标之间变异程度上的差异，该方法不适用于多指标的综合评价中，在佟贺丰等人的指标体系中，每个一级指标下都包含多个二级指标，因此通过标准化的方法对地区科普能力进行评估具有局限性。

李婷所采用的主成分分析法是一种较为常见的多变量分析方法。其方法是通过少数几个主成分来揭示多个变量间的内部结构。[①] 因此，在构建指标体系时，研究者需要从原指标中凝练出主要的指标，既要使该部分指标保留初始信息，又要保证指标间互不相关。其原理是降维，因此相较于标准化分数的评价方法来说，该种方法依赖统计数据进行赋权，避免了人为干扰。其优点在于，通过少量综合指标替代大量原始指标，在保留原始指标信息的同时又能体现原始指标之间的关系。其缺点在于，当因子负荷的符号不同时，

---

① 张雷、李平：《基于深度信念网络的音乐情绪分类算法研究》，《中国科技信息》2018 年第23 期，第 93~95 页。

评价函数的意义明确性较低。

与主成分分析法相近的是李卉等人所采用的因子分析，二者的相同点在于都运用了降维的原理。在具体应用中，因子分析法从指标相关矩阵依赖关系入手，把原始指标归纳为几个综合因子，因此，在一定程度上可以将因子分析视为对主成分分析法的一种推广。相较于主成分分析法来说，因子分析更加注重原始指标间的相关关系，即在保留原始信息的前提下，凝练出少量的因子。与李婷所使用的主成分分析法相比，尽管最小二乘法在计算过程中偶有失效现象发生，但是因子分析法能够重组原始变量，找出影响变量的共同因子。[1]

除因子分析法之外，核主成分法也是主成分分析法的一种延伸。张立军等人在后续的研究中提出了 TOPSIS—核主成分法对地区科普能力进行研究。对比线性的主成分分析法和核主成分分析法，可知核主成分分析法能够较好地处理非线性数据。因此，这种非线性的评价方法能够更全面地反映科普能力建设的动态过程。

在动态评估地区科普能力的过程中，分形模型逐渐被纳入这一评估方式中。作为一种较为高效的评估方法，该方法通过两个方面对科普能力进行评估，一是分布特征，二是系统结构。目前，分形方法在各个学科领域均有广泛的应用。在使用分形方法对区域科普能力进行评估时，需要满足两个条件，一是使科普资源能在不同区域间共享，二是满足国家和区域科普能力在功能和结构上的自相似性质。其优点有三，一是有效处理不规则、非线性的问题，二是描绘国家和地区科普能力之间的过渡特征，三是更精确地反映系统内部的结构与分布特征。[2]

总的来看，在评价方式的演变过程中，对于地区科普能力的评价方式逐渐呈现一种从静态到动态、从线性到非线性的过程。

---

① 李新蕊：《主成分分析、因子分析、聚类分析的比较与应用》，《山东教育学院学报》2007年第6期，第23~26页。
② 张立军、张潇、陈菲菲：《基于分形模型的区域科普能力评价与分析》，《科技管理研究》2015年第2期，第44~48页。

（三）基层科普能力评价指标体系、指标权重与评价方式

为贯彻党的十七大和十七届三中、四中、五中、六中全会精神，落实《全民科学素质行动计划纲要（2006—2010—2020 年）》（以下简称《科学素质纲要》），中国科协、财政部决定联合实施"基层科普行动计划"，该计划由"科普惠农兴村计划"和"社区科普益民计划"两个子计划构成。[①]

1. 概念与内涵

有关基层科普的研究自 2006 年开始，基层科普的概念与内涵到 2011 年左右基本明晰，陈东云、束春德等对农村科普进行了定义，陈东云认为，农村科普是以实现农村科学生产和文明生活为目标，针对"三农"问题而进行的农村科技宣传、教育培训、推广服务等一系列活动。[②] 束春德等在此基础上做了补充，认为相较于其他科普来说，农村科普的受众是农民，农村科普的内容主要是农村建设过程中必要的知识，农村科普的目的在于提高农民的素质、知识水平及生产能力。[③] 与此同时，胡俊平也界定了社区科普的概念，将社区科普分为两大类，一类是"走进社区的科普"，另一类是"面向社区居民的科普"，胡俊平认为第一类工作属于"输入型"，即把社区外的科普资源输入社区内部，第二类工作则是"输出型"，即把社区内的居民"输出"到社区外，在外部接受科普教育。[④]

2. 指标体系与指标权重

李卉首次基于已有研究成果和中国科普统计指标体系提出农村科普公共服务能力评价指标体系（见表 8），综合运用层次分析法、熵值法和聚类分

---

① 郭凤林、高宏斌：《科学素质概念的发展理路与实践形态》，《中国科技论坛》2020 年第 3 期，第 174~180 页。

② 陈东云：《中国农村科普研究》，科学普及出版社，2011。

③ 束春德、蒲艳春、刘福恒：《山东省农村科普的新变化及对策研究》，《安徽农业科学》2011 年第 32 期，第 20177~20179 页。

④ 胡俊平：《社区科普的内涵解读与实践分析》，载任福君主编《中国科普理论与实践探索——公民科学素质建设论坛暨第十八届全国科普理论研讨会论文集》，科学普及出版社，2011，第 112~115 页。

析法，对我国大陆地区 31 个省（区、市）的农村科普公共服务规模能力进行评价研究（见表 9）。李卉认为已有的评价指标体系具有两方面的不足：一是科普规模能力、效率能力的单独评价研究问题，规模与效率如何同时兼顾以形成综合实力在已有的评价体系中不能很好地体现出来；二是上述结构未针对农村地区进行科普公共服务能力测评。[①]

表 8　农村科普公共服务能力评价指标体系

一级指标	二级指标	三级指标
农村科普投入（A_1）	B_1 农村科普人员	B_{11} 每个乡镇拥有乡镇科协数（个）
		B_{12} 每个乡镇拥有农村专业技术协会数（个）
		B_{13} 每万人拥有农村科普专职人员数（人）
		B_{14} 每万人拥有农村科普兼职人员数（人）
		B_{15} 每万人拥有科技进村科技人员数（人次）
		B_{16} 每万人拥有科技进村专家人员数（人次）
	B_2 农村科普场地	B_{21} 每个乡镇农村科普（技）活动场地数（个）
		B_{22} 每个乡镇农村科普示范基地数（个）
	B_3 农村科普经费	B_{31} 人均科普活动专项经费（元）
		B_{32} 人均科普惠农兴村奖补资金（元）
农村科普产出（A_2）	B_4 农村科普传媒	B_{41} 每万人科普图书出版数（册）
		B_{42} 每万人科普期刊出版数（册）
		B_{43} 科普网站数（个）
		B_{44} 科技广播、影视节目播放时间（小时）
	B_5 农村科普活动	B_{51} 每个村宣讲活动举办次数（次）
		B_{52} 每万人宣讲活动参加人次（人次）
		B_{53} 每个村实用技术培训活动举办次数（次）
		B_{54} 每万人实用技术培训人次（人次）
		B_{55} 推广新技术、新品种数（项）
		B_{56} 每个村科普大篷车进村下乡活动次数（次）
		B_{57} 每万人科普大篷车下乡受益人次（人次）
		B_{58} 每个村科普活动进村次数（次）

[①]　李卉：《农村科普公共服务能力建设研究》，湖南农业大学硕士学位论文，2019。

表9　各项指标的权重

三级指标	$w_j^{(A)}$	d_j^E	W_j	二级指标	$w_j^{(A)}$	W_j	一级指标	$w_j^{(A)}$	W_j
B_{11}	0.0104	0.0094	0.0016						
B_{12}	0.0104	0.0383	0.0066						
B_{13}	0.0288	0.0379	0.0182	B_1	0.2026	0.1749			
B_{14}	0.0162	0.0294	0.0079						
B_{15}	0.0555	0.0629	0.0582				A_1	0.3333	0.2972
B_{16}	0.0813	0.0608	0.0823						
B_{21}	0.0133	0.0481	0.0107	B_2	0.0400	0.0328			
B_{22}	0.0267	0.0498	0.0222						
B_{31}	0.0605	0.0551	0.0555	B_3	0.0907	0.0895			
B_{32}	0.0302	0.0677	0.0340						
B_{41}	0.0182	0.0794	0.0241						
B_{42}	0.0182	0.0859	0.0260	B_4	0.1667	0.1899			
B_{43}	0.0349	0.0421	0.0244						
B_{44}	0.0953	0.0727	0.1154						
B_{51}	0.0221	0.0638	0.0235						
B_{52}	0.0539	0.0467	0.0419						
B_{53}	0.0376	0.0607	0.0380				A_2	0.6667	0.7028
B_{54}	0.0983	0.0722	0.1182						
B_{55}	0.1272	0.0494	0.1047	B_5	0.5000	0.5129			
B_{56}	0.0275	0.0802	0.0367						
B_{57}	0.0710	0.0765	0.0905						
B_{58}	0.0623	0.0572	0.0593						

3. 赋权方式的优化

层次分析法侧重将问题分解为不同要素、将要素归纳为不同层次，在此基础上对不同层次内的要素进行赋权。而熵值法则是客观赋权方法之一，该方法只利用信息熵这个工具，根据指标的变异程度，计算指标权重。熵指的是不确定性，因此信息量越大，不确定性越小，熵越小，权重越大，反之亦然。①

---

① 孙伏友、张沛林：《我国优秀运动员投入与产出效益动态评价》，《南京体育学院学报》（自然科学版）2011 年第 5 期，第 19~22 页。

层次分析法的判断矩阵完全由专家主观打分而来，难以消除专家经验丰富程度对指标权重的影响；熵权法是根据客观数据对权重进行计算，但其反映的是指标间相对竞争激烈程度，而非实际重要程度；熵权—层次分析法仅仅是将前两种方法的底层指标进行了简单的综合，并未将二者有机地融合起来。针对以上问题，陈燕玲改进了熵权—层次分析法，即在求取权重时，将主客观方法的中间过程相结合，而不是最后简单综合。①

二　国家科普能力新内涵

（一）国家科普能力提出的背景与发展现状

为了建设创新型国家，实现相应的战略目标，我国于 2006 年出台了《关于实施科技规划纲要　增强自主创新能力的决定》。同一年，《国家中长期科学和技术发展规划纲要（2006—2020 年）》和《全民科学素质行动计划纲要（2006—2010—2020 年）》（以下简称《科学素质纲要》）② 又先后发布。总体来看，将我国公民的科学素质和文化水平与发达国家进行对比，差距依旧较大。就国内范围的对比来看，我国公民的科学素质在区域间的差距也较大，并且发展较不平衡。③

为了提高我国公众的科学素质，加强国家科普能力建设，同时营造自主创新环境，2007 年 1 月科技部等八部门下发《关于加强国家科普能力建设的若干意见》（以下简称《意见》）。《意见》指出，我国科普能力建设的主要问题包括高水平的原创性科普作品比较匮乏，科普基础设施不足、运行比较困难，科普队伍和科普组织不够健全和稳定，科学教育、大众传媒等教

---

① 陈燕玲：《改进层次分析法与熵权法融合技术的应用——基于创新驱动发展评价模型》，《社会科学前沿》2017 年第 6 期，第 728~734 页。
② 刘新芳：《当代中国科普史研究》，中国科学技术大学博士学位论文，2010。
③ 《国务院关于印发〈全民科学素质行动计划纲要（2006—2010—2020 年）〉的通知》（国务院发〔2017〕7 号），http://www.gov.cn/zhengce/content/2008 - 03/28/content _ 5301.htm，最后检索时间：2022 年 4 月 20 日。

育和传播体系不够完善，高水平的科普人才缺乏，政府推动和引导科普事业发展的政策和措施有待加强等。[1] 随着在过去的 15 年中《科学素质纲要》的有效实施，我国公众的科学素质水平显著提升，科普基础设施的发展稳中向好。因此，在新形势下需要赋予国家科普能力新的内涵，评价指标体系也需在总结过去经验的基础上进一步完善进行探讨。

（二）新形势下国家科普能力的新内涵

2021 年 6 月国务院印发《全民科学素质行动规划纲要（2021—2035年）》（以下简称《新科学素质纲要》），将科学素质概念重新定义为："科学素质是国民素质的重要组成部分，是社会文明进步的基础。公民具备科学素质是指崇尚科学精神，树立科学思想，掌握基本科学方法，了解必要科技知识，并具有应用其分析判断事物和解决实际问题的能力。"[2] 同时指出我国当前科学素质建设存在的不足之处并据此提出了新的指导原则："突出科学精神引领""坚持协同推进""深化供给侧改革""扩大开放合作"[3]；提出了以青少年、农民、产业工人、老年人以及领导干部和公务员为重点人群的提升行动，并在重点工程中新增了科技资源科普化工程，这意味着新时期"国家科普能力"更注重深化内涵和原创科普内容。

科学素质定义的变化体现出我国对科学素质的重视从"硬实力"到"软实力"的变化[4]，更强调先授人以科学精神的"渔"，再授人以思想、方法和知识的"鱼"。新老科学素质纲要在组织实施上都强调建立长效机制和"完善协调机制"，但科普社会化协同机制始终难以建立起来，因此，需

---

① 全民科学素质工作领导小组办公室：《八部委出台加强国家科普能力建设若干意见》，《学会》2007 年第 4 期，第 41~44 页。

② 《国务院关于印发〈全民科学素质行动规划纲要（2021—2035 年）〉的通知》（国务院发〔2021〕9 号），http://www.gov.cn/zhengce/content/2021-06/25/content_5620813.htm，最后检索时间：2022 年 4 月 20 日。

③ 张增一：《"新"纲要新在何处？》，《科普研究》2021 年第 4 期，第 25~30 页。

④ 任定成：《新起点、新目标与新举措——〈科学素质纲要（2021—2035 年）〉解读》，《科普研究》2021 年第 4 期，第 18~24、106 页。

要从国家科普能力的高度加以重视。结合《新科学素质纲要》的要求，针对现今中国科学素质建设亟待解决的问题，国家科普能力的内涵也应做出相应的调整。

综合所述，本研究认为新时期国家科普能力的新内涵主要包括科普基础设施体系、科普资源开发体系、科技媒体传播体系、科学教育体系、科普社会化协调组织体系、科普人才队伍建设体系以及国家科普宏观管理体系等。具体可以从下述三个方面进行解释。

首先，新时期国家科普能力建设的首要前提是科学精神与科学思想的内涵式发展。国家科普能力的建设不仅要求科普工作者对科学精神有准确把握，还要求他们将弘扬科学精神和突出价值引领内化到科普基础设施服务能力、科普资源开发能力、科技传播能力和科学教育能力之中。

其次，新时期国家科普能力建设的根本途径是坚持"协同推进"与"深化供给侧改革"相结合。以往国家科普能力建设很大程度上依赖政府制定相应政策、提供财政专项支持等宏观引领手段，《新科学素质纲要》要求深化供给侧改革和社会多方协同推进，营造出全社会参与科普、科普服务于社会经济发展的良好氛围。这就要求新时期国家科普能力建设要针对不同受众人群制定相应的方案，将科技资源科普化和科普资源开发置于突出地位，它们在某种程度上决定着科普设施的服务能力、科技媒体的传播能力和科学教育能力。

最后，提升国家科普能力的最终目标是服务于我国世界科技强国和社会主义现代化强国的建设，增强国家自主创新能力和文化软实力，满足人民对美好生活的新需求，解决发展不充分和发展不平衡问题。这就需要公民科学素质建设"在理念、机制、方式方法等方面实现全方位转型提升，通过全社会聚力赋能，强化科学普及的广度、深度、精度、速度和强度，形成终身学习、全面覆盖、精准服务的科学素质建设新格局，不断增强国家自主创新能力和文化软实力，为中华民族伟大复兴夯实科学根基"①。

---

① 王挺：《夯实中华民族伟大复兴的科学根基——全面落实〈科学素质纲要（2021—2035年）〉的思考》，《科普研究》2021年第4期，第5~13页。

三 构建国家/地区科普能力评估指标体系的新尝试

（一）国家科普能力评估新指标

根据已有研究及国家科普能力新的内涵，遵循科学性、平衡性、可操作性等原则，新的国家科普能力评估框架将从"软实力"与"硬实力"、"传者"与"受众"、"宏观"与"微观"这六个层面来建构。新的评估指标在贯彻落实《新科学素质纲要》中心思想与精神的同时，结合已有指标体系在实际应用中的优缺点及已有研究的评述来建构，具体指标如下（见表10）。

表10 国家科普能力评估新指标体系

一级指标	二级指标	三级指标	指标说明	指标编号
科普资源开发	新科技成果科普化作品	新科技题材图书/册	包含能够体现科学精神和科学家精神的实体图书与网络图书等	A1
		新科技题材音像制品/种	包含以科学或科学家为主体或原型的电视剧、网络电视剧、广播、网络广播作品等	A2
	科技新闻宣传	图文类科技新闻报道数量/篇	包含能够体现科学创新精神、理性质疑精神、包容失败精神等的图文类科技新闻报道，形式上包含新闻、评论、深度报道三大部分，承载媒介包含纸质媒介与电子媒介	A3
		音视频类科技新闻报道数量/个	包含能够体现科学创新精神、理性质疑精神、包容失败精神等的音视频类科技新闻报道，形式上包含广播新闻、电视新闻两大类，承载媒介包含纸质媒介与电子媒介	A4
		科技人物报道数量/篇	包含科学家、科学共同体、科研机构、我国科学事业的传记及发展史	A5

续表

一级指标	二级指标	三级指标	指标说明	指标编号
科学教育与培训体系	青少年科学素质提升行动	校园科学文明建设（种）	包含体现科学精神或科学家精神的课堂教学、课外实践活动、校园建设等	B1
		参加科学教育改革实践（人次）	包含参加科技节、科技竞赛、科技兴趣小组、科技夏（冬）令营、科技小论文的人次	B2
		校内外科学教育联动实践（次数）	包含中小学生统一参观科技馆、博物馆、科普教育基地的人次，高校、科研机构等进校园开展科学教育活动的人次	B3
		教师科学教育培训（人次）	包含在职中小学教师和师范生参加科技培训的人次	B4
	老年人科学素质提升行动	智慧助老行动（次数）	开展包含老年人使用智能技术、防止诈骗培训的次数	B5
		老年人健康科普服务行动（次数）	包含服务老年人的健康宣传周、健康知识培训的次数	B6
	领导干部和公务员科学素质提升行动	领导干部和公务员参加科技培训（次数）	包含领导干部和公务员参加前沿科技知识培训、全球科技发展趋势培训的次数	B7
	科学教育环境	互联网普及率（%）	我国总体互联网普及率	B8
		广播综合人口覆盖率（%）	我国广播综合人口覆盖率	B9
		电视综合人口覆盖率（%）	我国电视综合人口覆盖率	B10
科普基础设施	传统科普基础设施	科技馆和科学技术博物馆展厅面积之和（平方米）	/	C1
		科技馆和科学技术博物馆参观人数之和（人次）	/	C2
		每百万人拥有科技馆（科技博物馆）数量（座）	/	C3
		科技馆和科技博物馆展厅每平方米年接待观众（人次）	/	C4

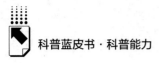

续表

一级指标	二级指标	三级指标	指标说明	指标编号
科普基础设施	传统科普基础设施	科普宣传专用车（辆）	/	C5
		科普画廊个数（个）	/	C6
		数字化科技馆/科技博物馆在科技馆和科技博物馆中所占的比例（%）	/	C7
	新型科普基础设施	大科学装置参观人数之和（人次）	/	C8
		国家重点实验室参观人数之和（人次）	/	C9
	综合性科普文化设施	图书馆开展科普活动的受益人数（人次）	/	C10
		文化馆开展科普活动的受益人数（人次）	/	C11
		非科技类博物馆开展科普活动的受益人数（人次）	/	C12
		公共场所强化科普服务的措施（种）	包含公园、自然保护区、风景名胜区、机场、车站、电影院等公共场所进行科普服务的措施	C13
科技传播渠道	科普原创新媒体作品	科普动漫总数（个）	包含世界科技前沿、经济、国家重大需求、健康等题材的动画、漫画，承载媒介包含纸质、电子	D1
		科普短视频总数（个）	包含世界科技前沿、经济、国家重大需求、健康等题材的科普短视频，发布者包含企事业单位、普通个人用户等	D2
		科普游戏总数（个）	包含世界科技前沿、经济、国家重大需求、健康等题材的科普游戏，形式包含独立游戏和商业游戏	D3

一级指标	二级指标	三级指标	指标说明	指标编号
科技传播渠道	传统媒体科普	科普图书总册数（册）	包含纸质图书、电子书	D4
		科普音像制品出版数（个）	/	D5
		科普类公益广告数量（个）	/	D6
		主流媒体科普专栏数量（个）	包含主流媒体在传统媒体和新媒体中的科普专栏	D7
科普工作社会组织网络	固定科普人员数量	科普创作人员/人	/	E1
		每万人拥有专职科普人员（人）	/	E2
		每万人拥有兼职科普人员（人）	/	E3
		每万人注册科普志愿者（人）	/	E4
	固定科普人员质量	中级职称或大学本科以上学历科普专职人员比例（%）	/	E5
		中级职称或大学本科以上学历科普兼职人员比例（%）	/	E6
	流动科普人员数量	高校、科研院所兼职社会科普人员数量（人）	主要包含高校教职工、科研院所教职工出校出所进行公益性科普活动和创作的人员，形式包含线上和线下	E7
		企业、基层组织兼职社会科普人员数量（人）	主要包含企业员工、基层组织工作人员进行公益性科普活动和创作的人员，形式包含线上和线下	E8
		科学共同体、社会团体兼职社会科普人员数量（人）	主要包含科学共同体成员、社会团体成员进行公益性科普活动和创作的人员，形式包含线上和线下	E9
	活动组织	三类主要科普活动参加人次占比（%）	/	E10
		科技活动周/日等重大科普活动参加人次占比（%）	/	E11
		参加实用技术培训人次占比（%）	/	E12

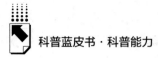

续表

一级指标	二级指标	三级指标	指标说明	指标编号
政府科普工作宏观管理	科普经费	年度科普经费筹集总额(万元)	/	F1
		人均科普专项经费(元)	/	F2
		人均科普经费筹集总额(元)	/	F3
		科普经费筹集总额占GDP比例(%)	/	F4
		政府拨款占财政总支出比例(%)	/	F5
		社会筹集科普经费占科普经费筹集总额比例(%)	包含个人、企业、社会组织等社会力量提供的经费支持	F6
	科普监测	公民科学素质监测次数(次)	/	F7
		公民科学素质监测得分(分)	/	F8
	法规政策	科普专业技术职称评定(条)	/	F9
		科普条例(条)	/	F10
科普社会化协调组织能力评估	各级政府	协调组织科普政策(条)	包含各级政府出台的与推进、保障多元社会主体协调科普的各类政策性文件以及各级政府之间、各区域政府之间有关推进协同科普机制的政策性文件	G1
		协调组织培训会次数(次)	包含各级政府为辖区内的多元主体进行协同科普所举办的各类培训会、动员大会等	G2
	高校、科研院所、科学共同体	科教单位之间展开协同科普活动的次数(次)	包含各类学校、科研机构和科学共同体协同合作开展科教单位内外部科普活动的次数,如大学教职人员、科研机构科研人员进校园、进基层等活动	G3
		科教单位与其他主体合作开展科普活动的次数(次)	包含各类学校、科研机构和科学共同体与其他主体开展科普活动及合作的次数	G4
	企业、基层组织和社会团体	各主体协调开展的"三跨"协调科普活动的次数(次)	包含各类企业、基层组织和社会团体开展的行业间、地区间、部门间的协调科普活动的次数	G5

1. 科普资源开发

突出价值引领和科学精神是《新科学素质纲要》的核心理念，应该贯彻到国家科普能力评估的各要素和全过程中，而科技资源的科普化作为《新科学素质纲要》中首个重点工程直接关系到"深化供给侧改革"指导原则的落实，因此，在新时期国家科普能力评估指标体系中应该占据首要位置。

在"科普资源开发"这个一级指标下设置"新科技成果科普化作品"和"科技新闻宣传"这2个二级指标。根据已有研究及我国实际情况，在"新科技成果科普化作品"下设置"新科技题材科普图书/册"和"新科技题材音像制品/种"这2个三级指标，其中新科技题材科普图书包含能够体现科学精神和科学家精神的实体图书与网络图书等；新科技题材音像制品包含以科学或科学家为主体或原型的电视剧、网络电视剧、广播、网络广播作品等。在"科技新闻宣传"下设置"图文类科技新闻报道数量""音视频类科技新闻报道数量""科技人物报道数量"这3个三级指标，其中"图文类科技新闻报道数量"包含能够体现科学创新精神、理性质疑精神、包容失败精神等的图文类科技新闻报道，形式上包含新闻、评论、深度报道三大部分，承载媒介包含纸质媒介与电子媒介；"音视频类科技新闻报道数量"包含能够体现科学创新精神、理性质疑精神、包容失败精神等的音视频类科技新闻报道，形式上包含广播新闻、电视新闻两大类，承载媒介包含纸质媒介与电子媒介；"科技人物报道数量"包含科学家、科学共同体、科研机构、我国科学事业的传记及发展史。

2. 科学教育与培训体系

提升国家科普能力的目的在于全民科学素质普遍提高。目前，我国公民科学素质水平大幅提升，2020年具备科学素质的比例达到10.56%；科学教育与培训体系持续完善，科学教育纳入基础教育各阶段。但是现阶段科学素质总体水平偏低，城乡、区域发展不平衡，这就要求在未来的科普能力评估中，进一步提升科学教育的地位。具体包含青少年科学素质提升行动、农民科学素质提升行动、产业工人科学素质提升行动、老年人科学素质提升行动、领导干部和公务员科学素质提升行动。在以往的科普能力评估指标体系中，科普教育环境包含"参加科技竞赛次数""青少年参加科技兴趣小组次数""参加科技夏（冬）令营次数""广播综合人口覆盖率""电视综合人口覆盖率""互联网普及率"。在新的评估指标中，在保留上述指标的基础上，根据《新科学素质纲要》提出的新要求增加新的指标。

在"科学教育与培训体系"一级指标下设置"青少年科学素质提升行动""老年人科学素质提升行动""领导干部和公务员科学素质提升行动""科学教育环境"这4个二级指标。在"青少年科学素质提升行动"中设置4个三级指标，其中"校园科学文明建设"包含体现科学精神或科学家精神的课堂教学、课外实践活动、校园建设等；"参加科学教育改革实践"包含参加科技节、科技竞赛、科技兴趣小组、科技夏（冬）令营、科技小论文的人次；"校内外科学教育联动实践"包含中小学生统一参观科技馆、博物馆、科普教育基地的人次，高校、科研机构等进校园开展科学教育活动的人次；"教师科学教育培训"包含在职中小学教师和师范生参加科技培训的人次。在"老年人科学素质提升行动"这一二级指标下设置2个三级指标，其中"智慧助老行动"是指开展包含老年人使用智能技术、防止诈骗培训的次数；"老年人健康科普服务行动"包含服务老年人的健康宣传周、健康知识培训的次数。在"领导干部和公务员科学素质提升行动"这一二级指标下设置1个三级指标，"领导干部和公务员参加科技培训次数"包含领导干部和公务员参加前沿科技知识培训、全球科技发展趋势培训的次数。在"科学教育环境"这一二级指标下设置3个三级指标，包含"互联网普及率""广播综合人口覆盖率""电视综合人口覆盖率"。

3.科普基础设施

当前，我国科普基础设施迅速发展，现代科技馆体系初步建成，新形势下仍需拓展科技基础设施的科普功能，鼓励大科学装置开发科普功能，推动国家重点实验室等创新基地面向社会开展多种形式的科普活动。在以往的评估指标中，科普基础设施主要包含科技馆、科技博物馆、科普画廊和科普宣传专用车。

综合已有研究内容和新任务，在保留原有指标的基础上，增加"新型科普基础设施"这一二级指标，其中包含"大科学装置参观人数之和"和"国家重点实验室参观人数之和"；同时，为了配合推进数字科技馆建设的新任务，在"传统科普基础设施"中新增"数字化科技馆/科技博物馆在科技馆和科技博物馆中所占的比例"这一三级指标。此外，为了深化全国科普教育基地创建活动，构建动态管理和长效激励机制，通过构建"综合性科普文化设施"这一指标来体现，指标内包含"图书馆开展科普活动的受益人数""文化馆开展科普活动的受益人数""非科技类博物馆开展科普活动的受益人数""公共场所强化科普服务的措施"，其中"公共场所强化科普服务的措施"包含公园、自然保护区、风景名胜区、机场、车站、电影院等公共场所进行科普服务的措施。

4. 科技传播渠道

在科普作品传播层面，大众传媒科技传播能力大幅提高，科普信息化水平显著提升，但是科普的有效供给仍然不足。新形势下，建设优质科技传播渠道的主要任务在于促进媒体融合，使得高质量的科普内容能够在传统媒体和新媒体中高效流通，尽可能地辐射到更多的公众。在以往的评估指标中，将"科普音像制品录音、录像发行总量""科技类报纸发行量""电视台科普节目播出时间""电台科普节目播出时间""科普网站数量"等指标包含在内。随着我国互联网和智能手机的逐渐普及，科普作品通过互联网的传播越来越多，影响范围越来越广，传统的评价指标显然难以全面评估我国科普能力。

综合已有指标和面临的问题，在新的评价指标体系中，新增"科普原创新媒体作品"这一二级指标，在该指标下设置"科普动漫总数""科普短视频总数""科普游戏总数"这3个三级指标，其中"科普动漫总数"包含世界科技前沿、经济、国家重大需求、健康等题材的动画、漫画，承载媒介包含纸质、电子；"科普短视频总数"包含世界科技前沿、经济、国家重大需求、健康等题材的科普短视频，发布者包含企事业单位、普通个人用户等；"科普游戏总数"包含世界科技前沿、经济、国家重大需求、健康等题材的科普游戏，形式包含独立游戏和商业游戏。在"传统媒体科普"下设置"科普图书总册数""科普音像制品出版数""科普类公益广告数量""主流媒体科普专栏数量"，其中"主流媒体科普专栏数量"包含主流媒体在传统媒体和新媒体中的科普专栏。

5.科普工作社会组织网络

目前，我国科普人才队伍不断壮大，在人才队伍的建设中取得了重要的成果。《新科学素质纲要》提出坚持协同推进的原则，这就要求社会各活动主体如科研院所、企业、高校等通力合作，要求全民积极参与到科普建设中来，发挥各个主体的主动性、创造性，激发潜力，调动活力。在以往的评估指标中，科普人员主要包含专职人员、兼职人员、志愿者和科普创作人员，对科普人员学历的评估主要以中级职称或大学本科以上作为标准。《新科学素质纲要》提出的新任务，使得评估科普人员的标准更加多样化、灵活化。

综合上述内容，在"科普工作社会组织网络"中设置"固定科普人员数量""固定科普人员质量""流动科普人员数量""活动组织"4个二级指标。其中，"活动组织"保留以往评估指标的内容；"固定科普人员数量"包含"科普创作人员""每万人拥有专职科普人员""每万人拥有兼职科普人员"；"固定科普人员质量"包含"中级职称或大学本科以上学历科普专职人员比例"和"中级职称或大学本科以上学历科普兼职人员比例"。"流动科普人员数量"中设置3个三级指标，"高校、科研院所兼职社会科普人员数量"主要包含高校教职工、科研院所教职工出校出所进行公益性科普活动和创作的人员，形式包含线上和线下；"企业、基层组织兼职社会科普人员数量"主要包含企业员工、基层组织工作人员进行公益性科普活动和创作的人员，形式包含线上和线下；"科学共同体、社会团体兼职社会科普人员数量"主要包含科学共同体成员、社会团体成员进行公益性科普活动和创作的人员，形式包含线上和线下。

6.政府科普工作宏观管理

在机制保障和条件保障方面，《新科学素质纲要》指出未来的措施中需要完善监测评估体系、完善法规政策、加强理论研究、强化标准建设和保障经费投入。

在经费投入的部分，保留以往评估指标中的二级指标。此外，另设"科普监测"和"法规政策"2个二级指标，在科普监测中设置"公民科学素质监测次数""公民科学素质监测得分"；在"法规政策"中设置"科普专业技术职称评定""科普条例"。

7. 科普社会化协调组织能力评估

在监测科普社会化协调组织能力这方面，主要针对三大类群体进行评估，一是各级政府；二是高校、科研院所、科学共同体的科教单位；三是企业、基层和社会团体等各类社会主体。在对各级政府进行评估时，主要对政策保障和政策推广能力进行监测。在对科教单位进行评估时，主要通过各类科教单位开展的区域内的、区域间的协同科普活动作为主要评估点。在对企业、基层组织和社会团体的协调组织能力进行评估时，主要侧重不同社会主体开展的区域间、部门间、行业间的协调科普活动。

（二）区域（含基层）科普能力评估新指标

本文重新对科普能力进行了定义，新形势下区域科普能力应被重新定义为一个区域为提升公民整体科学素质，向不同公民群体提供有针对性的科普服务的综合实力。

以往的评估指标中，对区域科普能力评估指标体系与国家科普能力评估指标体系大致相同，不同学者对区域科普能力评估指标体系的变动大多从权重分配方面入手，对于评估的内容基本不做改动。《新科学素质纲要》指出，我国现阶段国民科学素质城乡、区域发展不平衡，2035年的远景目标之一是城乡、区域科学素质发展差距显著缩小。结合已有指标体系在实际应用中的优缺点及《新科学素质纲要》提出的任务，具体指标如表11所示。

表11 区域（含基层）科普能力评估指标

一级指标	二级指标	三级指标	指标说明	指标编号
科学资源开发	文艺作品	科学题材图书（册）	包含能够体现科学精神和科学家精神的实体图书与网络图书等	A1
		科学题材音像制品（种）	包含以科学或科学家为主体或原型的电视剧、网络电视剧、广播、网络广播作品等	A2
	新闻宣传	图文类科技新闻报道数量（篇）	包含能够体现科学创新精神、理性质疑精神、包容失败精神等的图文类科技新闻报道，形式上包含新闻、评论、深度报道三大部分，承载媒介包含纸质媒介与电子媒介	A3
		音视频类科技新闻报道数量（小时）	包含能够体现科学创新精神、理性质疑精神、包容失败精神等的音视频类科技新闻报道，形式上包含广播新闻、电视新闻两大类，承载媒介包含纸质媒介与电子媒介	A4
		科学传记数量（篇）	包含科学家、科学共同体、科研机构、我国科学事业的传记及发展史	A5
科学教育与培训体系	青少年群体	校园科学文明建设（种）	包含体现科学精神或科学家精神的课堂教学、课外实践活动、校园建设等	B1
		参加科学教育改革实践（人次）	包含参加科技节、科技竞赛、科技兴趣小组、科技夏(冬)令营、科技小论文的人次	B2
		校内外科学教育联动实践（次数）	包含中小学生统一参观科技馆、博物馆、科普教育基地的人次，高校、科研机构等进校园开展科学教育活动的人次	B3
		教师科学教育培训（人次）	包含在职中小学教师和师范生参加科技培训的人次	B4
		农村中小学电教设施（种）	包含农村地区的中学和小学的智慧教学设施，如教室投影、微机室等	B5
	老年人群体	智慧助老行动（次数）	开展包含老年人使用智能技术、防止诈骗培训的次数	B6
		老年人健康科普服务行动（次数）	包含服务老年人的健康宣传周、健康知识培训的次数	B7
	领导干部和公务员群体	领导干部和公务员参加科技培训（次数）	包含领导干部和公务员参加前沿科技知识培训、全球科技发展趋势培训的次数	B8

续表

一级指标	二级指标	三级指标	指标说明	指标编号
科学教育与培训体系	科学教育环境	互联网普及率(%)	我国总体互联网普及率	B9
		广播综合人口覆盖率(%)	我国广播综合人口覆盖率	B10
		电视综合人口覆盖率(%)	我国电视综合人口覆盖率	B11
	农民群体	农村科普宣传教育活动受益人次(人次)	包含围绕保护生态环境、节约能源资源、绿色生产、防灾减灾、卫生健康、移风易俗等内容的科普宣传教育活动	B12
		农民技能培训受益人数(人次)	包含农民职业技能、电商技能等发展现代化农业所需要的技能	B13
		现代农业入户指导受益户数(户)	包含科技特派员入户指导及先进品种、技术、装备、设施等入户措施	B14
	产业工人群体	理想信念和职业精神宣传教育活动次数(次)	包含弘扬劳模精神、劳动精神、工匠精神的科普宣讲活动	B15
		劳动/职业技能竞赛参加人次(人)	包含多行业、多公众的劳动和技能竞赛	B16
科普基础设施	传统科普基础设施	科技馆和科学技术博物馆展厅面积之和(平方米)	/	C1
		科技馆和科学技术博物馆参观人数之和(人次)	/	C2
		每百万人拥有科技馆(科技博物馆)数量(座)	/	C3
		科技馆和科技博物馆展厅每平方米年接待观众(人次)	/	C4
		科普宣传专用车(辆)	/	C5
		科普画廊个数(个)	/	C6

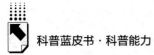

一级指标	二级指标	三级指标	指标说明	指标编号
科普基础设施	新型科普基础设施	数字化科技馆/科技博物馆在科技馆和科技博物馆中所占的比例(%)	/	C7
		大科学装置参观人数之和(人次)	/	C8
		国家重点实验室参观人数之和(人次)	/	C9
	科普基地动态管理	图书馆开展科普活动的受益人数(人次)	/	C10
		文化馆开展科普活动的受益人数(人次)	/	C11
		非科技类博物馆开展科普活动的受益人数(人次)	/	C12
		公共场所强化科普服务的措施(种)	包含公园、自然保护区、风景名胜区、机场、车站、电影院等公共场所进行科普服务的措施	C13
		农村中学科技馆数量(个)	/	C14
科技传播渠道	科普原创作品	科普动漫总数(个)	包含世界科技前沿、经济、国家重大需求、健康等题材的动画、漫画,承载媒介包含纸质、电子	D1
		科普短视频总数(个)	包含世界科技前沿、经济、国家重大需求、健康等题材的科普短视频,发布者包含企事业单位、普通个人用户等	D2
		科普游戏总数(个)	包含世界科技前沿、经济、国家重大需求、健康等题材的科普游戏,形式包含独立游戏和商业游戏	D3

一级指标	二级指标	三级指标	指标说明	指标编号
科技传播渠道	媒体科学传播	科普图书总册数（册）	包含纸质图书、电子书	D4
		科普音像制品出版数（个）	/	D5
		科普类公益广告数量（个）	/	D6
		主流媒体科普专栏数量（个）	包含主流媒体在传统媒体和新媒体中的科普专栏	D7
科普工作社会组织网络	固定科普人员数量	科普创作人员（人）	/	E1
		每万人拥有专职科普人员（人）	/	E2
		每万人拥有兼职科普人员（人）	/	E3
		每万人注册科普志愿者（人）	/	E4
	固定科普人员质量	中级职称或大学本科以上学历科普专职人员比例（%）	/	E5
		中级职称或大学本科以上学历科普兼职人员比例（%）	/	E6
	流动科普人员数量	高校、科研院所兼职社会科普人员数量（人）	主要包含高校教职工、科研院所教职工出校出所进行公益性科普活动和创作的人员，形式包含线上和线下	E7
		企业、基层组织兼职社会科普人员数量（人）	主要包含企业员工、基层组织工作人员进行公益性科普活动和创作的人员，形式包含线上和线下	E8
		科学共同体、社会团体兼职社会科普人员数量（人）	主要包含科学共同体成员、社会团体成员进行公益性科普活动和创作的人员，形式包含线上和线下	E9
	活动组织	三类主要科普活动参加人次占比（%）	/	E10
		科技活动周/日等重大科普活动参加人次占比（%）	/	E11
		参加实用技术培训人次占比（%）	/	E12

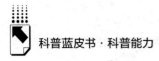

续表

一级指标	二级指标	三级指标	指标说明	指标编号
政府科普工作宏观管理	科普经费	年度科普经费筹集总额（万元）	/	F1
		人均科普专项经费（元）	/	F2
		人均科普经费筹集总额（元）	/	F3
		科普经费筹集总额占 GDP 比例（%）	/	F4
		政府拨款占财政总支出比例（%）	/	F5
		社会筹集科普经费占科普经费筹集总额比例（%）	包含个人、企业、社会组织等社会力量提供的经费支持	F6
	科普监测	公民科学素质监测次数（次）	/	F7
		公民科学素质监测得分（分）	/	F8
	法规政策	科普专业技术职称评定（条）	/	F9
		科普条例（条）	/	F10
基层科普能力	应急科普宣教协同机制	日常宣教活动受益人次（人次）	包含围绕传染病防治、防灾减灾、应急避险等主题的日常宣教活动	G1
		应急宣传活动受益人次（人次）	包含围绕传染病防治、防灾减灾、应急避险等主题的应急宣教活动	G2
		每百万人拥有的应急科普专家数量（人）	/	G3
	基层科普服务	城乡社区相关机构开展科普活动受益人次（人次）	包含城乡社区综合服务设施、社区图书馆、书苑等开展的科普活动	G4
		每个村实用技术培训活动举办次数（次）	/	G5
		每个村科普大篷车进村下乡活动次数（次）	/	G6
		每万人科普大篷车下乡受益人次（人次）	/	G7

一级指标	二级指标	三级指标	指标说明	指标编号
科普社会化协调组织能力评估	各级政府	基层政府协调组织科普政策（条）	包含基层政府出台的与推进、保障多元社会主体协调科普的各类政策性文件以及各级政府之间、各区域政府之间有关推进协同科普机制的政策性文件	H1
		基层政府协调组织培训会次数（次）	包含基层政府为辖区内的多元科普主体进行协同科普所举办的各类培训会、动员大会等	H2
	企业、基层组织和社会团体	各主体协调开展的跨区域协调科普活动的次数（次）	包含各类企业、基层组织和社会团体开展的行业间、地区间、部门间的协调科普活动的次数	H3

在上述指标体系中，体现了新时期科普的理念和指导原则。例如，《新科学素质纲要》指出要加强农村中小学科学教育基础设施建设和配备，据此，我们增加"农村中小学电教设施"这一二级指标，该指标包含农村地区的中学和小学的智慧教学设施，如教室投影、微机室等。

在农民科学素质提升方面，《新科学素质纲要》强调要以提升科技文化素质为重点，提高农民文明生活、科学生产、科学经营能力，加快推进乡村全面振兴。在科学教育与培训体系这个一级指标下，增加"农民群体"这一二级指标，其下设置3个二级指标。其中，"农村科普宣传教育活动受益人次"包含围绕保护生态环境、节约能源资源、绿色生产、防灾减灾、卫生健康、移风易俗等内容的科普宣传教育活动；"农民技能培训受益人数"包含农民职业技能、电商技能等发展现代化农业所需要的技能；"现代农业入户指导受益户数"包含科技特派员入户指导及先进品种、技术、装备、设施等入户措施。

又如，在产业工人科学素质提升方面，《新科学素质纲要》强调要以提升技能素质为重点，更好服务制造强国、质量强国和现代化经济体系建设。在科学教育与培训体系这个一级指标下，新增"产业工人群体"这一二级指标，其下设置2个三级指标。"理想信念和职业精神宣传教育活动次数"

包含弘扬劳模精神、劳动精神、工匠精神的科普宣讲活动；"劳动/职业技能竞赛参加人次"包含多行业、多公众的劳动和技能竞赛。事实上，本指标体系将科学教育与培训，拓展到领导干部和公务员以及老年人群体，实现了各人群的全覆盖。

在基层科普能力方面，为落实《新科学素质纲要》提出的建立健全应急科普协调联动机制，显著提升基层科普工作能力，基本建成平战结合应急科普体系，在"基层科普能力"这一一级指标下设置"应急科普宣教协同机制"和"基层科普服务"2个二级指标。"应急科普宣教协同机制"下包含3个三级指标，其中，"日常宣教活动受益人次"包含围绕传染病防治、防灾减灾、应急避险等主题的日常宣教活动；"应急宣传活动受益人次"包含围绕传染病防治、防灾减灾、应急避险等主题的应急宣教活动。"基层科普服务"下包含4个三级指标，其中"城乡社区相关机构开展科普活动受益人次"包含城乡社区综合服务设施、社区图书馆、书苑等开展的科普活动，其他指标设置参考已有指标。

总之，本文在综合已有研究成果的基础上，结合新时期国家对科普工作的新要求和《新科学素质纲要》的精神，尝试性地构建了新时期国家和地区层面科普能力评估指标体系。这一指标体系无论在逻辑上、全面性上还是在可操作性方面，肯定存在这样或那样的问题，希望未来的研究不断发展和完善。

B.9
新时期科普基础设施评估指标体系研究：继承与发展

张增一　严　晗　姜天海*

摘　要： 科普基础设施是提高全民科学素质水平的基础物质保障，建立健全科普基础设施评估指标体系对于完善科普基础设施的建设规范和管理标准、促进科普基础设施健康良性发展具有重要意义。本报告首先从科普基础设施整体性评估、不同类型科普基础设施评估两方面对国内已有的科普基础设施评估文献进行了较系统地分析，分析发现，已有研究多将科普投入和科普产出视为评估重点，部分研究对科普效果的重视不足。然后在继承已有研究指标体系的基础上，本报告对新时期如何发展科普基础设施评估指标体系进行反思，提出了"投入+产出+效果"的评估框架，并尝试为各类型科普基础设施构建了评估指标体系。

关键词： 科普基础设施　科普投入　科普产出

引　言

　　"科普基础设施"是中国的专有词汇，在国外并没有对应的表述。[1]"科

---

* 张增一，中国科学院大学人文学院教授，研究方向为科学传播、科技与社会；严晗，中国科学院大学人文学院传播学专业硕士研究生，研究方向为科学传播；姜天海，中国科学院大学人文学院科技哲学专业博士研究生，研究方向为科学传播。

[1] 李朝晖：《中国科普基础设施科普能力发展报告（2010）》，载任福君主编《中国科普基础设施发展报告（2010）》，社会科学文献出版社，2011，第2页。

普基础设施"首次被明确提出是于 2006 年颁布的《全民科学素质行动计划纲要（2006—2010—2020 年）》（以下简称《科学素质纲要 2006》）中，之后此种表述方式逐渐成为规范，并在各种公文中得到认可。① 在《科学素质纲要 2006》中，科普基础设施工程是需要重点实施的四项基础工程之一，在《全民科学素质行动规划纲要（2021—2035 年）》（以下简称《新科学素质纲要》）中，科普基础设施工程在五项重点工程中位列第三。

科普基础设施是弘扬科学精神、培育科学思想、传播科学方法和科学知识的重要物质设施，是提高全民科学素质水平的基础保障。科普基础设施，就是指由政府主导提供，旨在保障全体公民参与科普活动、提高科学素质基本需求，具备一定的科学技术教育、传播与普及功能的基础性物质工程设施②，其基本要素主要包括展示设施、展示内容、教育活动、运行管理等。③

从外在物质形态的角度，科普基础设施可大致划分为场馆类、场所类和移动类。场馆类科普基础设施主要指空间封闭的科普场馆，包括科技馆、科学技术类博物馆④、科普活动室（站）、对公众开放的科研教育设施、对公众开放的机关和企事业单位内部设施等，其主要模式为"场馆建筑+科普载体设施（展览、展示和教育项目）"，主要特征是空间封闭，有完整的建筑物。场所类科普基础设施包括科普宣传栏（画廊、橱窗）等，一般都位于空间开放的公共场所，如安装了科普宣传栏的公园、车站等公共场所，或自身具有一定的科普和科研价值的自然保护区、森林公园、地址公园等景区，其主要模式是"自然景观（地质、天象气象、生物、人文等方面）+辅助展示说明设备"。移动类科

① 楼伟：《科普基础设施概念、分类及功能定位》，载任福君主编《中国科普基础设施发展报告（2012—2013）》，社会科学文献出版社，2013，第 39~40 页。
② 楼伟：《科普基础设施概念、分类及功能定位》，载任福君主编《中国科普基础设施发展报告（2012—2013）》，社会科学文献出版社，2013，第 45 页。
③ 楼伟：《科普基础设施概念、分类及功能定位》，载任福君主编《中国科普基础设施发展报告（2012—2013）》，社会科学文献出版社，2013，第 48 页。
④ 科学技术类博物馆包括专业科技类博物馆、天文馆、水族馆、标本馆及设有自然科学部的综合博物馆等。

普基础设施主要指科普大篷车、流动科技馆等流动科普设施。①

　　需要注意的是，传统媒体科普栏目、科普网站、社交媒体科普账号、数字科技馆等传媒传播平台，因其所涉及的设备及建筑物等不具备科普的本质属性，所以不被纳入科普基础设施的范畴。而且，科普基地或科普教育基地也不在科普基础设施的范畴之内，因为"基地"不是一个物质形态的概念，而是立足于工作水平，对那些科普能力强、科普效益好、具有示范带动效应的科普基础设施的统称②。因此，本报告不会对传播媒体和科普基地的科普评估研究进行分析。

　　科普基础设施是科普工作顺利开展的物质基石，深化科普供给侧改革、增强供给效能要求加强科普基础设施建设。完善科普基础设施评估指标体系，对于促进科普基础设施健康、均衡发展具有重要意义。基于以上对科普基础设施的分类，本报告将国内近年来的科普基础设施评估研究分为两类，一是对科普基础设施的整体性评估，即评估对象涉及全国所有类型的科普基础设施；二是不同类型科普基础设施的评估研究，此类别又可分为场馆类、场所类和移动类科普基础设施评估研究。但是，因为已有研究文献的数量较少且分布不均，场馆类评估研究的主要评估对象是科学技术类博物馆和科技馆这两项重要科普场馆，场所类评估研究主要是对地质公园、森林公园、自然保护区等景区的科普旅游评估研究，所以不同类型科普基础设施评估研究主要包括科普场馆评估研究、景区科普旅游评估研究和流动科普基础设施评估研究。

一　科普基础设施整体性评估研究

　　对科普基础设施进行评估不仅有助于动态监测科普基础设施的发展状况，还能够为国家有关部门完善科普基础设施建设管理规范及标准、建立健

---

① 楼伟：《科普基础设施概念、分类及功能定位》，载任福君主编《中国科普基础设施发展报告（2012—2013）》，社会科学文献出版社，2013，第53页。

② 楼伟：《科普基础设施概念、分类及功能定位》，载任福君主编《中国科普基础设施发展报告（2012—2013）》，社会科学文献出版社，2013，第43~45页。

全评估制度提供咨询建议和决策依据。评估工作的顺利开展需要一套完整的评估指标体系，但是国内目前关于科普基础设施整体性评估的研究较少。

（一）现有评估指标体系

李朝晖、任福君等①于 2009 年对 2008 年度全国科普基础设施发展水平进行了评估。该研究设计的 2009 版全国科普基础设施发展状况评估指标体系，共包括 3 个一级指标、7 个二级指标、23 个三级指标，如表 1 所示。② 3 个一级指标分别为规模指数、结构指数、效果指数，指标权重通过专家打分法和层次分析法确定。专家打分法又名德尔菲（Delphi）法，是一种客观的综合多名专家经验与主观判断的方法，其诀窍在于各位专家需要独立地根据自己的实际工作经验进行打分，不允许相互间的讨论。层次分析法（Analytic Hierarchy Process，简称 AHP）由美国运筹学家托马斯·萨蒂（T. L. Salty）于 19 世纪 70 年代提出，其原理是将所研究的问题按其性质划分为目标、准则、方案等若干层次，使问题转化为各指标方案相对优劣的排序问题，然后通过构造判断矩阵计算各指标权重。将专家打分法和层次分析法相结合是解决群体决策问题的有效方案。③

继 2009 年进行了全国科普基础设施发展水平评估研究后，李朝晖、任福君等④又于 2012~2013 年重新开展了中国科普基础设施发展评估研究。与 2009 版指标体系相比，2013 版指标体系虽然在二级和三级指标上有差异，但是一级指标依旧从规模、运行、效果三方面入手，如表 2 所示。⑤ 该指标

① 全国科普基础设施发展状况监测评估总体协调组：《中国科普基础设施发展状况评估报告》，载任福君主编《中国科普基础设施发展报告（2009）》，社会科学文献出版社，2010，第 4~12 页。
② 陈珂珂、任福君、李朝晖：《中国科普基础设施发展评估体系的比较》，《科技导报》2014 年 11 期，第 77~83 页。
③ 陈卫、方廷健、蒋旭东：《基于 Delphi 法和 AHP 法的群体决策研究及应用》，《计算机工程》2003 年第 5 期，第 18~20 页。
④ 李朝晖、任福君：《中国科普基础设施发展评估报告》，载任福君主编《中国科普基础设施发展报告（2012—2013）》，社会科学文献出版社，2013，第 3~9 页。
⑤ 陈珂珂、任福君、李朝晖：《中国科普基础设施发展评估体系的比较》，《科技导报》2014 年 11 期，第 77~83 页。

表1　2009版全国科普基础设施发展状况监测评估指标体系及权重

一级指标	二级指标	简单说明	三级指标	简单说明
规模指数 30%	主要类型与拥有量	包括人、财、物三要素	总展厅面积/总建筑面积(%)	反映、衡量设施的类型、拥有量
			每万人口拥有设备建筑面积(平方米)	
			平均单个室外设施展示长度(米)	
			平均单个流动设施行驶里程(千米)	
			平均单个网络科普设施可访问总字数(KB)	
	资产		每万人口拥有设施资产值(元)	反映设施资产质量
			每万人口拥有设施展览资源资产值(元)	
	人员		每万人口拥有专职科普人员(人)	反映人员构成、间接反映社会化情况
			每万人口拥有本科以上科普人员(人)	
			每万人口拥有科普志愿者人数(人)	
结构指数 30%	年经费投入与支出	反映设施运营能力和发展潜力	年投入占GDP的比例(%)	从经费上反映政府、社会对科普设施的支持程度
			年财政投入占经费投入的比例(%)	
			年社会资金占经费投入的比例(%)	
			年设施建设投资占年经费支出比例(%)	
			年科普经费支出增长率(%)	反映设施总体活动的结构
			年展教品研发经费增长率(%)	
	展览资源与活动		年展教品更新比例(%)	反映资源化的程度和效率
			年展教品开发增长率(%)	
			年临展增长率(%)	
效果指数 40%	社会效果	反映社会效果及全民受益情况	年媒体宣传报道总次数(次)	反映社会效果
			平均单个数字科普网站年访问量(万人次)	
	公民惠及率		每百元科普活动经费年受益人次(人次)	反映社会资本积累、全民受益程度
			每平方米展教面积年接待观众人次(人次)	

体系的指标权重通过专家打分法确定。

刘娅、汪新华等①于2021年进行了中国科普基础设施建设成效评估研究，评估指标体系依据芬维克（Fenwick）的管理绩效评估"3E"原则建立，即经济性原则（Economy）、效率性原则（Efficiency）和效益性原则（Effectiveness）。在芬维克之后，"3E"原则逐渐演化，增加了公平性原则

---

① 刘娅、汪新华、赵璇、王丽慧：《2014~2018年我国科普基础设施建设成效研究》，《中国科技资源导刊》2021年第3期，第44~50页。

（Equity），发展为"4E"原则。该指标体系共包括 3 个一级指标（资源、运行、影响）、6 个二级指标和 34 个三级指标，如表 3 所示。本文通过熵权法确定指标权重，熵权法是根据指标表现的变异性来确定指标权重的客观赋权方法，可以避免由个人经验判断造成的评价主观性和随意性。

表 2　2013 版全国科普基础设施发展指数评估指标体系及权重

一级指标	二级指标	三级指标	具体考察内容
规模指标（50%）	设施存量规模（70%）	科技类博物馆（50%）	科技馆总量、建筑面积、展厅面积（50%）
			科技博物馆总量、建筑面积、展厅面积（50%）
		基层科普设施（10%）	科普活动站的数量（50%）
			科普画廊的数量（50%）
		流动科普设施（10%）	科普宣传车的数量（100%）
		科普传媒（30%）	传统科普传媒的数量（50%）
			科普网站的数量（50%）
	人力资源规模（30%）	科技馆从业人数（50%）	专职（50%）
			兼职（20%）
			科普创作人员（30%）
		科技博物馆从业人数（50%）	专职（50%）
			兼职（20%）
			科普创作人员（30%）
运行指数（30%）	筹集科普经费（50%）	经费总额（100%）	科技馆年度经费（50%）
			科技博物馆年度经费（50%）
	开展科普活动（50%）	科普（技）展览次数（40%）	科技馆年度科普展览总次数（50%）
			科技博物馆年度科普展览总次数（50%）
		科普（技）讲座次数（30%）	科技馆年度科普讲座总次数（50%）
			科技博物馆年度科普讲座总次数（50%）
		科普（技）竞赛次数（30%）	科技馆年度科技竞赛总次数（50%）
			科技博物馆年度科技竞赛总次数（50%）
效果指数（20%）	场馆参观人数（50%）	科技馆参观人数（50%）	科技馆年度参观总人数（50%）
		科技博物馆参观人数（50%）	科技博物馆年度参观总人数（50%）
	场馆接待能力饱和度（50%）	科技馆接待能力饱和度（50%）	单位面积年参观人数（50%）
		科技博物馆接待能力饱和度（50%）	单位面积年参观人数（50%）

表3 科普基础设施发展成效评估指标体系及权重

一级指标	二级指标	三级指标	单位	权重
A 资源	A1 场地建设	A11 三类主要科普场馆数量	家	0.0301
		A12 三类主要科普场馆展厅面积	百万平方米	0.0245
		A13 三类主要科普场馆展厅面积占比	%	0.0518
		A14 三类主要科普场馆单馆展厅面积	米²	0.0330
		A15 公共场馆科普宣传地数量	个	0.0219
		A16 移动式科普设施数量	辆	0.0201
	A2 人力资源	A21 三类主要科普场馆科普专职人员规模	人	0.0231
		A22 三类主要科普场馆单馆科普专职人员规模	人	0.0354
		A23 三类主要科普场馆科普专职人员中科普专职创作人员占比	%	0.0195
		A24 三类主要科普场馆科普专职人员中中级职称及本科学历以上人员占比	%	0.0355
		A25 三类主要科普场馆科普兼职人员规模	人	0.0247
		A26 三类主要科普场馆单馆科普兼职人员规模	人	0.0290
B 运行	B1 工作开展	B11 三类主要科普场馆年免费开放天数	天	0.0280
		B12 三类主要科普场馆单馆年免费开放天数	天	0.0284
		B13 三类主要科普场馆科普（技）讲座次数	次	0.0314
		B14 三类主要科普场馆单馆科普（技）讲座次数	次	0.0252
		B15 三类主要科普场馆科普（技）展览次数	次	0.0190
		B16 三类主要科普场馆单馆科普（技）展览次数	次	0.0196
		B17 三类主要科普场馆科普（技）竞赛次数	次	0.0235
		B18 三类主要科普场馆单馆科普（技）竞赛次数	次	0.0228
	B2 经费使用	B21 科普场馆基建支出	亿元	0.0453
		B22 科普场馆建设支出占比	%	0.0332
		B23 科普场馆展品、设施支出占比	%	0.0290
		B24 三类主要科普场馆科普经费使用额	亿元	0.0396
		B25 三类主要科普场馆科普活动支出占比	%	0.0207
		B26 三类主要科普场馆科普基建支出占比	%	0.0371
C 影响	C1 场馆参观人数	C11 三类主要科普场馆参观人数	十万人次	0.0369
		C12 三类主要科普场馆单馆参观人数	十万人次	0.0428
	C2 活动参加人数	C21 三类主要科普场馆科普（技）讲座参加人数规模	万人次	0.0479
		C22 三类主要科普场馆单馆科普（技）讲座参加人数规模	万人次	0.0353
		C23 三类主要科普场馆科普（技）展览参观人数规模	万人次	0.0234
		C24 三类主要科普场馆单馆科普（技）展览参观人数规模	万人次	0.0216
		C25 三类主要科普场馆科普（技）竞赛参加人数规模	万人次	0.0197
		C26 三类主要科普场馆单馆科普（技）竞赛参加人数规模	万人次	0.0211

（二）评估指标体系对比分析及建议

上述三个研究构建的评估指标体系在一级指标上没有明显差别，均采用了"资源+运行+效果"的逻辑框架，这或许是因为三个研究的评估目标基本一致，均为科普基础设施的发展状况/建设成效评估。资源（规模指数/资源）主要考察科普基础设施具备的资源总量，运行（结构指数/运行指数/运行）主要考察资源的利用与开发情况，效果（效果指数/影响）主要考察产生的社会效果及影响。因此，本报告建议的科普基础设施发展成效评估指标体系可以继承"资源+运行+效果"的逻辑框架，将一级指标设立为"资源""运行""效果"。

三个研究二级指标的差别较大，首先，"资源"指标下，只有2009版指标体系考察了科普基础设施的资产情况，后来的研究均舍弃了这一二级指标，主要考察人力资源和物力资源情况。这一方面是因为后来的研究采用了《中国科普统计》的年度调查数据作为资料来源，缺乏资产相关的数据，另一方面，资产统计较为复杂，不便列入。因此，科普基础设施发展成效评估指标体系的一级指标"资源"可以主要考察"人力资源"和"物力资源"两方面。其次，三项研究中"运行"指标的二级指标基本相同，主要考察了工作开展情况、经费的总额及支出情况，本报告建议的指标体系也将主要考察"工作开展"和"经费支出"这两项。最后，三个研究中"效果"指标的二级指标差异较大，各二级指标按照总出现频次从高到低依次为："场馆参观人次""活动参观人次""场馆接待能力饱和度""公民惠及率""社会效果"。其中，"场馆参观人次"是最直接、最有效的定量指标，可以保留，"活动参观人次"与其重合程度过高，可以舍弃。"场馆接待能力饱和度"，即单位展教面积年参观人次，考虑到不同场馆接待能力之间的差异，可以与"场馆参观人次"合并为一个二级指标。"公民惠及率"与"场馆接待能力饱和度"重合，可以舍弃。"社会效果"从媒体宣传和网站访问量角度考察科普效果，可以保留。综合以上分析，本报告建议的指标体系中"效果"指标将主要考察"参观人次"和"社会效果"两项。综上，科普基础设施发展成效评估指标体系的二级指标或可设立为"资源"（"物力资源""人力资源"）、"运行"（"工作开展""经费支出"）、"效果"（"参观人次""社会效果"）。

三级指标的选择主要取决于支撑资料来源。李朝晖、任福君等 2009 版评估调查的资料来源主要是依托中国科协进行的中国内地调查获得的不完全数据。因为是自主调查，指标选择较为灵活，调查范围也基本覆盖了场馆类、场所类和移动类三类科普基础设施。另外两个研究均采用《中国科普统计》的年度调查作为资料来源，但是《中国科普统计》与科普基础设施相关的数据主要是对三类主要科普场馆①的调查数据，以及对公共场所科普宣传设施②的数量统计，缺乏对公共场所科普宣传设施参观人次、科普人员构成、经费筹集与支出、科普活动等指标的统计。因此，以后的研究在进行研究设计时，应首先寻找除《中国科普统计》外，其他可靠、稳定的资料来源，弥补数据空缺。

在借鉴上述三个研究指标体系和《中国科普统计》调查指标的基础上，基于评估数据充足的假设，本报告依据指标设计的 SMART 原则（Specific，具体性；Measurable，可测量性；Achievable，可实现性；Realistic，现实性；Timed，时限性）确定了科普基础设施发展成效评估指标体系的三级指标。科普基础设施发展成效评估指标体系建议及指标解释如表 4 所示，相较于以往研究指标体系，该指标体系更加全面地考察了场馆类、场所类、移动类科普基础设施的资源、运行和效果情况，评估覆盖范围更广。

二 不同类型科普基础设施评估研究

对科普基础设施进行评估，不仅包括对科普基础设施的整体性状况进行评估，还要对不同类型的科普基础设施进行单独评估。本报告依据上述科普

---

① 三类主要科普场馆指科技馆、科学技术类博物馆和青少年科技馆站。
② 此处的公共场所科普宣传设施主要包括科普画廊、城市社区科普（技）专用活动室、农村科普（技）活动场地和科普宣传专用车。

表4 科普基础设施发展成效评估指标体系建议

一级指标	二级指标	三级指标	指标解释
资源	物力资源	主要科普场馆数量（个）	此指标体系的主要科普场馆包括科技馆、科学技术类博物馆、青少年科技馆（站）
		主要科普馆建筑面积（万平方米）	
		主要科普馆展厅面积（万平方米）	
		科普宣传栏数量（万个）	此指标体系的科普宣传栏包括科普画廊和电子宣传栏
		基层科普场地数量（万个）	此指标体系的基层科普场地包括城市社区科普（技）专用活动室和农村科普（技）活动场地
		提供自助解说服务的景区数量（个）	此指标体系的景区仅包括3A及以上级别景区
		科普宣传专用车数量（辆）	科普宣传专用车指科普大篷车及其他专门用于科普活动的车辆
	人力资源	科普专职人员数量（万人）	全国科普基础设施中从事科普工作时间占其全部工作时间60%及以上的人员数量
		专职科普创作人员数量（万人）	科普创作人员包括科普文学作品、科普影视作品、科普展品创作人员和科普理论研究人员
		专职高职称高学历科普人员数量（万人）	高职称高学历科普人员指中级职称及以上或大学本科及以上学历的科普人员
		科普兼职人员数量（万人）	在非职业范围内从事科普工作，工作时间不能满足科普专职人员要求的人员数量
运行	工作开展	主要科普场馆单馆免费开放天数（天/馆）	主要科普场馆年免费开放天数平均值
		主要科普场馆单馆开办短期展览次数（次/馆）	主要科普场馆年开办短期展览次数平均值
		主要科普场馆单馆开展科普活动次数（次/馆）	主要科普场馆年开展科普活动次数平均值
		科普宣传栏内容平均更新频率（次/宣传栏）	科普宣传栏年内容更新频率平均值
		基层科普场地平均开展科普活动次数（次/场地）	基层科普场地年开展科普活动次数平均值
		科普宣传专用车平均行驶里程（km/车）	科普宣传专用车年行驶里程平均值
	经费支出	主要科普场馆科普经费支出（亿元）	各类型科普基础设施一年内科普经费支出，科普经费支出包括行政支出、科普活动支出、基建支出和其他支出
		科普宣传栏科普经费支出（亿元）	
		基层科普场地科普经费支出（亿元）	
		景区科普经费支出（亿元）	
		科普宣传专用车科普经费支出（亿元）	
		总科普经费支出（亿元）	全国科普基础设施一年内总科普经费支出

一级指标	二级指标	三级指标	指标解释
效果	参观人次	主要科普场馆单馆参观人次（万人次/馆）	主要科普场馆年参观人次平均值
		主要科普场馆接待能力饱和度（人次/馆）	主要科普场馆每平方米展厅面积年参观人次平均值
		基层科普场地平均参观人次（万人次/场地）	基层科普场地年参观人次平均值
		科普宣传专用车平均参观人次（万人次/车）	科普宣传专用车年参观人次平均值
		景区使用电子解说器游客人数（万人次/景区）	3A级及以上级别景区每年使用电子解说器游客人数平均值
	社会效果	媒体报道次数（次）	在全国所有的传统媒体和网络媒体报道中，有关科普基础设施及其开展活动的报道次数之和
		主要科普场馆单馆官方网站访问量（万次/馆）	主要科普场馆年官方网站访问量平均值
		主要科普场馆单馆微博、微信账号阅读量（万次/馆）	主要科普场馆年微博、微信账号阅读量平均值

基础设施的分类标准，在参考已搜集文献的基础上，将不同类型科普基础设施的评估研究分为三类，分别为科普场馆评估研究、科普旅游景区评估研究、流动科普基础设施评估研究。

（一）科普场馆评估研究

根据已有文献，科普场馆评估研究主要可分为科学技术类博物馆科普评估研究和科技馆科普评估研究。

1.科学技术类博物馆科普评估研究

科学技术类博物馆自19世纪诞生以来，不仅具有收藏、研究、展览等功能，同时也是传播科学精神与科学思想的科学教育基地。根据2020年度全国科普统计调查结果，全国已有952个科技类博物馆。

《新科学素质纲要》中强调要大力加强科技博物馆、工业博物馆等科普基地建设，创新现代科技馆体系，推动科技馆与博物馆等融合。因此，科技博物馆的科普能力评估对其未来的科普建设具有指导性意义。

（1）现有评估指标体系

目前国内对科学技术类博物馆的科普能力评估研究甚少，目前仅搜索到陈晓洪[①]构建了科技博物馆绩效评估指标体系（见表5）。该指标体系共包括科普环境、科普成果与社会认可3个一级指标和10个二级指标，主要从科学展品和社会效果两方面进行评估，较为简单。

表5 科技博物馆绩效评估指标体系

评估项目	指标
科普环境	科学性展品比率(%)
	展品年更新换代率(%)
	互动性展品比率(%)
	媒体年报道(次)
科普成果	展厅观众频率(人次/年·m^2)
	年观众量占城市人口比例(%)
	单位科技博物馆年支出带来观众量(人次/万元)
社会认可	科技博物馆在本地市民中的知名度(%)
	市民对科技博物馆展品满意度(%)
	市民对科技博物馆服务满意度(%)

（2）评估指标体系对比分析及建议

虽然现有的科学技术类博物馆科普评估研究较少，但是科技类博物馆作为博物馆的重要组成部分，其评估工作可以借鉴国内外针对博物馆的评估研究。首先，评估框架方面，杨郦[②]认为博物馆绩效考评应当采用"管理运作+业务完成+专项资金管理使用+社会影响及评价"的考评框架，如图1所示。2018年加拿大新斯科舍省博物馆协会对省内博物馆进行评估时，也基

---

① 陈晓洪：《科技博物馆绩效评估量化指标设计》，《广东科技》2012年第15期，第14、15~16页。

② 杨郦：《博物馆绩效考评体系研究》，河南大学硕士学位论文，2013，第39~44页。

本采用了"管理治理+业务（收藏、展示）+社团+资金管理+社会效果"的评估框架①（见表6），而该协会的会员中包括了工业博物馆、地质博物馆等一批科学技术类博物馆。为了使评估框架更加简洁，可以将资金管理置于管理运作的范畴，因此，科学技术类博物馆科普能力评估指标体系的一级指标或可设立为"管理运作"、"业务完成"和"社会效果"。

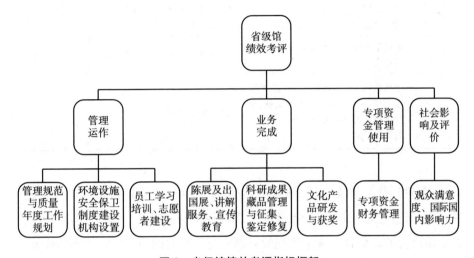

图1 省级馆绩效考评指标框架

表6 2018年新斯科舍省博物馆协会博物馆评估的框架

评估主题	提交材料	主要评估内容	问题数量	分数
治理	规章制度、使命宣言、组织架构、伦理规范、管理委员会手册、战略规划、最近一次机构政策修订或计划修订的备忘录、最近一次与战略计划相关绩效评估的备忘录	管理委员会工作的优异表现、任命委员会架构、管理委员会职责、管理委员信息获取、对管理层和机构运行的评估	22	148
管理	保险政策、人力资源政策、工作描述、员工定位、绩效评估、离职谈话、志愿者政策/申请、工作计划	保险和人力资源方面工作的优异表现	19	156

① 刘娅：《英国、美国、加拿大博物馆评估近期实践及启示》，《科普研究》2019年第2期，第32~40、106页。

续表

评估主题	提交材料	主要评估内容	问题数量	分数
设施	应急计划、设施管理计划	资产、设施方面工作的优异表现	40	193
收藏及信息获取	保护和处理的指南、目录、收藏委员会职权范围、收藏管理政策、收藏管理流程手册、状况报告、事故报告	与藏品相差工作的优异表现	28	173
展示	展示计划、展览政策、最新公众活动的案例、最新校园活动的案例	优异表现、公众活动的受众、校园活动类型	34	192
社团	隶属于专业机构的会员资格、社团活动案例	专业社团工作方面的优异表现	14	150
市场和收入	市场战略、博物馆宣传册、新闻发布、报纸或其他媒体发表的文章、经费筹集计划、年度预算、与在线展示的关联	相关方面的优异表现	23	153

　　"管理运作"方面，杨郦强调不应当过分重视"管理机构与人员配置"这种静态化指标，而应当着重关注"管理规范与质量"。加拿大新斯科舍省博物馆协会的评估框架除了重视规章制度与组织架构外，也强调机构政策及计划及时更新的重要性。因此"管理运作"主要考察科技类博物馆的规章制度和组织架构是否完备、机构政策或计划是否及时更新、资金筹集及管理是否到位和员工的学习培训次数。

　　"业务完成"方面，综合杨郦和加拿大新斯科舍省博物馆协会的评估框架，并结合科技类博物馆的科学技术特点，科技类博物馆的评估业务主要包括科技展览、科技活动和解说服务三项。科技展览评估可借鉴国内外已有的博物馆展览评估研究。首先，博物馆展览评估的核心在于展览是否为观众提供富有信息的、教育意义的参与式体验[1]，是否为公众的"善"呈现公共的展品和展项[2]，评估体系一般由前期、过程、总结性三部分构成[3]，评估主

---

① 陈汾霞：《论免费开放时代的博物馆展览评估体系》，《文物世界》2014 年第 3 期，第 71~73 页。
② 徐纯：《美国展览评估的再探讨》，《中国博物馆》2013 年第 2 期，第 71~76 页。
③ 李林：《博物馆展览观众评估研究》，复旦大学硕士学位论文，2009，第 18 页。

体包括专家、设计团队本身以及受邀观众三方。① 其次，基于指标设计的结构安排和科技博物馆的特殊性，科学技术类博物馆科普能力评估指标体系中的科技展览评估部分可主要由专家及受众对展览过程中科技展品内容及形式的科学性、参与性、创新性、丰富性等进行评估。科技活动评估可借鉴李小英②的博物馆科普活动绩效评价指标体系，主要考察科技活动科普内容的科学性、趣味性、通俗性和活动组织的创新性、参与性及信息化程度等。解说服务评估则主要由专家和观众对科技博物馆提供的各种解说服务进行评估，评估内容包括导游员或讲解员的知识丰富性和准确性、自助解说器的便利性、标识牌和视听媒体的通俗性和生动性等。③

"社会效果"方面，此部分评估可主要借鉴国内外各类型博物馆效果评估研究。英国数字、文化、媒体和体育部对其直接资助博物馆的年度监测主要考察了参观人次和参观者满意度（参观者中有推荐参观意愿者的占比)④，美国国家科学基金会从知识、兴趣、态度、行为、技能五个层面考察了其资助的非正规科学教育项目的展览效果⑤，赵星宇等考察了观众的学习效果⑥，陈桂洪从观众的知识增长和情感体验两方面进行测评⑦。考虑到科技博物馆的科技性，"社会效果"部分的指标可设立为参观人次、参观者满意度、科学知识增长、科学兴趣增长四项。其中参观人次主要考察科技博物馆参观人次、16 岁以下观众参观人次、16 岁以下观众参与现场科学活动的次数等。参观者满意度主要考察参观者对科技博物馆提供的展览展品、科学活动及解

① 韦玲：《试论博物馆陈列展览评估体系的构建》，《中国博物馆》2015 年第 3 期，第 88~93 页。

② 李小英：《博物馆科普活动绩效评价》，《科普研究》2019 年第 6 期，第 22~29、113 页。

③ 陈桂洪：《基于游客感知的博物馆解说效果评估研究》，华侨大学硕士学位论文，2011，第 85~87 页。

④ 刘娅：《英国、美国、加拿大博物馆评估近期实践及启示》，《科普研究》2019 年第 2 期，第 32~40 页。

⑤ 温超：《美国科技类博物馆展览效果评估分析——以 NSF 项目展览效果评估案例为例》，《科普研究》2014 年第 2 期，第 47~53 页。

⑥ 赵星宇、姜惠梅、席丽：《展览教育效果评估的理论、方法与实践——以山东博物馆 2018~2019 年展览观众评估项目为例》，《东南文化》2021 年第 1 期，第 145~152 页。

⑦ 陈桂洪：《基于游客感知的博物馆解说效果评估研究》，华侨大学硕士学位论文，2011，第 85~87 页。

说服务的满意度以及推荐参观意愿者的占比等。科学知识增长和科学兴趣增长主要考察参观者在参观前后科学知识和科学兴趣的增长情况。

综合以上分析，本报告建议的科学技术类博物馆科普能力评估指标体系建议如表7所示，该指标体系既多方位继承了已有的博物馆整体性评估、展览评估、活动评估和解说评估研究指标，又针对性考虑了科学技术类博物馆的科学科普属性。

表7　科技类博物馆科普能力评估指标体系建议

一级指标	二级指标	指标解释
管理运作	规章制度和组织架构	考察规章制度和组织架构是否合理
	机构政策或计划	考察机构政策或计划是否及时更新
	资金筹集及管理	除了考察资金管理能力外，重点考察科技博物馆的创收能力
	员工的学习培训次数	考察员工的学习培训情况
业务完成	科技展览	专家及受众对科技展品内容及形式的科学性、参与性、创新性、丰富性等进行评估
	科技活动	主要考察科技活动科普内容的科学性、趣味性、通俗性和活动组织的创新性、参与性及信息化程度等
	解说服务	评估内容包括导游或讲解员的知识丰富性和准确性、自助解说器的便利性、标识牌和视听媒体的通俗性和生动性等
社会效果	参观人次	主要考察参观人次、16岁以下观众参观人次、16岁以下观众参与现场科学活动的次数等
	参观者满意度	主要考察参观者对科技博物馆提供的展览展品、科学活动及解说服务的满意度以及推荐参观意愿者的占比等
	科学知识增长	主要考察参观者在参观前后科学知识的增长情况
	科学兴趣增长	主要考察参观者在参观前后科学兴趣的增长情况

2.科技馆评估研究

科技馆，全称科学技术馆，是政府和社会开展科学技术普及工作和活动的公益性基础设施。对科技馆进行评估，能够帮助科技馆掌握当前发展情况、及时发现发展问题，对于促进科技馆健康良性发展具有重要意义。

（1）现有评估指标体系

从评估范围角度，对科技馆的评估可分为整体评估和专项评估，整体评估即对科技馆的整体表现进行评估，专项评估是对科技馆的具体业务进行评估，如对展览展品、教育活动等项目效果的评估[1]。本报告将侧重于整体评估，因此，尽管专项评估研究成果较为丰富，在此也不展开论述。

评估指标的确定，在根本上取决于评估目的，不同的评估目的对应着不同的指标选择。依据评估目的的不同，已有的科技馆整体性评估可分为定级评估、绩效评估和科普能力评估。

定级评估是对场馆是否符合一定的条件进行评估，之后视评估结果决定其级别。谭岑[2]将科技馆分为示范、优秀、普通和改进四种等级，在参考公共服务评估指标体系的基础上，依据科技馆自身的特点，从科技馆的业务（展览、实验、培训、活动）和可持续发展能力两大方面对科技馆进行评估，指标体系见表8。该研究采用层次分析法确定指标权重，并且为了突出对公众需求的重视，采用社会调查的方式进行打分。中国自然博物馆协会[3]将科技馆从高至低分为甲、乙、丙三个等级，不仅建立了全国科技馆评级指标体系，还制定了评估标准和评估办法。评估内容包括展览及教育、基础设施与综合管理、公共关系与服务、展品研发及维修、学术研究五大项。

表8　科技馆定级评价指标体系（谭岑）

大类指标	指标
展览教育	展品年更新率
	展品设计创新率
	展品完好率
	年均非常设展览次数
	年参观人数

---

① 蔡文东、王美力、齐欣、李响、张力元、刘琦：《科技馆评估指标体系研究》，《自然科学博物馆研究》2020年第3期，第61~70、102、105页。

② 谭岑：《大中型科学技术馆评价模型及其应用研究》，合肥工业大学硕士学位论文，2010，第20~22页。

③ "全国科技馆评价指标体系研究"课题组、李元潮、田友山、杨力：《全国科技馆评级指标体系研究报告》，《科技馆研究报告集（2006—2015）上册》，2017，第424~457页。

续表

大类指标	指标
实验教育	实验数量
	趣味性
	启智程度
	青少年参与比重
培训教育	培训类别数量
	年培训规模
	培训获奖
活动教育	年均场次
	年接待人数
	活动结构
	受众对象的结构
可持续发展能力	人才队伍结构
	年均人员专业培训率
	场馆建设达标率
	展品研发能力
	经费保证率
	管理制度建设

绩效评估是对科技馆的科普资源配置效率进行评估，旨在提升科普投入的经济性及产出影响的有效性。艾全生[1]使用科技馆能力与其净投入之比来评估科技馆的效益，吕佩芳[2]从业务和财务两大方面设计了科技馆绩效评估指标体系，李霞、段钊[3]从财务绩效、场馆绩效、展品绩效和社会效益四个方面构建了科技馆绩效评估指标体系（见表9）。佟贺丰、于洁等[4]依据经济性、效率性、有效性、公平性的原则构建了科技馆绩效评估指标体系，如表10所示，3个一级指标分别为基础保障、运营绩效、社会影响。该指标

---

① 艾全生：《科技馆效益的评估》，《中国博物馆》1996年第1期，第49~52页。
② 吕佩芳：《浅析科技馆绩效评价》，《财经界》2011年第10期，第231~232页。
③ 李霞、段钊：《浅析我国科技馆绩效评价指标体系的构建》，《科学教育与博物馆》2015年第3期，第181~185页。
④ 佟贺丰、于洁、董克：《科技馆综合评价体系构建与实践》，《科普研究》2020年第5期，第32~38、108页。

体系不仅可操作性强、量化难度低，而且运用了网络数据作为资料来源，并且该研究对全国 401 家科技馆进行了实证评估。

表 9 科技馆绩效评估指标体系（李霞、段钊）

一级指标	二级指标	三级指标或考察要点
财务绩效指标	项目投资与收益率	投资回收期
		项目收益率
		净资产增长率
	项目控制	项目实际投入与预算目标是否存在偏差
		项目实际支出与预算目标是否存在偏差
场馆绩效指标	场馆布局	标识是否清晰与可读
		参观路径可达性
	场馆环境	环境温度、湿度是否维持在标准指标范围内
		是否符合公共建筑节能设计标准程度
		照明舒适性
		休息与餐饮方便度
	场馆安全与应急管理	展厅安全性
		是否有应急预案并进行定期演练
	场馆团队服务与培训	咨询、讲解等服务专业化
		成员合作额度
		成员定期培训次数
		成员自我提升满意度
展品绩效指标	展品设置	展示范围是否符合展馆特点与具体主题、任务
		编目是否详细,档案资料是否完备
	展品参与性	展品的娱乐与趣味性
		展品可参与性
		展品操作难易程度
	展品完好率	因陈列、使用等造成的展品损坏情况
	展品使用率	展品展项更新率、展品设备循环利用率
社会效益指标	社会教育效果	用户参观率
		用户重复参观率
		用户是否产生科学兴趣、习得新知识或方法
		科普讲座次数
		承办科技竞赛次数

一级指标	二级指标	三级指标或考察要点
社会效益指标	公共服务能力	是否定期开展主题明确、形式多样的科技馆宣传推广活动
		是否定期组织志愿者招募与培训活动
		国内外科技馆合作与资源共享程度
		为区域所在学校、企业、社会团体提供咨询等服务程度
		科技馆网站建设情况(科技馆展览、展品信息完整度;是否提供预约等在线服务;是否与公众互动、征询建议与反馈;观众是否参与评价与推荐;网站界面是否友好)

表10 科技馆绩效评估指标体系(佟贺丰、于洁等)

一级指标	二级指标	三级指标	指标含义
基础保障	设施建设	科技馆建筑面积	科技馆建筑面积
		单位展厅面积、科技馆展品设施支出情况	科技馆展品设施支出/展厅面积
	人员保障	科普专职人员数量	科普专职人员数量
		科普创作人员数量	专职科普创作人员
	经费保障	科普经费筹集额	科普经费筹集额
		科普活动经费比例	科普活动经费/科普经费使用额
运营绩效	设施绩效	参观人次	参观人次
		单位展厅面积接待参观人次	参观人次/展厅面积
	经费绩效	每万元科普经费使用额服务的参观人次	参观人数/年度科普经费使用额
		非政府拨款经费数额	捐赠+自筹资金+其他收入
	人员绩效	平均每位科普专职人员服务参观人次	参观人次/科普专职人员
		志愿者数量	注册志愿者数量
社会影响	社会活动	服务覆盖面	参观人次/所在城市(区县)常住人口
		面向社会的科普讲座	科普讲座参加人次
	新媒体传播	微博粉丝量	微博粉丝量
		微信公众号阅读量	微信公众号阅读量
	社会评价	大众点评好评占比	五星评价数/总评价数
		大众点评评价数量	大众点评评价数量

　　科普教育是科技馆的首要目的和首要功能，科普能力评估即对科技馆的科普教育能力及能力实现情况进行评估。张鹰①从制度、设施、人力、活动四个方面评估科技馆的科普能力，通过受众数量评估科普功能实现情况，指标体系如表 11 所示。蔡文东、王美力等②建议根据科技馆的行政级别对科技馆进行评估，各级科技馆的定位和功能不同，适用的指标体系也不同。该研究建立的指标体系如表 12 所示，从展览教育、科研产出、服务效能三方面考察科技馆的科普能力。

　　此外，任福君③设计了适用科技馆、科协主管部门、第三方三方不同主体的科技馆免费开放评估指标体系。

表 11　科技馆科学教育能力评估指标体系（张鹰）

一级指标	二级指标
制度支持	科技馆每年的运行经费
	科学教育活动经费在运行经费中所占比例
	展教人员编制、职称晋升机制
设施资源	科技馆面积
	科技馆常设展览展品的数量
	流动科技馆展品数量
	科普大篷车展品数量
	网站、微博、微信等媒介渠道
人力资源	科技馆员工数量
	展教人员数量
	展教人员中高级职称数量
受众数量	科技馆每日观众平均人数
	科学教育活动观众平均人数

---

① 张鹰：《科技馆科学教育能力评估体系初探》，载《全球科学教育改革背景下的馆校结合——第七届馆校结合科学教育研讨会论文集》，2015，第 488~492 页。
② 蔡文东、王美力、齐欣、李响、张力元、刘琦：《科技馆评估指标体系研究》，《自然科学博物馆研究》2020 年第 3 期，第 61~70、102、105 页。
③ 任福君：《科技馆免费开放评估指标体系研究》，《今日科苑》2020 年第 12 期，第 23~31、40 页。

续表

一级指标	二级指标
活动数量	展览辅导类教育活动数量
	科普培训类教育活动数量
	科学表演类教育活动数量
	对话交流类教育活动数量
	科学游戏类教育活动数量
	科技竞赛类教育活动数量
	科技考察类教育活动数量
	综合活动类教育活动数量

表12　科技馆科普教育能力评估指标体系（蔡文东、王美力等）

一级指标	二级指标	三级指标
展览教育	展览展示	常设展览
		短期展览
	教育活动	馆内教育活动
		馆外教育活动
	影视科普	特效影院
		科普影片
	网络科普	网络平台
		数字化展教资源
科研产出	展教资源研发	展览展品研发
		教育活动研发
	学术研究	科研项目与成果
服务效能	公众服务	观众接待
		观众满意度
		社会关注度
	辐射服务	行业服务
		体系服务
附加项		进行社会公示
		重大安全事故

（2）评估指标体系对比分析及建议

评估目的和评估内容是分析各指标体系的主要依据。定级评估考察科技馆的综合情况，考察范围应当全面覆盖科技馆的科普投入、产出和效果。谭岑设计的指标体系主要考察了科技馆的产出，即展览、实验、培训和活动，虽然也考察了可持续发展能力，但是总体来说，指标设计的比较简单，对科技馆投入的评估不足，同时缺乏对科普效果的考察。相比之下，中国自然博物馆协会构建的全国科技馆评级指标体系更为全面，考虑到科技馆的投入、产出、支撑条件，但也存在一些问题。首先，因为预设的评估资料来源是由科技馆自填评分表，所以此评估指标体系主要考察了科技馆方面的情况，缺乏对参观者方面科普效果的考察，相关的指标只有寥寥几小项。其次，指标体系较为烦琐，实际操作难度较高，可适当精简。

绩效评估强调科普投入的经济性、产出的效率性和影响的有效性。艾全生通过产出（功能）/投入之比来设计评估框架，但此指标体系较为简单，不再赘述。吕佩芳的指标体系考察了产出（展览、讲座、竞赛）和效果，但科普投入只考虑了资金一项。李霞、段钊设计的指标体系从财务、场馆、团队、展品、活动、社会效益等多方面较为全面地考察了科普投入、产出和效果。佟贺丰、于洁等设计的指标体系只考察了投入（基础保障）和效果（参观人次、社会影响）两个维度，该指标体系在设计时将科技馆视为"黑箱"，忽视了行动/过程是组织绩效的重要维度，缺乏对科技馆提供的科普服务/科普产出（如科普展览、科技活动）的考察。

科普能力评估主要围绕科技馆科普能力及实现情况。张鹰设计的指标体系较为全面地考察了科技馆在制度、设施、人力、活动等方面的科普能力，并且通过受众数量指标考察了科普效果。蔡文东、王美力等构建的指标体系从展览、活动、影视科普、网络科普、展教资源研发、学术研究、辐射服务等多层面考察了科技馆的科普能力，并且通过观众接待、观众满意度、社会关注度三项指标考察科普效果，考察范围十分全面。

本报告建议的科技馆科普成效评估指标体系旨在综合考察科技馆的绩效和科普能力，因此应当全面评估科技馆的投入、产出、效果三个层面。遵循指标设计的关键性、可操作性、独立性和层次性原则，在综合分析以上各指标体系的基础上，本报告建议的科技馆科普成效评估指标体系如表13所示，该指标体系主要考察了科技馆的基础保障（投入）、科普科研（产出）和社会效益（效果）。

基础保障主要从人、财、物、制度四个层面考察科技馆的科普投入，二级指标可设立为设施保障、经费保障、人员保障、制度保障。其中，设施保障的三级指标主要考察场馆建设情况和安全保障情况，包括开放天数、场馆面积、场馆布局、场馆环境、场馆安全与应急管理等。经费保障的三级指标主要考察经费的来源与支出情况，包括经费筹集、经费管理、各项支出占比等。人员保障的三级指标主要考察工作人员的数量、专职兼职占比、培训情况、职称结构等。制度保障的三级指标主要考察科技馆的制度对科普服务的支持程度，可考察的制度包括经费支出制度、绩效考评制度等。

科普科研的二级指标主要参考了蔡文东、王美力等构建的科技馆科普教育能力评估指标体系，二级指标可设立为展品展示、科普活动、影视科普、网络科普、辐射服务及科研产出。其中，展品展示的三级指标主要考察常设展览和短期展览的展品数量、自主研发展品占比、展品完好率、展品更新率、展品循环利用率、讲解配置情况等。科普活动的三级指标主要考察科普培训、科普竞赛、科学表演等馆内活动和"科技馆进校园"等馆外活动的举办次数和更新情况。影视科普的三级指标主要考察馆内影院放映场次、影片数量、影片更新频率等。网络科普的三级指标主要考察网站、微博、微信、App 等网络平台建设和更新情况以及数字化资源开发情况等。辐射服务的三级指标主要考察科技馆举办的行业活动的级别与数量、为其他科普设施/机构提供服务的情况、主办/参加科普大篷车/流动科技馆巡展站数等。科研产出的三级指标主要考察当年结题的项目数量及级别，以及当年发布论文、出版专著/期刊、获得专利的数量等。

社会效益主要从参观人次、公众满意度和传媒传播三方面考察科普效果。其中，参观人次的三级指标主要考察场馆参观人次、场馆接待能力饱和度、各项活动参观人次、影片观看人数等。传媒传播的三级指标主要考察传统媒体和新媒体的报道数量，以及科技馆自建网站和新媒体的浏览量、评论量，数字化资源访问量等。公众满意度的三级指标可参考观众满意度调查研究，何文娟①和"2013 年中国科技馆观众满意度调查"课题组②主要调查了公众对科技馆展览展品、工作人员、基础设施等各项服务的满意度，在此基础上，樊庆、徐扬③、王雪④、黄曼、聂卓等⑤还调查了公众对服务效果的满意度，即公众对科技馆"提高科学兴趣""增加科学理解""改变错误观念""提高科学素养"的满意度。参考观众满意度调查研究，公众满意度的三级指标主要考察公众对科技馆展览展品、科技活动等各项服务及服务效果的满意度。

综上，本报告建议的科技馆科普成效评估指标体系如表 13 所示，相较已有的科技馆评估研究，该指标体系以评估科技馆科普成效为目的，分层次更加清晰全面地考察了科技馆的科普投入、科普产出和科普效果情况。

表 13　科技馆科普成效评估指标体系建议

一级指标	二级指标	三级指标	考察要点
基础保障	设施保障	开放天数	场馆的开放天数
		展厅面积及占比	展厅面积及其占场馆面积的比例
		场馆环境及布局	场馆环境（包括温度、湿度、照明、休息、餐饮）是否标准、便利，标识是否清晰明确
		场馆安全与应急管理	展厅安全性，是否有应急预案并进行定期演练

① 何文娟：《于 IPA 分析法的合肥科技馆游客满意度分析》，《石家庄学院学报》2013 年第 3 期，第 52~57 页。
② "2013 年中国科技馆观众满意度调查"课题组、齐欣：《2013 年中国科技馆观众满意度调查报告》，载《科技馆研究报告集（2006—2015）上册》，2017，第 542~559 页。
③ 樊庆、徐扬：《中国科学技术馆观众满意度研究》，《科技管理研究》2020 年第 10 期，第 238~243 页。
④ 王雪：《基于 IPA 分析法的武汉科技馆游客满意度调查》，华中科技大学硕士学位论文，2016，第 15 页。
⑤ 黄曼、聂卓、危怀安：《免费开放的科技馆观众满意度测评指标体系研究——基于 7 座科技馆的实证分析》，《现代情报》2014 年第 7 期，第 22~26 页。

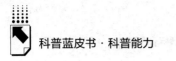

一级指标	二级指标	三级指标	考察要点
基础保障	经费保障	经费筹集	科普经费筹集总额,政府拨款数额及占比,非政府拨款经费数额及占比
		经费管理	是否有明确的资金使用规定,经费审批流程是否完善,是否有经费使用监督机制;是否存在经费滥用情况
		各项支出占比	科普展览、科普活动、影视科普、网络科普的经费占比
	人员保障	科普人员数量	科普专职人员数量、科普兼职人员数量、科普志愿者数量、专职科普创作人员数量
		学历及职称结构	科普专职人员中中级职称或本科学历以上人员数量
		培训情况	科技馆每年组织员工科普培训的次数
	制度保障	免费开放制度	是否制定了免费开放制度,以及适应免费开放的各项管理制度(如运营管理、活动管理、人员管理等方面的制度)
		绩效考评制度	是否建立了绩效考评制度,绩效考评措施是否健全,是否有助于科技馆科普能力的提升
科普科研	展品展示	常设展览	常设展览的展示天数、展品数量、自主研发展品占比、展品完好率、展品更新率、展品循环利用率、讲解配置情况
		短期展览	短期展览的举办场数、展品数量、自主研发展品占比、展品完好率、展品更新率、展品循环利用率、讲解配置情况
	科普活动	活动开展次数	科普培训、科普竞赛、科学表演等馆内活动和"科技馆进校园"等馆外活动的开展次数
		活动更新频率	科技馆每年新开展的活动数量
	影视科普	影院放映场次	每年放映影片的场次
		科普影片数量	每年放映的科普影片数量
		影片更新频率	每年新放映的影片数量

续表

一级指标	二级指标	三级指标	考察要点
科普科研	网络科普	网络平台建设	官方网站、微信、微博、App、bilibili、抖音、快手等网络平台建设情况
		网络平台更新	官方网站、微信、微博、App、bilibili、抖音、快手等网络平台更新情况
	辐射服务	行业活动	科技馆举办的行业活动的级别与数量
		流动科普基础设施	科技馆主办/参加科普大篷车/流动科技馆巡展站数
	科研产出	科研项目	当年结题的项目的级别与数量
		科研成果	当年发表论文、出版专著/期刊、获得专利的数量
社会效益	参观人次	场馆参观人次	场馆参观人次
		场馆接待能力饱和度	每平方米展厅面积接待观众人数
		活动参观人次	各项活动参观人次
	公众满意度	服务满意度	参观者对科技馆展品展览、科技活动等各项服务的满意度
		效果满意度	参观者对科技馆科普效果的满意度
	传媒传播	传统媒体	传统媒体报道量
		网络平台	科技馆自建网络平台的浏览量、点赞量、评论量、转发量

（二）景区科普旅游评估研究

受限于已有研究文献的匮乏，本章节仅对地质公园、森林公园、自然保护区等景区的科普旅游综合评估指标体系研究进行分析，不包括安装了科普宣传栏的车站、码头等公共场所的科普评估研究。这些景区因为其自身具有天然的科普价值，所以其科普主要模式一般为"景观+辅助解说配置"。

1. 现有评估指标体系

目前学界尚未对科普旅游这一概念达成一致定义①，本报告采用刘晓

---

① 刘晓静、梁留科：《国内科普旅游研究进展及启示》，《河南大学学报》（社会科学版）2013年第3期，第49~55页。

静、梁留科的定义,即科普旅游是以旅游作为科学知识传播的载体,在旅游产品设计和旅游活动开展中,充分挖掘旅游资源蕴含的科学知识,通过展览、体验、导游讲解等方式使游客获得科学知识。①

王娜、钟永德等②构建的森林公园科普旅游资源评估体系如表 14 所示,考察了森林公园科普旅游资源的资源禀赋、开发条件和旅游消费价值。刘晓静、梁留科③构建的地质公园科普旅游评估指标体系如表 15 所示,主要考察了地质公园科普旅游的资源禀赋、开发条件和科普旅游实践及管理。罗伟、黄凌等④构建的地质公园科普旅游综合评估指标体系如表 16 所示,该指标体系只考察了地质公园科普旅游的实践情况。

何哲峰⑤首先将地质公园科普旅游资源分为地质遗迹类、生物类、天象气象类和人文类,然后分别构建了各类资源的评估指标体系。四类科普旅游资源的一级指标均为资源价值属性、资源自然(与人文)属性、资源利用及经济社会效益、资源开发潜力,二级指标随着类型不同各有侧重,地质遗迹类科普旅游资源评估指标体系如表 17 所示。

2.评估指标体系对比分析及建议

从以上科普旅游评估研究可以看出,已有的科普旅游评估更加偏重资源禀赋和资源开发条件,其次是科普旅游实践情况,而几乎没有提及科普旅游效果。但是,因为本报告建议的科普旅游评估指标的评估目的在于对景区科普旅游的科普成效进行评估,所以资源禀赋及开发潜力、科普实践和科普效果缺一不可。

---

① 刘晓静、梁留科:《地质公园景区科普旅游评价指标体系构建及实证——以河南云台山世界地质公园为例》,《经济地理》2016 年第 7 期,第 182~189 页。

② 王娜、钟永德、黎森:《基于 AHP 的森林公园科普旅游资源评价体系构建》,《中南林业科技大学学报》2015 年第 9 期,第 139~143 页。

③ 刘晓静、梁留科:《地质公园景区科普旅游评价指标体系构建及实证——以河南云台山世界地质公园为例》,《经济地理》2016 年第 7 期,第 182~189 页。

④ 罗伟、黄凌、鄢志武:《地质公园科普旅游综合评价指标体系研究》,《湖北农业科学》2016 年第 16 期,第 4340~4343、4348 页。

⑤ 何哲峰:《地质公园科普旅游资源评价研究》,中国地质大学(北京)博士学位论文,2018,第 28~58 页。

表 14　森林公园科普旅游资源评估指标体系及权重（王娜、钟永德等）

目标层（Z）	目标层权重	准则层（Y）	准则层权重	指标层（X）	指标层单排序权重	指标层总排序权重	排序
森林公园科普旅游资源评价（Z）	1	资源禀赋（Y_1）	0.6267	美感度（X_1）	0.0803	0.0503	7
				独特性（X_2）	0.1701	0.1066	4
				完整性（X_3）	0.0531	0.0333	12
				丰富度（X_4）	0.0789	0.0495	8
				稀缺性（X_5）	0.1957	0.1226	2
				科普价值（X_6）	0.3660	0.2294	1
				科研价值（X_7）	0.0559	0.0350	11
		开发条件（Y_2）	0.0936	客源市场（X_8）	0.2852	0.0267	13
				可进入性（X_9）	0.0953	0.0089	15
				知名度（X_{10}）	0.1799	0.0168	14
				竞争力（X_{11}）	0.3902	0.0365	10
				适游期（X_{12}）	0.0494	0.0046	16
		旅游消费价值（Y_3）	0.2797	观赏性（X_{13}）	0.1364	0.0381	9
				参与性（X_{14}）	0.2073	0.0580	6
				体验性（X_{15}）	0.2294	0.0642	5
				趣味性（X_{16}）	0.4269	0.1194	3

表 15　地质公园科普旅游评价指标体系及权重（刘晓静、梁留科）

一级指标	权重	二级指标	权重	三级指标	权重	总排序权重
地质公园科普旅游资源 A_1	0.36	地质旅游资源特征 B_1	0.52	地质遗迹级别 C_1	0.39	0.0730
				地质遗迹典型性 C_2	0.33	0.0618
				地质遗迹规模 C_3	0.28	0.0524
		地质旅游资源价值 B_2	0.48	观赏价值 C_4	0.27	0.0467
				社会价值 C_5	0.18	0.0311
				环境价值 C_6	0.19	0.0328
				科学价值 C_7	0.36	0.0622
科普旅游实践和管理 A_2	0.43	科普实践 B_3	0.41	科普主题鲜明 C_8	0.21	0.0370
				科普与观赏协调 C_9	0.27	0.0476
				科普标示系统 C_{10}	0.26	0.0458
				导游讲解内容科普含量 C_{11}	0.26	0.0458
		景区管理 B_4	0.35	科普宣传力度 C_{12}	0.25	0.0376
				科普活动开展 C_{13}	0.21	0.0316
				每年科普培训天数 C_{14}	0.26	0.0391
				科普教育基地建设 C_{15}	0.28	0.0421
		相关者的态度 B_5	0.24	当地居民科普水平 C_{16}	0.23	0.0237
				当地居民科普意识 C_{17}	0.26	0.0268
				当地政府科普意识 C_{18}	0.29	0.0299
				景区员工科普意识 C_{19}	0.22	0.0227

续表

一级指标	权重	二级指标	权重	三级指标	权重	总排序权重
科普旅游 开展辅助 条件 A_3	0.21	开发条件 B_6	0.38	地质公园景区级别 C_{20}	0.34	0.0271
				与中心城市距离 C_{21}	0.18	0.0144
				与周边景点关联性 C_{22}	0.14	0.0112
				旅游服务质量 C_{23}	0.18	0.144
				适游期 C_{24}	0.16	0.0128
		社会环境 B_7	0.30	当地经济水平 C_{25}	0.32	0.0202
				政府促进科普政策 C_{26}	0.37	0.0233
				高中教育普及率 C_{27}	0.31	0.0195
		客源市场 B_8	0.32	游客增长率 C_{28}	0.36	0.0242
				游客年龄结构 C_{29}	0.31	0.0208
				游客学历结构 C_{30}	0.33	0.0222

表 16　地质公园科普旅游综合评价指标体系及权重（罗伟、黄凌等）

评价指标	指标权重	评估因子	因子权重
地质博物馆	0.15	展出面积	0.0375
		馆藏内容	0.0375
		现场解说	0.0375
		开放时间	0.0375
解说标识牌	0.15	标牌数量	0.0375
		摆放位置	0.0375
		标牌内容	0.0375
		标牌形式	0.0375
科普影视馆	0.1	座位数量	0.05
		播放内容	0.05
地学科普书籍	0.1	图书种类	0.05
		书籍内容	0.05
地质公园网站	0.1	网站内容	0.05
		展示设计	0.05
导游科普解说	0.15	专业培训	0.075
		解说内容	0.075
地学科普线路	0.1	线路数量	0.05
		线路内容	0.05
地学科普活动	0.15	举办次数	0.075
		参与人数	0.075

表 17　地质遗迹类科普旅游资源评估指标体系（何哲峰）

一级指标	二级指标
资源价值属性	美学观赏价值
	科学研究价值
	科普教育价值
	历史文化价值
资源自然属性	资源珍奇程度
	资源种类与规模
	资源完整性
	地质遗迹级别
资源利用及经济社会效益	科普旅游产品提供
	科普旅游线路规划
	科普旅游解说服务
	科普旅游经济效益
	科普旅游社会效益
资源开发潜力	资源的知名度和影响力
	适游期或适宜人群
	基础设施
	客源市场结构
	地质和科普人员配备

　　其中，资源禀赋及开发潜力部分主要参考了何哲峰构建的科普旅游资源评估指标体系，主要考察景区科普旅游的资源自然属性、资源价值属性和资源开发潜力。科普实践部分则依循常规分为科普投入和科普产出，科普投入主要从人、财及制度角度考察景区的科普投入，科普产出则主要参考了罗伟、黄凌等的地质公园科普旅游综合评价指标体系，并且补充考察了景区的自助解说器提供情况和导游配置及培训情况等。科普效果则依循惯例从参观人次、游客满意度及学习效果三个方面进行考察。

　　综上，本报告建议的景区科普旅游科普成效评估指标体系如表 18 所示，该指标体系继承了已有的科普旅游评估研究对于科普旅游资源禀赋和开发潜力的重视，更加全面地考察了景区科普实践情况，并且补充考察了科普效果。

表18　景区科普旅游科普成效评估指标体系建议

一级指标	二级指标	三级指标	指标解释	指标测度及方法
资源禀赋及开发潜力	资源自然属性	景观级别	景观的级别	景区提供
		景观种类及规模	资源的种类和规模	专家问卷
		景观典型性	景观是否罕见	专家问卷
	资源价值属性	美学观赏价值	是否在形象、色彩等方面具有美学观赏价值	专家问卷
		科学研究价值	是否具有重要的科学研究价值	专家问卷和知网数据库（论文数量与质量）
		科普教育价值	是否具有知识普及、公众教育的价值	专家问卷
		历史文化价值	是否具有重要的历史文化价值	专家问卷
	资源开发潜力	资源的知名度和影响力	在世界以及国内的知名度及影响力	景区提供
		适宜人群及客源市场结构	客源市场结构优势（青少年群体多），促进科普旅游的开发优势	景区提供及游客问卷调查
		基础设施	用于资源开发的基础设施（交通、食宿等）是否完善	景区提供
科普实践	科普投入	科普经费投入	用于科普的经费投入	景区提供
		科普人员投入	科普人员数量及职称结构	景区提供
		制度保障	是否有完整的科普保障制度	景区提供
	科普产出	博物馆	是否建有配套的科普博物馆	景区提供
		科普解说服务	考察解说标识牌的数量、位置、内容等是否符合数字化科普要求；景区是否提供自助解说器；导游的数量、是否对导游进行专业培训等	景区提供
		其他科普产品	是否规划科普旅游线路，是否开展科普活动，是否开发科普文创产品、书籍、网站等	景区提供

续表

一级指标	二级指标	三级指标	指标解释	指标测度及方法
科普效果	参与科普人次	参观博物馆人次	参观博物馆的人次	景区提供
		使用科普解说服务人次	租用自助解说器的人数和请导游讲解的人次	景区提供
	游客满意度	对博物馆满意度	游客对配套博物馆的满意度	游客问卷
		对解说服务满意度	游客对解说服务的满意度	游客问卷
		对其他科普产品的满意度	游客对其他科普产品的满意度	游客问卷
	学习效果	科学知识学习情况	是否学习到相关知识	游客问卷

（三）流动科普基础设施评估研究

流动科普基础设施主要包括科普大篷车和流动科技馆，两者的目标服务地区均是缺乏科普资源与服务的县级及以下基层地区和偏远地区，但是二者的功能特性和服务方式有所不同。科普大篷车由中国科协于 2000 年开始研制，"通过定制的运输工具与车载设备、展品、活动项目等科普资源，为基层组织和群众开展流动式科普服务"，主要采取点对点的服务方式。中国流动科技馆建设项目于 2010 年由中国科协科普部和中国科技馆联合启动，与科普大篷车相比，流动科技馆在展示内容上更加丰富，在展示方式上利用各地现有的公共基础设施作为活动场地，主要采取点对面的服务方式，影响面更广[①]。

国内目前关于流动科普基础设施的评估研究较少，徐扬、刘姝雯等认为在进行流动科普基础设施评估时，应当考虑其灵活性强、针对性强、贴近基层等独特性质[②]。龙金晶、徐扬[③]采用问卷调查的方式对中国流动科技馆的

---

① "中国流动科技馆发展对策研究"课题组、殷皓、隗京花、陈健：《中国流动科技馆发展对策研究报告》，载《科技馆研究报告集（2006—2015）上册》，2017，第 178~194 页。

② 徐扬、刘姝雯、王冰璐、刘芝玮、董思伽、魏思仪：《流动科技馆评估体系研究进展》，《科技管理研究》2017 年第 17 期，第 78~84 页。

③ 龙金晶、徐扬：《中国流动科技馆可持续发展效果评估与分析》，《科技管理研究》2019 年第 16 期，第 58~63 页。

整体科普效果进行了定量评估，通过分析观众反馈探究科技馆可持续发展的影响因素。李文军[1]设计了科普大篷车教育活动评估指标体系，该指标体系主要包括工作量指标、工作能力指标和教育效果指标三个大类指标，以及10个次级指标。梁韵琦[2]基于 STEM 理念[3]建构了中国流动科技馆教育活动评估指标体系，并使用该指标体系进行了实证研究。

三　总结

总体而言，各类科普基础设施评估研究均可采用"投入+产出+效果"的框架，投入即科普单位在人、财、物以及制度等层面的科普投入，常用二级指标包括科普人员、科普经费、科普场馆（地）及科普制度等；产出指科普投入所产生的物质和虚拟产品，常用二级指标包括科普展品、科普活动等；效果即科普产出所达到的科普效果，该指标主要从媒体和受众角度进行评估，常用二级指标包括媒体传播影响、参观人次、游客满意度、学习效果等。研究者在构建评估指标体系及进行实证评估时，需要根据所评估科普基础设施的特殊性质增加或删改具体指标，如在进行科普旅游评估时，需要考察旅游景区自身的科普价值，也就是资源禀赋，而不是仅仅考察景区的科普投入。

目前，国内的科普基础设施评估研究主要存在两方面问题。一是研究数量不足且分布不均，无论是评估指标体系构建研究还是实证评估都较为缺乏，且已有研究大多是对科普场馆尤其是科技馆的评估。二是缺乏对科普效果的评估，这一方面是因为现有的评估资料来源多依靠官方数据如年度科普统计，缺乏对观众的调查数据；另一方面是因为科普效果调查难度较高，不

---

[1] 李文军：《科普大篷车教育活动评估》，载《全球科学教育改革背景下的馆校结合——第七届馆校结合科学教育研讨会论文集》，2015，第 501~507 页。

[2] 梁韵琦：《STEM 视域下中国流动科技馆教育活动评估——以湖北省流动科技馆为例》，华中师范大学硕士学位论文，2019，第 47~67 页。

[3] STEM 是科学、技术、工程和数学（Science, Technology, Engineering and Mathematics）的四个英文单词首字母的缩写，强调学科整合性。

仅难以保证调查数据的代表性，相关指标也难以设计。以后的研究应当更加重视科普效果评估指标设计和评估方法开发。

本研究在综合已有研究成果的基础上，结合新时期国家对科普工作的新要求和《新科学素质纲要》的精神，尝试性地构建了科普基础设施整体性评估指标体系和主要科普基础设施的分类评估指标体系。这些指标体系无论在逻辑上、全面性上还是在可操作性方面，肯定存在这样或那样的问题，希望在将来随着各类设施的动态发展不断更新和完善。因此，这不仅需要更多学者加入科普基础设施评估研究，还需要在有关部门的协同支持下吸收社会力量参与建立更完善的科普调查系统，既要获取科普基础设施主体的发展数据，还要获取观众的反馈数据，从而动态监测各类型科普基础设施的发展状况和成效，促进其健康高效发展。

Abstract

The 13th Five Year Plan period is the key decisive period for building a well-off society in an all-round way. In this important stage, major breakthroughs have been made in comprehensively deepening reform, the modernization of the national governance system and governance capacity has been accelerated, and many areas of economic and social development have achieved leapfrog development. The popularization of science has also been continuously innovated and upgraded, some new trends are emerging in connotation, concept, method and effect. The construction level of national science popularization capacity has jumped to a new level. The supply side reform of science popularization has accumulated valuable experience, driven the citizens' scientific quality work to achieve remarkable results, and laid a foundation for better meeting the people's needs for a better life, building an innovative country and improving the degree of social civilization.

Report on The Development of National science popularization capability in China (2022) reviews the overall achievements of national science popularization capability construction during the 13th Five Year Plan period, analyzes the latest trend of science popularization capability improvement, and investigates the development of various indicators of science popularization capability based on the index research data of National Science Popularization capability during the 13th Five Year Plan period. According the development overview of science popularization capability and the new requirements of science popularization innovation in the new era, it puts forward relevant suggestions. In the sub report, the key issues such as the development of science popularization activities in China since the 13th Five Year Plan period, the construction of science popularization venues, the training practice of science popularization talents, the science capability construction with the counterpart support iof developed regions, the experience of science popularization ability construction in typical countries, the evaluation index system of science popularization ability in the new period and the evaluation index system of science popularization infrastructure in the new period are deeply analyzed. The report includes 1 general report, 3 factor reports, 3 special reports and 2 theory reports.

In 2022, China is still facing the development challenges superimposed by the changes of a century and the world epidemic. In the second year of the 14th Five Year Plan, we should continue to deeply implement the new development concept, firmly implement the guiding ideology of Outline of the Nationwide Scientific Literacy Action Plan (2021-2035), promote the construction of science popularization ability to be socialized, intelligent, international and standardized, so that science popularization can truly benefit the masses and promote people's all-round development, improve the level of social civilization and lay a solid foundation for building scientific and technological powerhouse.

Keywords: Science Popularization Capacity; High-quality Development; Science Popularization Venues; Science Popularization Talents

Contents

I General Report

Abstract: The 13th Five Year Plan period is a critical period for the modernization of China's system and capacity of governance and economic&social development. It is also an important juncture for the construction of national science popularization capacity to a new level. At the beginning of the 14th five year plan, this report reviews the development trend of the overall national science popularization capacity and key indicators during the 13th Five Year Plan period, investigates the major achievements of the national science popularization capacity-building, summarizes effective experience, and has an insight into the shortcomings and limitations of the national science popularization capacity-building. Based on the new development stage and the requirements of high-quality development, implement the latest instructions of the CPC Central Committee and the spirit of the outline of the national action plan for scientific quality (2021–2035), and put forward relevant suggestions for the innovative development of popular science ability during the 14th Five Year Plan Period: 1. thoroughly implement the ideology and principles of the outline of the national action plan for scientific quality (2021 – 2035); 2. give prominence to the role of high-quality science popularization capacity-building in the overall situation of high-quality development; 3. focus on promoting the informatization upgrading of science popularization capacity-building; 4. promote the standardization project of science popularization capacity-building.

Keywords: Science Popularization Capacity; High-quality Development; Informatization; Standardization

Ⅱ Factor Reports

B.2 Research on the Development of Science and Technology
Popularization Venues in China during the 13th Five⁻Year
Plan Period

Sun Xin, Liu Ya, Jiang Bingyan and Xu Hongshuai / 026

Abstract: Based on the survey data of the national science popurlarizaiton statistics from 2016 to 2020, the development of S&T museums, S&T related museums, and teenage S&T museums in China during the 13th five-year plan period was analyzed from three aspects: resource construction, operation, and effectiveness. The study shows that S&T popularization venues in China has made steady progress, and the number, exhibition area, and fund investment have increased. However, there are some problems to be solved, such as unbalanced regional development, single channel to raise funds, talent shortage, and the weak development of the teenage S&T museums etc. In this regard, the countermeasures for coordinating the balanced development of S&T popularization venues, exploring a diversified investment mechanism, establishing dedicated professional training mechanism, innovating the business development, and strengthening operation monitoring and evaluation are proposed.

Keywords: Science and Technology Museum; Science and Technology Related Museum; Teenage Science and Technology Museum; Development of Science and Technology Popularization Venues

B.3 Research on the Development of Science Popularization

Activities in China During the 13th Five－Year Plan Period

Zhao Pei, Wang Lihui / 087

Abstract: Based on the statistical data of the national science popilarization from 2016 to 2020, the report analyzed and sorted out the science popularization activities of teenagers, the science popularization lectures, exhibitions and trainings, the science popularization activities carried out by institutions of higher learning and scientific research institutes during the 13th Five－Year Plan period. Moreover, the scale of science popularization activities, characteristics, regional differences and typical cases were compared. Consequently, on the basis of the aforementioned results, the development of science popularization activities in China since the 13th Five－Year Plan were raised, with great improvement in coverage, type richness, application of information technology and effect of activities. But at the same time, there was still the problem of unbalanced development in the east, the middle and the west, and the number of certain kinds of science popularization activities and the number of people participating in had decreased. Correspondingly, the report suggested that we should strengthen the construction from the aspects of promoting targeted science popularization activities, promoting resource sharing, narrowing the regional gap and enhancing the influence of large-scale brand science popularization activities, so as to provide feasible solutions for the development of science popularization activities suggestions during the 14th Five Year Plan period.

Keywords: Science Popularization Activity; Adolescent Science Education; Science Popularization Lecture; Science and Technology Training

B. 4   Practice Exploration of Science Popularization Talents
Training in China based on CIPP Evaluation

Niu Guiqin, Xin Bing, Wang Ya'nan and Cao Maojia / 121

Abstract: In China, the overall development of science popularization talents training is relatively slow. It has laid a certain foundation, but the scale and the actual results were not very good and the relevant research is also insufficient. This paper overview of science popularization talents training development, and select more can reflect the outstanding problems of typical grassroots science personnel training case as a key investigation object. The CIPP evaluation model is used to conduct in-depth evaluation and research from four dimensions: background, input, process and results, summarize the experience, and explore the deep-seated problems and their causes. The research shows that at present, the training of science popularization talents has basically formed a situation of "one center + multi-point divergence". After continuous promotion of practical innovation, it is widely welcomed by popular science workers, local science and technology associations and relevant institutions. However, there are still many problems, such as insufficient supply of training, weak relevant research, low fit of content and method and the development needs of popular science career, lack of perfect training standard system and stable working system and mechanism, ideological and political education and value concept guidance need to be strengthened. We have put forward four suggestions: first, to establish a training support system and training standard system for science popularization personnel; second, to build a regular and standardized training system and mechanism for science popularization personnel; third, to grasp the actual needs and innovate the training content and mode of the characteristics of students; fourth, to implement key training projects for science popularization personnel in the new era.

Keywords: CIPP evaluation; Science popularization talents; Training practice

III Special Reports

B . 5 Counterpart Support by Developed Regions on Science

Popularization Capacity: The Status Quo and Problems

Mo Yang, Cai Jinming and Wang Xiaoqi / 160

Abstract: In recent years, the China Association for Science and Technology and relevant state departments have issued a series of policies to encourage developed regions to provide counterpart support on science popularization capacity-building for underdeveloped regions. The Research Group of the University of the Chinese Academy of Sciences investigates in the ongoing counterpart support on science popularization service capacity building by the developed regions for the regions with underdeveloped residential scientific literacy, analyzes the main achievements, experience and existing problems, and discusses several policy suggestions for the operation and management of counterpart support work in the future, which mainly include: to optimize the policy guidance, organizational coordination and communication mechanism for counterpart support on science popularization capacity-building, to guarantee funding, to improve the evaluation standards and incentive mechanism for counterpart support to be led by the China Association for Science and Technology, to strengthen the training of counterpart support science popularization talents and to lean resources for science popularization informatization.

Keywords: Developed Regions; Counterpart Support; Science Popularization Capacity-Building

B. 6   A Study on the Content and Effect of Short Videos of Science

and Technology Museums in China-A Case Study of the

Official Accounts of Science and Technology Museums

at Provincial Level and above on the Tik Tok

Wang Cong, Guo Han, Jiang Zixuan and Wang Lihui / 182

Abstract: as an important science popularization infrastructure, science and Technology Museum is an important carrier of national science popularization ability. The rapid development of short video in recent years has attracted the attention of science and technology museums in China. The science and technology museum can use the short video platform to popularize scientific knowledge, carry forward the scientific spirit, spread scientific ideas and advocate scientific methods to the general public, especially young people, in a more intuitive and vivid form, which is conducive to overcoming the limitations of the physical museum and expanding the audience of the science and Technology Museum. The dissemination of short videos of science and Technology Museum is a new attempt to innovate the communication mode of science and Technology Museum and explore the combination of online and offline, entity and virtual. Therefore, the characteristics of science and Technology Museum in the form of short videos on the Tiktok platform are very noteworthy. This study conducted an overall survey and sample crawling of all official accounts above the provincial level on the Tiktok platform (265 in total). Based on the analysis, this paper combs the current situation of short video content and effect of science and Technology Museum, and summarizes the characteristics and existing problems.

Keywords: Science and Technology Museum; Short Video; Science Communication

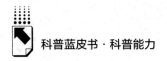

B.7　Science popularization policy and practices in typical countries

Zhang Xinwen, *Zhuge Weidong and Chen Yu* / 209

Abstract: This chapter discusses science popularization policy, science popularization infrastructure and how to use mass media and new media to popularize science in the UK, the United States and Japan. The development history of the three themes in three countries are illustrated, as well as focusing on their latest trends. This paper also selects typical and referential practical cases for reference and analysis. Among three countries, UK is the main country where science communication theory originated, the United States is a country with highly mature commercialization of science popularization sector, and Japan is an Asian country with strong scientific and technological strength and close to China in culture and geography. Through the analysis and comparison, the research finds that both UK and Japan tend to put science popularization policies into a high-level national framework, while the US encourages heavily universities and companies to take part in science popularization activities and build related infrastructures towards the public. Besides, all three countries actively use new media to attract public regarding science popularization activities. Based on these discussions, this study suggests that China should attach more importance to releasing more national science popularization policies, and stimulate higher education and enterprises joining science popularization in society. Last but not least, new media technology should be widely applied to improve science popularization toward the public.

Keywords: Science Popularization Policy; Science Popularization Infrastructure; Science Popularization Communication

Ⅳ Theoretical Reports

B.8 Assessment Indicator System for Science Popularization Capabilities
at the National and Regional Level in the New Period

Zhang Zengyi, *Jia Pingping and Liu Chengze* / 246

Abstract: Through the review of existing policies and literature, this study summarizes the framework, content, empowerment method, weight of each indicator, and the advantages and disadvantages, as well as the methods of the current assessment indicator systems for national and regional science popularization capabilities. We found that the various systems have a high degree of overlap, and the difference is not obvious. Combined with the "Outline of the National Scheme for Scientific Literacy (2021－2035)", this study illustrates the new connotation of national science popularization capabilities. On this basis, we try to rebuild the new assessment indicator systems for science popularization capabilities at the national level and the regional level, including the aspects of resources, education and training systems, infrastructures, channels, social organization network, macro management and coordinating and organizing ability.

Keywords: Assessment of National Science Popularization Capabilities; Assessment of Regional Science Popularization Capabilities; New Connotation of Science Popularization Capabilities

B.9 A Study in Assement Indicator Systems for Science popularization
infrastructure in the new period: review and development

Zhang Zengyi, *Yan Han and Jiang Tianhai* / 283

Abstract: Science popularization infrastructures are the basic material guarantee for improving people's scientific quality. Establishing and improving the assessment indicator systems is of great significance for standardizing the management and promoting the development of science popularization infrastructure. This report firstly systematically analyzes the existing domestic assessment research. According to the different assessment objects, the review is divided into overall assessment research and different types of assessment research. Then, we try to put forward new assessment indicator systems for diverse science popularization infrastructures based on the assessment framework of "investment + output+effects" in the new period of time.

Keywords: Science Popularization Infrastructure; Assessment Indicator System; Investment for Science Popularization; Output for Science Popularization

社会科学文献出版社

皮 书

智库成果出版与传播平台

✤ 皮书定义 ✤

皮书是对中国与世界发展状况和热点问题进行年度监测，以专业的角度、专家的视野和实证研究方法，针对某一领域或区域现状与发展态势展开分析和预测，具备前沿性、原创性、实证性、连续性、时效性等特点的公开出版物，由一系列权威研究报告组成。

✤ 皮书作者 ✤

皮书系列报告作者以国内外一流研究机构、知名高校等重点智库的研究人员为主，多为相关领域一流专家学者，他们的观点代表了当下学界对中国与世界的现实和未来最高水平的解读与分析。截至2021年底，皮书研创机构逾千家，报告作者累计超过10万人。

✤ 皮书荣誉 ✤

皮书作为中国社会科学院基础理论研究与应用对策研究融合发展的代表性成果，不仅是哲学社会科学工作者服务中国特色社会主义现代化建设的重要成果，更是助力中国特色新型智库建设、构建中国特色哲学社会科学"三大体系"的重要平台。皮书系列先后被列入"十二五""十三五""十四五"时期国家重点出版物出版专项规划项目；2013~2022年，重点皮书列入中国社会科学院国家哲学社会科学创新工程项目。

皮书网

（网址：www.pishu.cn）

发布皮书研创资讯，传播皮书精彩内容
引领皮书出版潮流，打造皮书服务平台

栏目设置

◆ 关于皮书

何谓皮书、皮书分类、皮书大事记、
皮书荣誉、皮书出版第一人、皮书编辑部

◆ 最新资讯

通知公告、新闻动态、媒体聚焦、
网站专题、视频直播、下载专区

◆ 皮书研创

皮书规范、皮书选题、皮书出版、
皮书研究、研创团队

◆ 皮书评奖评价

指标体系、皮书评价、皮书评奖

◆ 皮书研究院理事会

理事会章程、理事单位、个人理事、高级
研究员、理事会秘书处、入会指南

所获荣誉

◆ 2008 年、2011 年、2014 年，皮书网均
在全国新闻出版业网站荣誉评选中获得
"最具商业价值网站"称号；
◆ 2012 年，获得"出版业网站百强"称号。

网库合一

2014年，皮书网与皮书数据库端口合
一，实现资源共享，搭建智库成果融合创
新平台。

皮书网

"皮书说"
微信公众号

皮书微博

权威报告·连续出版·独家资源

皮书数据库
ANNUAL REPORT(YEARBOOK)
DATABASE

分析解读当下中国发展变迁的高端智库平台

所获荣誉

- 2020年，入选全国新闻出版深度融合发展创新案例
- 2019年，入选国家新闻出版署数字出版精品遴选推荐计划
- 2016年，入选"十三五"国家重点电子出版物出版规划骨干工程
- 2013年，荣获"中国出版政府奖·网络出版物奖"提名奖
- 连续多年荣获中国数字出版博览会"数字出版·优秀品牌"奖

皮书数据库

"社科数托邦"
微信公众号

成为会员

　　登录网址www.pishu.com.cn访问皮书数据库网站或下载皮书数据库APP，通过手机号码验证或邮箱验证即可成为皮书数据库会员。

会员福利

- 已注册用户购书后可免费获赠100元皮书数据库充值卡。刮开充值卡涂层获取充值密码，登录并进入"会员中心"—"在线充值"—"充值卡充值"，充值成功即可购买和查看数据库内容。
- 会员福利最终解释权归社会科学文献出版社所有。

数据库服务热线：400-008-6695
数据库服务QQ：2475522410
数据库服务邮箱：database@ssap.cn
图书销售热线：010-59367070/7028
图书服务QQ：1265056568
图书服务邮箱：duzhe@ssap.cn

社会科学文献出版社 皮书系列
SOCIAL SCIENCES ACADEMIC PRESS (CHINA)

卡号：951228644873
密码：

基本子库 SUB DATABASE

中国社会发展数据库（下设 12 个专题子库）

紧扣人口、政治、外交、法律、教育、医疗卫生、资源环境等 12 个社会发展领域的前沿和热点，全面整合专业著作、智库报告、学术资讯、调研数据等类型资源，帮助用户追踪中国社会发展动态、研究社会发展战略与政策、了解社会热点问题、分析社会发展趋势。

中国经济发展数据库（下设 12 专题子库）

内容涵盖宏观经济、产业经济、工业经济、农业经济、财政金融、房地产经济、城市经济、商业贸易等 12 个重点经济领域，为把握经济运行态势、洞察经济发展规律、研判经济发展趋势、进行经济调控决策提供参考和依据。

中国行业发展数据库（下设 17 个专题子库）

以中国国民经济行业分类为依据，覆盖金融业、旅游业、交通运输业、能源矿产业、制造业等 100 多个行业，跟踪分析国民经济相关行业市场运行状况和政策导向，汇集行业发展前沿资讯，为投资、从业及各种经济决策提供理论支撑和实践指导。

中国区域发展数据库（下设 4 个专题子库）

对中国特定区域内的经济、社会、文化等领域现状与发展情况进行深度分析和预测，涉及省级行政区、城市群、城市、农村等不同维度，研究层级至县及县以下行政区，为学者研究地方经济社会宏观态势、经验模式、发展案例提供支撑，为地方政府决策提供参考。

中国文化传媒数据库（下设 18 个专题子库）

内容覆盖文化产业、新闻传播、电影娱乐、文学艺术、群众文化、图书情报等 18 个重点研究领域，聚焦文化传媒领域发展前沿、热点话题、行业实践，服务用户的教学科研、文化投资、企业规划等需要。

世界经济与国际关系数据库（下设 6 个专题子库）

整合世界经济、国际政治、世界文化与科技、全球性问题、国际组织与国际法、区域研究 6 大领域研究成果，对世界经济形势、国际形势进行连续性深度分析，对年度热点问题进行专题解读，为研判全球发展趋势提供事实和数据支持。

法律声明

"皮书系列"（含蓝皮书、绿皮书、黄皮书）之品牌由社会科学文献出版社最早使用并持续至今，现已被中国图书行业所熟知。"皮书系列"的相关商标已在国家商标管理部门商标局注册，包括但不限于LOGO（ ）、皮书、Pishu、经济蓝皮书、社会蓝皮书等。"皮书系列"图书的注册商标专用权及封面设计、版式设计的著作权均为社会科学文献出版社所有。未经社会科学文献出版社书面授权许可，任何使用与"皮书系列"图书注册商标、封面设计、版式设计相同或者近似的文字、图形或其组合的行为均系侵权行为。

经作者授权，本书的专有出版权及信息网络传播权等为社会科学文献出版社享有。未经社会科学文献出版社书面授权许可，任何就本书内容的复制、发行或以数字形式进行网络传播的行为均系侵权行为。

社会科学文献出版社将通过法律途径追究上述侵权行为的法律责任，维护自身合法权益。

欢迎社会各界人士对侵犯社会科学文献出版社上述权利的侵权行为进行举报。电话：010-59367121，电子邮箱：fawubu@ssap.cn。

社会科学文献出版社